Peter Hentsch

Entwicklung von Montageanlagen für variantenreiche feinwerktechnische Produkte

TUDpress

Dresdner Fügetechnische Berichte
Herausgeber: Prof. Dr.-Ing. habil. U. Füssel

Herausgeber: Prof. Dr.-Ing. habil. U. Füssel
Technische Universität Dresden
Professur Fügetechnik und Montage
01062 Dresden

Tel.: 0351 / 4633 4347
Fax: 0351 / 4633 7249

Peter Hentsch

Entwicklung von Montageanlagen für variantenreiche feinwerktechnische Produkte

TUD_press_

2016

Bibliografische Information der Deutschen Bibliothek
Die Deutsche Bibliothek verzeichnet diese Publikation in der Deutschen Nationalbibliografie; detaillierte bibliografische Daten sind im Internet unter <http://dnb.ddb.de> abrufbar.

Bibliographic information published by Die Deutsche Bibliothek
Die Deutsche Bibliothek lists this publication in the Deutsche Nationalbibliografie; detailed bibliographic data is available in the Internet at <http://dnb.ddb.de>

ISBN 978-3-95908-045-3

Zugl.: Dresden, Techn. Univ., Diss., 2015

Universitätsverlag & Buchhandel
Eckhard Richter & Co. OHG
Bergstr. 70 | 01069 Dresden
Tel.: 0351/47 96 97 20 | Fax: 0351/47 96 08 19
TUDpress ist ein Imprint von w. e. b.

Satz und Redaktion: Peter Hentsch

Printed in EU.

Entwicklung von Montageanlagen für variantenreiche feinwerktechnische Produkte

Dissertation zur Erlangung des akademischen Grades

Doktoringenieur
(Dr.-Ing.)

vorgelegt

der Fakultät Maschinenwesen der
Technischen Universität Dresden

von Dipl.-Ing. Peter Hentsch

geboren am 14.01.1979 in Dresden

Dresden, 20.08.2014

Kurzfassung

Im Rahmen der Arbeit wurden Methoden geschaffen, um Montageanlagen feinwerktechnischer Produkte trotz steigender Anforderungen in höherer Qualität, kürzerer Zeit und zu geringeren Kosten als bisher zu entwickeln. Anlass ist der Anforderungsanstieg aufgrund der zunehmenden Variantenvielfalt der zu montierenden Produkte. Besondere Herausforderung dabei ist der individueller Charakter der Montageanlagen und die Stückzahl Eins. Es wurden zwei Hauptzielrichtungen verfolgt, die Optimierung des Anforderungsmanagements und die Erhöhung des Wiederverwendungsgrades vorhandener Entwicklungsergebnisse. Die Tätigkeit des Autors in einem Industrieunternehmen des Montageanlagenbaus und die Kenntnis einer großen Zahl realisierter Kundenprojekte bilden die Grundlage der erarbeiteten Methoden und ermöglichten ihre Erprobung in der betrieblichen Praxis.

Die Entwicklung eines Prozess- und eines Wissensmodells für Unternehmen des Montageanlagenbaus erlaubt die Einordnung der erarbeiteten Methoden. Für die Anforderungsdokumentation wurde eine Gliederung in die sechs Abschnitte *Leistungsparameter*, *Produkt*, *Prozessschritte*, *Umgebungsbedingungen*, *Betrieb und Instandhaltung*, sowie *Organisation* erarbeitet. Die dadurch erreichte Erhöhung der Übersicht erleichtert u.a. die Erkennung von Abweichungen von einem Standard, die kontinuierliche Prüfung der Anforderungskonformität während des Entwicklungsprozesses und die Beurteilung der Wiederverwendbarkeit bei Nachfolgeprojekten.

Außerdem wurde eine Methode entwickelt, um die Unterschiede zwischen den zu montierenden Produktvarianten bei der Anlagenentwicklung besser zu berücksichtigen. Das Produkt wird dabei in Montageobjekte zerlegt und die Unterschiede ihrer Varianten durch klassifizierbare variable Merkmale beschrieben. Durch die Zerlegung der Montageaufgabe in Prozessschritte mit ein- und ausgehenden Montageobjekten kann für jeden Prozessschritt dargestellt werden, welche variablen Merkmale berücksichtigt werden müssen. Die Gesamtaufgabe wird dadurch in Teilaufgaben geringerer Komplexität zerlegt.

Eine Methode zur Erhöhung des Wiederverwendungsgrades macht abgeschlossene Projekte durch strukturierte Dokumentation und geeignete Klassifizierung als Beispiele für Folgeprojekte verfügbar. Durch die Vielfalt der Technologien, Anlagenkomponenten und verarbeiteten Produkte entsteht so nach kurzer Zeit eine umfangreiche Wissenssammlung. Als wichtige Voraussetzung wurden vier Gliederungssysteme zur Klassifizierung von Prozessschritten, Montageobjekten, Anlagenkomponenten und Lösungsprinzipien erarbeitet.

Darüber hinaus wird gezeigt, wie die erarbeiteten Methoden genutzt werden können, um die nachträgliche Anpassung von Montageanlagen an geänderte Anforderungen durch Wandlung und die firmeninterne Standardisierung zu unterstützen.

Abschließend wurde die technische Umsetzbarkeit des erarbeiteten Wissensmodells mit der Software *TikiWiki* als Teil eines Unternehmens-Intranets nachgewiesen. Dabei wird das Wissen durch verlinkte *Wiki-Seiten* dargestellt, einer speziellen Form von Web-Seiten, die durch Benutzer direkt im Web-Browser bearbeitet werden können. Die erarbeiteten Gliederungssysteme werden dabei durch Wiki-Kategorien abgebildet, wodurch Listen von klassifizierten Projekten automatisch erzeugt werden können.

Abstract

This paper presents an approach to developing assembly systems for precision-engineered products in higher quality, shorter time and at lower cost. The work is motivated by the increasing demands due to the increasing variety of products to be assembled. A particular challenge is the individual character of assembly systems and the quantity one. Two main purposes were pursued, the optimization of requirements management and the improvement of reuse of existing development results.

The work of the author in an industrial company of assembly systems engineering and the knowledge of a large number of realized customer projects form the basis of the developed methods and enabled their testing in practice.

The development of a process and a knowledge model for companies in the assembly systems engineering permits the classification of the developed methods. For the requirements documentation a breakdown in six sections, *performance parameters, product, process steps, environmental conditions, operation and maintenance,* as well as *project organization* was developed. The resultant increase in the overview helps simplify the detection of deviations from a standard, the continuous examination of requirements conformity during the development process and the evaluation of reusability in subsequent projects.

In addition, a method was developed to better account for the differences between the product variants to be assembled during the assembly system development. The product is broken down into *assembly objects*. The differences of their variants are described by classifiable *variable features*. By breaking down the assembly task in process steps with in and the outgoing assembly objects for each process step can be shown, which variable features need to be taken into account. The overall task is decomposed into subtasks of lower complexity.

A method for improving the reuse degree of existing development results makes finished projects available as examples for future projects through structured documentation and appropriate classification. Using this method the variety of technologies, system components and processed products produce a comprehensive collection of knowledge in a short time. As an important prerequisite four structural classifications have been developed for the classification of *process steps, assembly objects, system components* and *solution principles*.

In addition, it is shown how the developed methods can be used to support the adjustment of existing assembly systems to changing requirements through updates and how they can help by the company's internal standardization.

Finally, the technical feasibility of the developed knowledge model was confirmed through the implementation with the software *TikiWiki* as part of a corporate intranet. The knowledge is represented by linked *wiki pages*, a special form of web pages that can be edited by users directly in the web browser. The structural classifications are mapped to wiki categories, which allows the automatic generation of lists of classified projects.

Vorwort

Die vorliegende Dissertation entstand während meiner Tätigkeit als Steuerungsentwickler bei der XENON Automatisierungstechnik GmbH.

Mein besonderer Dank gilt Herrn Professor Dr.-Ing. habil. Uwe Füssel, dem Leiter des Lehrstuhls für Füge- und Montagetechnik der Technischen Universität Dresden, für die wohlwollende Förderung und großzügige Unterstützung meiner Arbeit.

Mein Dank gilt gleichfalls Herrn Professor Dr.-Ing. Rainer Müller, wissenschaftlicher Geschäftsführer des Zentrums für Mechatronik und Automatisierungstechnik in Saarbrücken für das Interesse an der Arbeit und die Übernahme des zweiten Gutachtens.

Darüber hinaus bedanke ich mich ganz herzlich für die langjährige Förderung und Unterstützung durch Herrn Dr.-Ing. Hartmut Freitag, Geschäftsführer und Entwicklungsleiter der XENON Automatisierungstechnik GmbH, bei dem schwierigen Unterfangen einer berufsbegleitenden Industriepromotion.

Weiterhin möchte ich Herrn Dr.-Ing. Volkmar Flemming vom Lehrstuhl für Füge- und Montagetechnik der Technischen Universität Dresden für die mir gegenüber aufgebrachte Geduld, die fachlichen Diskussionen und die motivierenden Gespräche in schwierigen Zeiten danken.

Stellvertretend für meine Kollegen bei XENON richtet sich mein ganz spezieller Dank an Herrn Heiko Richter, Leiter der mechanischen Konstruktion – sowohl für die Ergänzungen zu den Wissensgliederungen, als auch für die Erstellung der 3D-Modelle des Beispielsteckverbinders, sowie an Herrn Sebastian Glöß für das 3D-Modell der Montageanlage.

Außerdem danke ich der Phoenix Contact GmbH, insbesondere Herrn Dr.-Ing. Andreas Schreiber für die Möglichkeit, die Übertragbarkeit meiner Arbeitsergebnisse auf andere Unternehmen zu überprüfen.

Nicht zuletzt danke ich meinen Eltern, meiner lieben Frau und meinen Kindern für ihre Geduld, den Ansporn und das über Jahre abverlangte Verständnis. Der größte Teil der Arbeit entstand in meiner Freizeit. Ohne die aufopfernde Unterstützung meiner Familie wäre das nicht möglich gewesen.

Dresden, August 2014

Peter Hentsch

Inhaltsverzeichnis

Abbildungsverzeichnis

Tabellenverzeichnis

Abkürzungsverzeichnis

BMBF	Bundesministerium für Bildung und Forschung
BPMN	Business Process Modeling Notation
BG	Baugruppe
CM-System	Content-Management-System
CIMTT	Computer Integrated Manufacturing - Technologie Transferzentrum
DDR	Deutsche Demokratische Republik
DIN	Deutsches Institut für Normung
DMC	Data-Matrix-Code
eEPK	Erweiterte ereignisgesteuerte Prozesskette
EMV	Elektromagnetische Verträglichkeit
EN	Europäische Norm
EPK	Ereignisgesteuerte Prozesskette
ESD	*"Electro-Static Discharge"*, dt.: Elektrostatische Entladung
Ex-Schutz	Explosionsschutz
EU	Europäische Union
FMEA	Failure Mode and Effects Analysis
HTML	Hypertext Markup Language
IDEF0	Integration Definition for Function Modeling
IEC	International Electrotechnical Commission
IEEE	Institute of Electrical and Electronics Engineers
ISO	Internationale Organisation für Normung
k.A.	keine Angabe
NIO	*„Nicht in Ordnung"* (Ausschuss)
PAP	Programmablaufplan
PE	*„Protective Earth"*, dt.: Schutzleiter in der Elektrotechnik
PV	Potential-Verbindung
PxC	*„Phoenix Contact"*, Unternehmen, das Elektrokomponenten herstellt
RWTH	Rheinisch-Westfälische Technische Hochschule
QFD	Quality Function Deployment
TU	Technische Universität
UML	Unified Modeling Language
VDI	Verein Deutscher Ingenieure
VM	Variables Merkmal
WYSIWYG	*„What you see is what you get"*, dt.: *„Was du siehst, ist [das,] was du bekommst."*

1 Gegenstand und Zielstellung

1.1 Variantenreiche Produkte

In den letzten Jahren haben sich die Rahmenbedingungen für Unternehmen der produzierenden Industrie stark verändert. Die zunehmende Globalisierung und der damit einhergehende Wettbewerbsdruck, steigende Ansprüche der Menschen an die Lebensqualität und die immer schnellere technologische Weiterentwicklung führen dazu, dass produzierende Unternehmen im Wettbewerb nur bestehen können, wenn sie ihr Produktspektrum kontinuierlich durch Innovationen erneuern und die Herstellungskosten reduzieren. Der Markt wird dabei von den folgenden Trends geprägt /LOT-06; WIE-04/:

1. Einheitsprodukte, die bisher in großen Stückzahlen vollautomatisch hergestellt wurden, werden durch Produktfamilien von zueinander ähnlichen, aber nicht identischen Produkten ersetzt. Hersteller, die ihren Kunden individualisierte Produkte anbieten können, haben Wettbewerbsvorteile. So geht die Entwicklung heute zu wenigen einheitlichen Kernkomponenten, bzw. –technologien, die jeweils kundenspezifisch angepasst werden.
2. Eine zunehmende Marktsättigung zwingt traditionelle Produktionsbetriebe dazu, neue Märkte zu erschließen. Dafür kommt die Herstellung von Produkten mit geringeren Stückzahlen in Frage, deren automatische Herstellung jedoch mit den bisherigen technischen und organisatorischen Mitteln wirtschaftlich nicht rentabel ist.
3. Die Lebenszyklen der Produktgenerationen werden immer kürzer. Neue Produkte werden häufiger eingeführt, wodurch die absolute Stückzahl eines Produktes über den gesamten Produktionszeitraum immer mehr sinkt.
4. Die geforderten Stückzahlen schwanken während des Lebenszyklus sehr stark. Die Hersteller liefern aufgrund der Sortimentsbreite häufig nur direkt auf Kundenanforderung. Selbst bei stabiler Gesamtstückzahl verschieben sich die Stückzahlen bezogen auf die Produktvarianten (Abbildung 1).

Vor allem die traditionellen westlichen Industrieländer haben durch ihre hohen Personalkosten einen Wettbewerbsnachteil gegenüber den neuen Konkurrenten. Produzierende Betriebe dieser Länder setzen deshalb noch stärker als bisher auf automatisierte Produktionsprozesse, für deren Betrieb wenige, aber hochqualifizierte Mitarbeiter notwendig sind.

Da die Herstellung einer spezifischen Produktionsanlage für jede einzelne Produktvariante aufgrund der geringen Stückzahlen wirtschaftlich nicht sinnvoll ist, müssen hochflexible Anlagen entwickelt werden, die eine Vielzahl unterschiedlicher Varianten produzieren können.

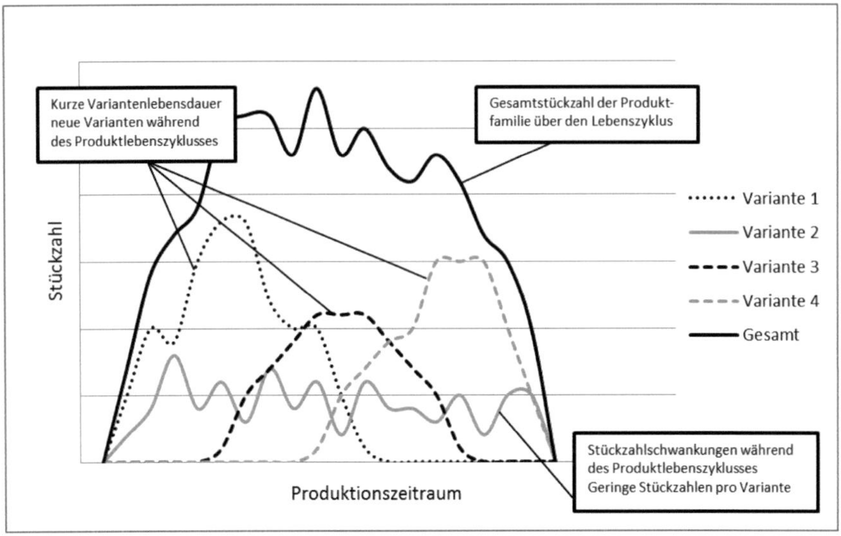

Abbildung 1 – Exemplarischer Stückzahlverlauf eines variantenreichen Produktes

1.2 Produktspezifische Montageanlagen

Der Produktionsprozess von Stückgütern wird üblicherweise unterteilt in Teilefertigung und Montage. Die Montage ist dabei gegenüber der Teilefertigung durch eine starke Produktspezifik geprägt. Während die Fertigung von Einzelteilen stark durch hochflexible *verfahrensspezifische* Maschinen für formgebende Urform-, Umform- und Trennverfahren realisiert werden kann, kommen bei der Montage *produktspezifische* Anlagen für Füge- und Prüfprozesse zum Einsatz[1] (Abbildung 2).

Für die Produktspezifik von Montageanlagen gibt es zwei Gründe[2]:

- die Formenvielfalt der zu montierenden Bauteile und die damit verbundene spezifische Handhabungstechnik
- die reihenfolgespezifische Anwendung verschiedener Fertigungs- und Prüfverfahren

Im Hinblick auf den großen Wertschöpfungsanteil am Gesamtproduktionsprozess bietet der immer noch hohe Anteil von manuellen und teilautomatisierten Montageprozessen ein hohes Optimierungspotential. Heutige Automatisierungslösungen sind jedoch aufgrund ihrer hohen Anschaffungskosten und der schwankenden Produktnachfrage für viele Produkte nicht wirtschaftlich einsetzbar /KON-03/.

[1] Siehe Anhang A – *„Statistische Projektanalyse"*

[2] /FLE-10/, Folie 3

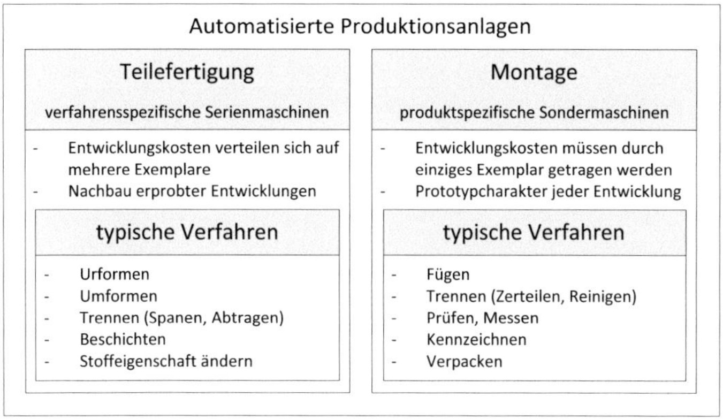

Abbildung 2 – Eigenschaften von Produktionsanlagen der Teilefertigung und der Montage

Produktspezifische Montageanlagen werden traditionell von Firmen des Sondermaschinenbaus entwickelt und hergestellt. Typischerweise wird von jeder Anlage genau ein Exemplar gebaut. Dadurch ist der Anteil der Entwicklungskosten am Gesamtpreis der Anlage sehr hoch (30% - 40%)[1]. Außerdem hat jede Anlage den Charakter eines Prototyps, sodass ein entscheidender Teil der Entwicklungsarbeit während der Inbetriebnahme und Erprobung stattfindet und besondere Anforderungen an die dafür verantwortlichen Mitarbeiter stellt.

Darüber hinaus ist das Produktspektrum vieler Unternehmen des Sondermaschinenbaus durch eine besonders hohe technologische Vielfalt[2] geprägt, die es zusätzlich erschwert, einmal entwickelte Lösungen wiederzuverwenden.

Weiterhin wird das zu montierende Produkt häufig parallel zur Montageanlage entwickelt und Änderungen an dessen Spezifikation müssen während des Entwicklungs- und Herstellungsprozesses berücksichtigt werden.

Kontinuierlich steigende gesetzliche Anforderungen an Sicherheit und Ergonomie erhöhen ebenfalls den Entwicklungsaufwand von Montageanlagen.

Resultierend aus den unter 1.1 beschriebenen Trends zu mehr Flexibilität in der Produktionstechnik besteht zunehmend der Bedarf, dass Anlagen, die während der Entwicklungsphase für ein definiertes Produktsortiment bestimmt waren, für weitere Produktvarianten nachgerüstet werden müssen /NYH-08a/.

Durch den hohen Entwicklungsanteil wirken sich auch die gestiegenen Anforderungen und Risiken bei der Entwicklung produktspezifischer Montageanlagen gegenüber Serienmaschinen überproportional aus. Trotzdem erwarten die Betreiber eine ähnlich hohe Qualität und ein vergleichbares Kostenniveau. So ist es verständlich, dass die Forderung nach flexiblen Produktionsanlagen für die Hersteller von Sondermaschinen schwieriger zu erfüllen ist, als für Hersteller von Serienmaschinen.

[1] Quellen: Aussage Dr. Freitag, Geschäftsführer der Xenon Automatisierungstechnik GmbH (Gespräch am 10.5.2012), außerdem /ERS-99/

[2] Siehe Anhang A – *„Statistische Projektanalyse"*

1.3 Montage feinwerktechnischer Produkte

Besonders hohe Anforderungen an Montageanlagen stellt die Gruppe der feinwerktechnischen Produkte. Die Eigenschaften dieser Produkte und ihrer Montageanlagen werden in Tabelle 1 dargestellt /KRA-04/. Tabelle 2 zeigt Beispiele. Abbildung 3 zeigt das 3D-Modell einer Montageanlage für einen fiktiven Steckverbinder, der im weiteren Verlauf der Arbeit zur Veranschaulichung der erarbeiteten Methoden verwendet wird.

Tabelle 1 – Eigenschaften feinwerktechnischer Produkte und ihrer Montageanlagen

Produkt	Anlage
Massegrößenordnung 5mg - 500g Genauigkeitsgrößenordnung 1µm - 100µm Teilweise Empfindlichkeit gegen elektrostatische Entladungen „Sauberkeit", kaum Verunreinigungen der Oberflächen Hohe Anforderungen an Produktqualität, Forderung nach 0 (unerkannten) Fehlern Teilweise Identifizierbarkeit der Einzel-Exemplare Produkte teilweise mit Informationsgehalt (durch elektronischen Datenspeicher oder Beschriftung) Teilweise auch Integration von Software (intelligente Produkte) Anzahl Einzelteile ca. 1 – 30 (ggf. auch über 100, wenn mehrere Exemplare einer Komponenten verbaut werden)	Hohe Prozesssicherheit, maximale Ausschussrate zwischen 0,001% und 0,5% Hohe Verfügbarkeit bis zu 99% Überwachung des Ergebnisses der Montage- und Fertigungsverfahren durch Prüfverfahren (100% - Qualitätsprüfung, nicht nur Stichproben) Taktzeit 0,5s – 30s Lebensdauer 5 - 10 Jahre Entwicklungszeit (Beauftragung bis Produktionsstart) 4 - 12 Monate Automatisierungsgrund nicht nur Kostensenkung, sondern auch: Prozess nicht manuell durchführbar, bzw. Qualitätsanforderungen nicht durch manuelle Montage und Prüfung erfüllbar Grundprinzip bedingt durch Produktgröße: Transport des Produktes von Prozessstation zu Prozessstation, Zuführung Einzelteile an Prozessstationen
Fertigungsverfahren[1]	**Prüfverfahren**
Fügen: Zusammensetzen, Einpressen, Schweißen, Kleben, Schrauben, Löten, Umspritzen, Ausgießen Trennen: Zerteilen, Reinigen, etc. Umformen: Biegen, etc. Beschichten und Ändern von Stoffeigenschaften: zur Kennzeichnung	Optisch, Elektrisch, Taktil Geometriemerkmale, Baustruktur und andere Eigenschaften Prüfung der Produktfunktion oder von Produkteigenschaften

Angesichts der ständig steigenden Anforderungen an Montageanlagen feinwerktechnischer Produkte, insbesondere bezüglich ihrer Flexibilität gegenüber Art und Menge der produzierbaren Produktvarianten[2], fällt es den betroffenen Maschinenbauunternehmen zunehmend schwerer, die Kundenforderungen termingerecht, innerhalb des geplanten Budgets und in der gewünschten Qualität zu erfüllen. Die zunehmende Anzahl und Komplexität der zu berücksichtigenden Anforderungen führen zu einem Anstieg des Entwicklungsaufwandes, ein Effekt, der Hersteller produktspezifischer Montageanlagen wegen des hohen Entwicklungsanteils ihrer Produkte in ganz besonderem Maße betrifft.

[1] In der Arbeit wird die Definition von *Fertigungsverfahren* nach DIN8580 verwendet, die Fügeverfahren mit einschließt. Der Begriff ist nicht zu verwechseln mit dem Begriff *Teilefertigung*, der die Herstellung von Einzelteilen von der anschließenden Baugruppenmontage abgrenzt. Bei der Teilefertigung kommen *keine* Fügeverfahren zum Einsatz.

[2] Siehe Anhang A – *„Statistische Projektanalyse"*

Tabelle 2 – Feinwerktechnische Produkte [Quelle: Xenon Automatisierungstechnik GmbH]

 **Akustischer Wandler für Kopfhörer**	 **Leistungs-Halbleiterelement**	 **Optischer Sensor**
 **Kfz-Öldruckschalter**	 **Kfz-Fernbedienung**	 **Piezo-Einspritzelement für Motoren**
 **Leuchtweitenregler für Kfz-Armatur**	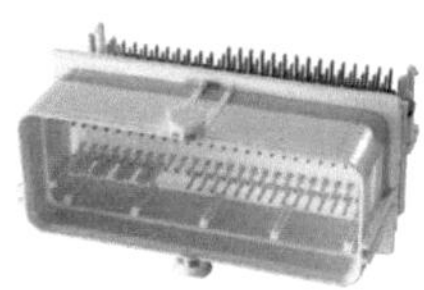 **Vielpoliger Kfz-Stecker**	 **Kfz-Stecker**

Konzepte zum Umgang mit den steigenden Anforderungen bei der Entwicklung von Montageanlagen sollen grundsätzlich unternehmensunabhängig und branchenweit einsetzbar sein. Um jedoch die praktische Umsetzbarkeit zu zeigen, muss ein Referenzunternehmen definiert werden. So können die Problemstellungen exemplarisch präzisiert, die Lösungsvorschläge real umgesetzt und ihre Machbarkeit nachgewiesen werden.

Im Rahmen dieser Arbeit dient die Firma XENON Automatisierungstechnik GmbH in Dresden als Referenzunternehmen. Sie stellt ein typisches Beispiel für ein mittelständiges Unternehmen des Sondermaschinenbaus für die zuvor beschriebene Klasse von Produktionsanlagen dar. Im weiteren Verlauf der Arbeit wird jeweils darauf hingewiesen, wenn sich die Analyse auf die konkrete Situation in diesem Unternehmen bezieht. Die vorgestellten Lösungsvorschläge sind jedoch allgemeingültig und können auf ähnliche Maschinenbauunternehmen übertragen werden.

Ein zweites Unternehmen, die Firma Phoenix Contact, stellt Serienprodukte der elektrischen Verbindungs- und der industriellen Automatisierungstechnik her. Ein großer Teil ihrer Produktionsanlagen wird durch eine unternehmensinterne Betriebsmittelbau-Abteilung, die als Profit-Center[1] organisiert ist, entwickelt und hergestellt. Sie arbeitet ausschließlich für unternehmensinterne Auftraggeber, ist aber mit ähnlichen Herausforderungen konfrontiert wie Maschinenbauunternehmen, die den freien Markt beliefern. Ausgewählte Aspekte der Arbeit wurden auf dieses Unternehmen übertragen, um die Allgemeingültigkeit zu demonstrieren.

[1] Teil eines Unternehmens, für den eine eigene Erfolgsbetrachtung gemacht wird. So ist klarer erkennbar, welchen Anteil die Unternehmensbereiche am Gesamtgewinn, bzw. –verlust haben. Ein Profit-Center soll wie ein eigenes Unternehmen handeln und denken /HAU-07/.

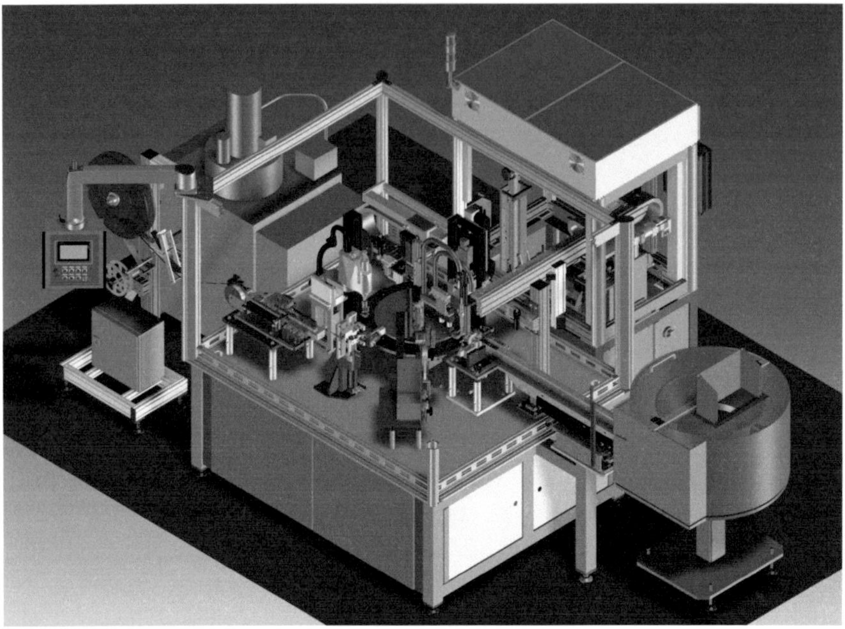

Abbildung 3 – 3D-Modell einer Montageanlage für einen Steckverbinder

1.4 Zielstellung

Ziel der vorliegenden Arbeit ist es, geeignete Mittel aufzuzeigen, hochflexible Montageanlagen für variantenreiche feinwerktechnische Produkte trotz zunehmender Anzahl und Komplexität der zu berücksichtigenden Anforderungen in höherer Qualität, kürzerer Zeit und zu geringeren Kosten zu entwickeln.

Durch die hohe technologische Vielfalt im Sondermaschinenbau verspricht die Konzentration auf ausgewählte technische Probleme nur einen verhältnismäßig geringen Nutzen. Die Arbeit verfolgt deshalb das Ziel, ausgewählte Aspekte des Entwicklungsprozesses *methodisch* zu verbessern, um so durch die technologieübergreifende breite Anwendbarkeit einen hohen Nutzen zu erzielen. Dabei werden vier Ansätze verfolgt:

1. Förderung und Optimierung der konsequenten Berücksichtigung von Anforderungen
2. Erhöhung des Wiederverwendungsgrades bereits existierender Entwicklungsergebnisse
3. Anpassung des Entwicklungsprozesses an die Wandlung von Anlagen
4. Erleichterung der Standardisierung von Lösungsbausteinen

Der Aufbau der Arbeit orientiert sich an diesen vier Schwerpunkten und wird im folgenden Abschnitt beschrieben.

1.5 Aufbau der Arbeit

Die Abschnitte in Kapitel 1 beschreiben Gegenstand und Zielstellung der Arbeit und stellen Umfeld und Randbedingungen flexibler Montageautomaten vor. Bevor die vier genannten Lösungsansätze näher beleuchtet werden, wird zunächst in Kapitel 2 der aktuelle Stand der Wissenschaft und Technik vorgestellt. Danach erfolgt in Kapitel 3 eine Modellierung des aktuellen Entwicklungsprozesses von automatischen Montageanlagen und des dafür notwendigen Wissens, um die Grundlage für die Einordnung der Optimierungsvorschläge zu schaffen. In den folgenden vier Kapiteln werden die genannten Lösungsansätze theoretisch vertieft und methodische Verbesserungen des Entwicklungsprozesses beschrieben. Kapitel 8 beschreibt die praktische Umsetzung der Optimierungsvorschläge in einem Industrieunternehmen mithilfe eines webbasierten Wissensmanagementsystems. In Kapitel 9 werden die Ergebnisse zusammengefasst und mögliche Anschlussentwicklungen aufgezeigt. Abbildung 4 zeigt eine grafische Übersicht des Aufbaus der Arbeit.

Abbildung 4 – Aufbau der Arbeit

2 Stand der Wissenschaft und Technik

2.1 Umgang mit variantenreichen Produktfamilien

Die Thematik der Montage variantenreicher Produktfamilien ist bereits seit geraumer Zeit Gegenstand einer großen Zahl wissenschaftlicher Veröffentlichungen. Die wesentlichen Strategien in den Gestaltungsfeldern *Produktentwicklung*, *Produktionsstruktur*, *Betreibermodelle*, *Logistik und Infrastruktur*, *Personalorganisation* sowie *Wandlungsfähigkeit* und *Flexible Montageanlagen* werden in den folgenden Abschnitten kurz vorgestellt (Abbildung 5). /SCHU-05, NYH-08b, SIT-10, TAK-09, HIL-05, LOT-06, WIE-04, NYH-08a, SIT-10, HES-10, DEM-11, LIN-06, POP-05/

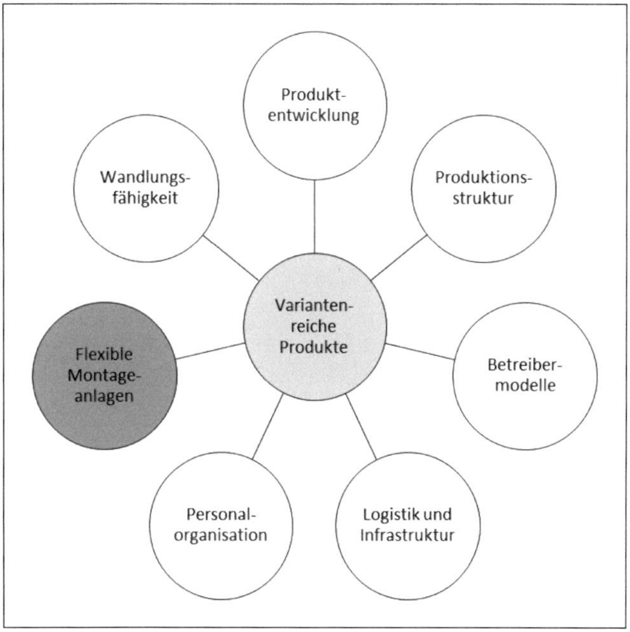

Abbildung 5 – Mittel zur Beherrschung variantenreicher Produktfamilien

2.1.1 Produktentwicklung

Das größte Potential zur Variantenbeherrschung wird in der Gestaltung der Produkte selbst gesehen. Als wichtigster Ansatz gilt dabei die Modularisierung von Produkten /SCHU-05/. Die Kernfrage ist dabei immer, wie ein Produkt möglichst günstig aus Baugruppen und Einzelteilen zusammengestellt werden kann, um so trotz steigender Anzahl der Produktvarianten (externe Komplexität) die produktinterne Komplexität zu begrenzen. Die zwei grundlegenden Ansätze dazu sind:

- **Integralbauweise:** Zusammenfassung mehrerer Funktionen in einem Bauteil
- **Differenzialbauweise:** Zerlegung in funktionstragende Einzelteile

Beide Ansätze können gleichermaßen zur Erhöhung des Gleichteileumfangs beitragen und ihre Eignung muss fallweise geprüft werden.

Für die Gestaltung des Produktes ist typischerweise der *Betreiber* von Montageanlagen verantwortlich. Die *Hersteller* von Montageanlagen werden üblicherweise mit einem bereits fest definierten Produktspektrum konfrontiert, sodass sie meist keinen Einfluss auf die Gestaltung des Produktes nehmen können. Die Produktgestaltung ist deshalb nicht Kern dieser Arbeit.

Allerdings kann eine engere Zusammenarbeit zwischen Produkt- und Montageanlagenentwicklung die Entwicklung der Montageanlage erleichtern, was wiederum durch geringere Kosten und kürzere Lieferzeiten auch für den Anlagenbetreiber von Nutzen ist. Siehe dazu die Abschnitte 2.2.3 (Engere Zusammenarbeit und Kommunikation) und 6.2 (Beeinflussung der Produktentwicklung).

2.1.2 Produktionsstruktur

Im Bereich der Produktionsstrukturierung schlug Wiendahl vor, die klassische Trennung in Fertigung und Montage zugunsten einer Trennung in eine variantenneutrale Produktionsvorstufe und eine variantenbildende Produktionsendstufe aufzuheben /WIE-04/. Beide Produktionsstufen integrieren sowohl Montage-, als auch Fertigungsaufgaben. Darauf aufbauend wird in /NYH-08b/ beschrieben, wie sich ein Produktionssystem in die Abschnitte *Beschaffungsstufe*, *Kompetenzgetriebene Eigenproduktionsstufe* und *Marktnahe Komplettierungsstufe* einteilen lässt. Ziel ist es, variantenreiche Produkte weltweit marktnah zu produzieren, die technologische Kernkompetenz jedoch in wenigen variantenneutralen Baugruppen zu konzentrieren, die am Stammsitz des Unternehmens produziert werden und so ein Abfließen der Kernkompetenz verhindern. Voraussetzung für beide Ansätze ist wiederum eine geeignete Produktgestaltung.

Der Lösungsansatz betrifft, genau wie die Produktgestaltung, im Wesentlichen den Gestaltungsspielraum des Anlagenbetreibers. Die Entscheidung, welche Prozesse in eine Montageanlage integriert werden, ist bei der Ausschreibung einer Montageanlage üblicherweise bereits getroffen. Allerdings kann der Lösungsansatz, die variantenbildenden Prozessschritte ans Ende der Produktionskette zu verlagern, auch auf die Anordnung der Prozessstationen innerhalb einer Montageanlage übertragen werden und stellt ein wichtiges Mittel zur Variantenbeherrschung auch für Anlagenbauer dar. Durch die starke Abhängigkeit vom Aufbau des Produktes ist der Gestaltungsspielraum der Anlagenbauer jedoch begrenzt und muss durch weitere Methoden zur Variantenbeherrschung ergänzt werden.

2.1.3 Betreibermodelle

Ein weiterer Ansatz zum Umgang mit kurzlebigen Produktgenerationen sind alternative Betreibermodelle. So wurde in den BMBF-geförderten Forschungsprojekten PRONA und NANUSO untersucht, wie Montageanlagen über den Lebenszyklus des montierten Produktes hinaus genutzt werden können. Es werden verschiedene Szenarien der Nachnutzung, wie *Komplette Wiederverwendung ohne oder mit geringen Anpassungen*, *Wiederverwendung von Gebrauchtteilen durch den Montageanlagenbauer oder den Zulieferer* und *stoffliche Verwertung, Recycling* beschrieben /SIT-10/. Der größte Nachhaltigkeitseffekt wird im ersten Szenario erwartet, das aber bezüglich der Anlagentechnik die höchsten Forderungen an die *Fungibilität* (Funktionseinheiten sind universell einsetzbar) und *Identifi-*

zierbarkeit (Funktionseinheiten sind einfach separierbar) stellt[1]. Sind diese Voraussetzungen gegeben, wird das Leasing von Montageanlagen empfohlen.

Ein anderer Ansatz wird mit der *Dienstleistungsfabrik Montage* verfolgt /LÄS-05/. Der Autor schlägt vor, Betriebsmittel und Fabriken so zu gestalten, dass sie für unterschiedliche Produkte nutzbar sind. Darauf aufbauend empfiehlt er die Errichtung von Dienstleistungsfabriken, die kurzlebige Produkte im Auftrag für andere Unternehmen herstellen, sodass sich die kostenintensiven Betriebsmittel über mehrere Produktgenerationen hinweg amortisieren können.

Auch diese betriebswirtschaftlich orientierten Ansätze liegen im Handlungsspielraum der Anlagenbetreiber und werden hier nicht näher betrachtet. Hervorzuheben ist jedoch, dass sie sehr flexible und wandlungsfähige Montageanlagen voraussetzen und damit die Notwendigkeit von Methoden zum Erreichen dieser Anforderungen unterstreichen.

2.1.4 Logistik und Infrastruktur

Wichtigster Ansatz im Bereich der Logistik ist die Minimierung von Lagern und Puffern für Zulieferteile und fertige Erzeugnisse, da deren Kapital-, Flächen- und Ressourcenbindung bei variantenreichen Produkten stark ansteigt. Unter Verwendung von Produktionssystemen mit kurzen Umrüstzeiten und Kapazitätsreserven, sowie von intelligenter Bestell- und Auftragsverwaltungssoftware sollen Produkte *Just-In-Time* (erst bei Bedarf) und *Just-In-Sequence* (genau in der Lieferreihenfolge[2]) produziert werden /NYH-02, SCHU-01, TAK-09/.

Bezüglich der Infrastruktur wurden Anforderungen an wandlungsfähige Fabrikgebäude formuliert. Hauptansatzpunkte sind hier Gebäude mit großer und ungegliederter Basisfläche, sowie ein modulares Medienversorgungskonzept, um eine schnelle Rekonfiguration von Räumen, Anlagenlayouts und Transportwegen zu gewährleisten /LÄS-05, HIL-05/.

Die Ansätze betreffen wie die vorangegangenen den Handlungsspielraum der Anlagenbetreiber und sind deshalb für die Hersteller von Montageanlagen weniger interessant, stellen aber weitere Anforderungen an die Montageanlagen, für deren Erfüllung effektive Methoden entwickelt werden müssen.

2.1.5 Personalorganisation

Da sich eine große Variantenvielfalt vollautomatisch oft nicht wirtschaftlich produzieren lässt, kommen teilweise Hybridanlagen zum Einsatz, die manuelle und automatische Prozessschritte miteinander verbinden. Eine andere Möglichkeit sind halbautomatische Stationen, die automatische und von Hand durchgeführte Schritte miteinander verbinden. So werden beispielsweise Werkstücke und Zusatzmaterial manuell zu- und abgeführt, aber automatisch bearbeitet oder geprüft. Dadurch ist tendenziell mehr Personal erforderlich als bei der Produktion von wenigen Varianten in hohen Stückzahlen.

Für die Bestimmung des optimalen Automatisierungsgrades berücksichtigt die Montagestückkostenkalkulation /LOT-92/ sowohl die Maschinenkosten, als auch die Personalkosten. Im Wesentlichen nimmt der optimale Automatisierungsgrad mit steigender Stückzahl zu. Variantenreiche Produktfa-

[1] /SIT-10/, Seite 86

[2] Betrifft insbesondere variantenreiche Baugruppen, die in komplexere Systeme integriert werden und für die übergeordnete Montage in genau der richtigen Reihenfolge zur Verfügung stehen müssen.

milien erfordern kostenintensive hochflexible Maschinen, während die Personalkosten annähernd konstant bleiben. Dadurch verschiebt sich das Optimum bei steigender Variantenvielfalt zugunsten eines niedrigeren Automatisierungsgrades /LOT-06/.

Eine technische Möglichkeit zur Verringerung der Fehlerwahrscheinlichkeit an manuellen oder halbautomatischen Arbeitsplätzen ist der Einsatz von Online-Arbeitsplänen[1] und anderen Hilfsmitteln wie *pick-to-light*[2], bei denen wechselnde Tätigkeitsprofile durch flexible softwarebasierte Systeme visuell geführt werden.

Darüber hinaus führt eine hohe Variantenvielfalt oft zu sehr flexiblen und komplexen Produktionsanlagen, deren Einrichtung, Bedienung und Wartung hohe Anforderungen an die Personalqualifikation stellt. Besondere Bedeutung kommt dabei dem Rüsten[3] und Umrüsten[4] von flexiblen Montageanlagen zu. Auch hier kann die Fehlerwahrscheinlichkeit durch Visualisierung der Tätigkeiten mit flexiblen softwarebasierten Systemen und durch Poka-Yoke-Prinzipien[5] verringert werden.

Letztendlich versuchen einige Unternehmen einer hohen Variantenvielfalt durch neue Organisationsformen zu begegnen. So werden verschiedene Produktionsabschnitte als autonome, dezentral organisierte Einheiten unter Einbeziehung von Gruppenarbeit aufgebaut. Das Personal organisiert dann selbständig alle Aufgaben, die sich unmittelbar auf diesen Produktionsabschnitt beziehen. Dafür sind ebenfalls zusätzliche Qualifikationen notwendig /WAR-96, LOT-06, WIE-04/.

Die meisten der hier genannten Ansätze (Montageorganisation, Wahl des Automatisierungsgrades) betreffen den Handlungsspielraum der Anlagenbetreiber und sind deshalb für die Hersteller von automatischen Montageanlagen nicht relevant. Dagegen stellt insbesondere die Notwendigkeit einer geeigneten Rüst- und Umrüstunterstützung eine zusätzliche Anforderung an den Montageanlagenhersteller dar, für deren Erfüllung effektive Methoden entwickelt werden müssen.

2.1.6 Flexible Montageanlagen

Im Bereich der automatisierten Montage stehen seit Beginn der 80er Jahre als wichtigstes Mittel zur Flexibilitätserhöhung frei programmierbare Industrieroboter als hochflexibles Handhabungsgerät zur Verfügung. Seit ihrer Einführung wurden ihre Leistungsparameter, wie Genauigkeit, Geschwindigkeit, Kraft, Baugröße und Lebensdauer kontinuierlich verbessert. Üblicherweise handelt es sich um Serienprodukte, die als Komplettpaket inklusive Mechanik, Antriebstechnik, Steuerung und Software gekauft und durch aufgabenspezifische Fertigungs- und Handhabungswerkzeuge ergänzt werden. Fallende Produktpreise und Verbesserungen der Planungs- und Programmiersoftware zur Verringerung des Entwicklungsaufwandes bei der aufgabenspezifischen Integration haben das Einsatzspektrum stark erweitert /HES-10, LOT-06/.

[1] Ein Plan, der die Arbeitsvorgänge und deren Reihenfolge beschreibt, die zur Herstellung eines Produktes notwendig sind. Online-Arbeitspläne werden auf Bildschirmen angezeigt und sind schneller änderbar.

[2] Ein Verfahren, bei dem einer Person die zu montierenden Teile und Mengen über eine direkt am Entnahmefach angeordnete Fachanzeige visualisiert wird.

[3] Füllen von Teilezuführungen, Entleeren von Teileausgaben.

[4] Austausch von Wechselteilen oder –baugruppen, Umstellen von Anlagenkomponenten (Anschläge, etc.).

[5] Einsatz von fehlerverringernden Prinzipien, wie codierten Schnittstellen, Farbmarkierungen, etc.

Ein weiteres wichtiges Mittel zur Flexibilitätserhöhung, das seit Mitte der 90er Jahre verstärkt in Produktionsanlagen eingesetzt wird, ist die industrielle Bildverarbeitung. Durch den hohen Softwareanteil sind solche Systeme hochflexibel und nutzungsneutral. Durch die intensive Verwendung von Technologien der Konsumgüterindustrie (PC-Technik und Digitalfotografie) profitiert sie von deren rasanten Leistungssteigerungen. Neben dem Einsatz für eine Vielzahl von Mess- und Prüfaufgaben hat die industrielle Bildverarbeitung Zuführeinrichtungen für Schüttgut ermöglicht, die deutlich flexibler als die klassischen Vibrationsförderer sind /DEM-11, IFC-11, HES-06/.

Grundsätzlich wird zur Flexibilitätserhöhung der Einsatz von Verfahren empfohlen, die möglichst stark durch Software beeinflussbar sind und auf anwendungsspezifische, auszutauschende Werkzeuge verzichten. Ein Beispiel dafür ist die Lasertechnik, die für eine Vielzahl von Fertigungsverfahren (Trennen: *Laserschneiden, Reinigen*; Fügen: *Laserschweißen, Laserlöten*; Stoffeigenschaft ändern: *Beschriften, Oberflächenaktivierung*) angewendet wird /LIN-06, WIE-04, POP-05/.

Die kurze Auflistung zeigt, dass bereits eine Vielzahl technischer Lösungsprinzipien zur Gestaltung von flexiblen Montageanlagen zur Verfügung steht. Es mangelt jedoch an einer Entwicklungsmethodik für Montageanlagen, die diese bereits existierenden Mittel effektiv und konsequent zum Einsatz bringt. Im Kapitel 5 (*Management von Technologiewissen*) wird dabei noch einmal näher auf technische Lösungen für flexible Montageanlagen eingegangen.

2.1.7 Wandlungsfähigkeit

Um insbesondere Stückzahlschwankungen und kurze Produktlebenszyklen wirtschaftlich zu beherrschen, wird inzwischen neben der Flexibilität auch der Ansatz der Wandlungsfähigkeit (oder auch *„erweiterten Flexibilität"*) verfolgt. Dabei werden sowohl Betriebsmittel, als auch das gesamte Produktionsumfeld so gestaltet, dass sie leicht anpassbar an unvorhersehbare Anforderungsänderungen sind. Wandlungsfähige automatische Montageanlagen müssen nach einer gewissen Phase des Produktionsbetriebs aufwandsarm verändert oder erweitert werden können, um z.B. auf geänderte Gesamtstückzahlen oder neue Produktvarianten zu reagieren. Die Strategie erlaubt es, dass Betriebsmittel zunächst mit geringeren Flexibilitätsreserven ausgestattet werden und so kostengünstiger sind. Eine Erweiterung erfolgt dann erst, wenn sich die Anforderungen auch tatsächlich ändern. Für Fertigungsanlagen wurden dazu schon teilweise systematisch Methoden erforscht, für Montageanlagen jedoch bisher nicht /NYH-08a, SIT-10/.

2.2 Entwicklungsmethodik in der Literatur

Wie bereits einleitend beschrieben, verfolgt diese Arbeit das Ziel einer Verbesserung der Entwicklungsmethodik von Montageanlagen für variantenreiche Produkte. Nach der Beschreibung der Strategien zum Umgang mit Produktvariantenvielfalt im Allgemeinen soll deshalb an dieser Stelle der Stand der Technik zum methodischen Vorgehen bei der Entwicklung technischer Erzeugnisse vorgestellt werden.

Mit der starken Zunahme der Technisierung im 19. Jahrhundert und der Herausbildung des Ingenieurberufes lag der Schwerpunkt der Ingenieurausbildung zunächst bei der Vermittlung naturwissenschaftlicher Grundlagen und der Kenntnis technischer Maschinenelemente. Das Vorgehen bei der Lösung technischer Probleme blieb eine Frage des Ermessens und der Intuition des Entwicklers. Mit steigenden Anforderungen an die Produkte und deren Entwicklung begann in den 50er und 60er Jahren die Erforschung des kreativen Prozesses des Entwickelns, bzw. Konstruierens. Ziel war die

Schaffung einer systematischen Entwicklungsmethodik, um den Entwicklungsprozess zu rationalisieren, die Qualität des Ergebnisses zu erhöhen und eine systematische Lehre zu unterstützen. Im (westlichen) deutschsprachigen Raum führte dieser Prozess ab Mitte der 70er Jahre zur Schaffung einer Familie von regelmäßig aktualisierten VDI-Richtlinien:

- **VDI 2206:** Entwicklungsmethodik für mechatronische Systeme (Stand Juni 2004) /VDI-2206/
- **VDI 2221:** Methodik zum Entwickeln und Konstruieren technischer Systeme und Produkte (Stand Mai 1993) /VDI-2221/
- **VDI 2222 Blatt 1:** Konstruktionsmethodik - Methodisches Entwickeln von Lösungsprinzipien (Stand Juni 1997) /VDI-2222a/
- **VDI 2222 Blatt 2:** Konstruktionsmethodik - Erstellung und Anwendung von Konstruktionskatalogen (Stand Februar 1982) /VDI-2222b/
- **VDI 2223:** Methodisches Entwerfen technischer Produkte (Stand Januar 2004) /VDI-2223/
- **VDI 2247 (Entwurf):** Qualitätsmanagement in der Produktentwicklung (Stand März 1994) /VDI-2247/
- **VDI/VDE 2422:** Entwicklungsmethodik für Geräte mit Steuerung durch Mikroelektronik (Stand Februar 1994) /VDI-2422/

Ähnliche Bemühungen in der DDR führten zur Entwicklung der *„Systematischen Heuristik"* durch Müller. Der Ansatz ist dabei etwas weiter gefasst und zielt auf eine allgemeine Problemlösungssystematik auch für empirische Wissenschaften. Ein wichtiges Merkmal ist die kontinuierliche Weiterentwicklung der Methodik bei jedem Anwendungsfall /MÜL-90/.

In der ehemaligen Sowjetunion wurde durch Altschuller die *„Theorie des erfinderischen Problemlösens"* (russ. abgekürzt *„TRIZ"*) entwickelt. Die bekanntesten Elemente der umfangreichen Methodensammlung sind die *Widerspruchstabelle* und die *Liste der 40 innovativen Grundprinzipien*. In der Widerspruchstabelle werden die angestrebten Eigenschaften des betrachteten Systems gegenübergestellt und Widersprüche analysiert (z.B. höhere Stabilität ↔ geringeres Gewicht, höhere Leistung ↔ geringere Kosten). Die 40 innovativen Prinzipien (z.B. *Veränderung der physikalischen und chemischen Eigenschaften*, *Vorherige Wirkung*, *Zerlegung*, etc.) entstanden aus einer Analyse des innovativen Kerns einer großen Anzahl von Patenten. Die Anwendung eines oder mehrerer der genannten Prinzipien soll zur Auflösung der zuvor analysierten Widersprüche dienen, indem beide Eigenschaften gleichermaßen verbessert werden /ALT-86/.

2.2.1 Strukturierung in Einzelschritte und Abstrahierung der Aufgabenstellung

Einen wesentlichen Ansatz bildet die Gliederung des Entwicklungsprozesses in mehrere Arbeitsabschnitte. Die Richtlinie VDI 2221 beschreibt einen allgemein anerkannten Kompromiss zwischen den *„Schulen"* der unterschiedlichen Autoren (Pahl/Beitz, Roth, Müller, u.a.) /VDI-2221/:

1. **Klären und Präzisieren der Aufgabenstellung:** Erstellung einer Anforderungsliste, die während des Entwicklungsprozesses präzisiert und angepasst werden kann.
2. **Ermitteln von Funktionen und deren Strukturen:** Abstrahieren und Strukturieren der Aufgabenstellung, um ein systematisches Entwickeln der Gesamtlösung aus Teillösungen zu ermöglichen.
3. **Suchen nach Lösungsprinzipien und deren Strukturen:** Ergebnis ist ein Lösungsprinzip (genutzte physikalische Effekte, ggf. auch Werkstoffe und geometrische Merkmale).
4. **Gliedern in realisierbare Module:** Realisierbare Module sind sowohl physische Bauteile und Baugruppen, als auch Softwarebausteine. Ihre Struktur unterscheidet sich typischerweise von der zuvor erstellten Funktions- und Wirkstruktur.

5. **Gestalten der maßgebenden Module:** Konkretes maßstäbliches Entwerfen der zuvor definierten Module bis zu einem Detailgrad, der die Gestaltung des Gesamtproduktes und die Festlegung der Schnittstellen zwischen den Modulen erlaubt. Ergebnis ist ein Vorentwurf.
6. **Gestalten des gesamten Produktes:** Entwurf des Gesamtproduktes unter Kombination der Module. Ergebnis ist der Gesamtentwurf. Der Übergang zum letzten Punkt ist fließend.
7. **Ausarbeiten der Ausführungs- und Nutzungsangaben:** Erstellung der Produktdokumentation, inkl. Stücklisten, Fertigungszeichnungen, Transportvorschriften, Technische Dokumentation, etc.

Die Arbeitsabschnitte werden je nach Umstand vollständig, nur teilweise, mehrfach iterativ, rekursiv, sequentiell oder auch parallel für mehrere Teilaufgaben durchlaufen.

Jeder Arbeitsabschnitt ist dabei sowohl durch divergierende, als auch durch konvergierende Phasen der Lösungssuche gekennzeichnet. In der divergierenden Phase sollen möglichst viele Lösungsalternativen gefunden werden, in der konvergierenden Phase werden diese bewertet (Kriterien erstellen, Kriterien wichten, Alternativen beurteilen) und selektiert. Für beide Phasen steht eine Vielzahl formaler Methoden (Kreativität, Bewertung, Analyse, etc.) zur Verfügung, die teilweise in mehreren der Arbeitsabschnitte anwendbar sind /LIN-05, PAH-03, VDI-2221, KOS-11/.

Ziel des Arbeitsabschnitts 1 zur Anforderungspräzisierung ist es, die Konformität des entwickelten Produktes mit den Kundenwünschen sicherzustellen.

Ziel der abstrakten Lösungssuche in den Arbeitsabschnitten 2 und 3 ist die Vergrößerung des Lösungsspielraumes. Durch eine größere Anzahl bewerteter Lösungsprinzipien soll das Entwicklungsergebnis verbessert werden.

Ziel der Gliederung der Arbeitsabschnitte 4 bis 7 ist es einerseits, mehrere Teilaufgaben parallel weiterzubearbeiten und andererseits, die Anzahl der berücksichtigten Lösungsvarianten zu erhöhen.

Darüber hinaus ist eine klare Gliederung des Entwicklungsprozesses Grundlage für Aufgaben des Projektmanagements, wie Termin-, Budget-, Personal- und Aufgabenplanung, sowie die kontinuierliche Kontrolle der aufgestellten Pläne /KOS-11/.

Grundsätzlich besteht ein Optimierungsziel darin, die Anzahl der Iterationen der Arbeitsabschnitte zu minimieren.

Die hier dargestellte Vorgehensweise beschreibt einen sehr aufwändigen Entwicklungsprozess, dessen Stärke in der fach- und produktunabhängigen Gültigkeit liegt, sodass er einerseits als universelles Grundgerüst für weitere Präzisierungen dienen kann und andererseits immer zur Verfügung steht, wenn spezialisiertere Methoden an ihre Grenzen stoßen. Die vollständige und allumfassende Durchführung ist in der Praxis jedoch zu aufwändig. Für die effektive Entwicklung flexibler Montageanlagen muss die Methodik daher präzisiert, sowie durch weitere Maßnahmen ergänzt werden (siehe Abschnitt 2.2.6).

2.2.2 Optimierung der Nutzung dokumentierten Wissens

Ein weiterer Rationalisierungsansatz ist die Verbesserung der Informationsbasis, auf der ein Entwickler seine Entscheidungen trifft. Das notwendige Wissen kann dabei wie folgt gegliedert werden:

1. **Prozedurales Vorgehenswissen:** Wie gehe ich vor?
2. **Situationskenntnis:** Wie sind die Bedingungen bei der konkreten Aufgabe?
3. **Deklaratives Fachwissen:** Welche Lösungsvarianten existieren? Welche Eigenschaften haben sie?

Ein wichtiges Hilfsmittel zur Wissensdokumentation sind Konstruktionskataloge /ROT-00, VDI-2222b/. Dabei handelt es sich meist um Listen und Tabellen, die für verschiedene Teilaufgaben des Entwicklungsprozesses Lösungsvarianten und ihre Eigenschaften übersichtlich gegenüberstellen. Neben diesen Konstruktionskatalogen für deklaratives Fachwissen existieren auch Checklisten, die die Vorgehensweise zur Lösung bestimmter Problemstellungen beschreiben oder das Erstellen vollständiger Anforderungsspezifikationen erleichtern und somit die Wissensarten 1 und 2 betreffen.

Bezüglich des prozeduralen Vorgehenswissens steht eine allgemein anerkannte universell anwendbare Entwicklungsmethodik zur Verfügung (siehe vorangegangener Abschnitt). Zum prozeduralen Vorgehenswissen gehören aber auch unternehmensspezifische Aufgaben- und Verfahrensbeschreibungen, die die Zusammenarbeit der Mitarbeiter und Abteilungen in größeren Unternehmen regeln und bestimmte Formalismen vorschreiben. Weiterhin zählen zum prozeduralen Vorgehenswissen situations-, fach- und produktspezifische Methoden (siehe nächster Abschnitt).

Grundsätzlich besteht das Optimierungsziel darin, mit geringstem Aufwand in kurzer Zeit das jeweils aufgabenrelevante Wissen bereitzustellen /GÖT-91/. So formulieren Birkhofer und Keutgen das Ziel, den Zugriff und die Aktualisierung auf Konstruktionskataloge durch Digitalisierung mit Hilfe von Agententechnologien und Middleware zu erleichtern /BIR-99/. Grabowski betont die Notwendigkeit eines geeigneten Gliederungssystems und stellt fest, dass der Erstellungsaufwand digitaler Konstruktionskataloge in Form von Wissensmanagementsystemen sehr hoch ist /GRA-99/. Wissenssammlungen zur effektiven Entwicklung von flexiblen Montageanlagen oder Vorgehensweisen zur Erstellung einer solchen Wissenssammlung sind in der bekannten Literatur nicht beschrieben.

Sogenannte Expertensysteme gehen über die reine Darstellung des Wissens hinaus und versuchen, mit Hilfe von Algorithmen zu weiteren Schlussfolgerungen zu gelangen. Ihre praktische Realisierbarkeit in absehbarer Zukunft wird mittlerweile bestritten, da sich die komplexen Entscheidungsprozesse eines Entwicklers nicht ohne weiteres in Software abbilden lassen /FRA-99/.

2.2.3 Engere Zusammenarbeit und Kommunikation

Ein weiterer Lösungsansatz zielt auf die Verkürzung der Zeit bis zum Start der Serienproduktion eines Produktes. So wird inzwischen eine parallele und eng abgestimmte Entwicklung von Produkt und Produktionsprozess angestrebt (*Simultaneous Engineering, Concurrent Engineering*) /REI-98, KOS-11/. Darüber hinaus soll mit dem Ansatz die fertigungs- und montagegerechte Produktgestaltung verbessert werden.

Eine ähnliche Zielstellung wird mit der *Fügestellenanalyse* verfolgt. Ziel der Methodik ist es, die getrennte Betrachtung von Fügeverfahren und Fügekonstruktion aufzuheben, um die Fügbarkeit bereits bei der Entwicklung sicherzustellen. Dazu berücksichtigt die systematische Vorgehensweise die Wechselwirkungen zwischen Konstruktion, Verfahren und Werkstoffen /FUE-01, FUE-05/.

Ebenfalls auf eine engere Zusammenarbeit zwischen verschiedenen Entwicklern oder Entwicklergruppen zielen die Ansätze des *Systems Engineering* /KOS-11/ und der *Mechatronik* /VDI-2206/. Die Erforschung des im englischen Sprachraum entstandenen *Systems Engineering* wurde notwendig, um die besonderen Anforderungen hochkomplexer Systeme der Militär-, Luft- und Raumfahrttechnik zu erfüllen. So ist es die Aufgabe des Systemingenieurs, komplexe Systeme günstig in Komponenten zu zerlegen, deren Schnittstellen zu definieren, eng mit dem Projektmanagement zusammenzuarbeiten und die verschiedenen Entwicklergruppen, bzw. Zulieferer der Komponenten oder Teilsysteme zu koordinieren und die Anforderungskonformität zu überprüfen.

Der Mechatronik-Ansatz trägt der immer stärker werdenden synergetischen Integration von Mechanik, Elektrotechnik und Informatik innerhalb technischer Systeme und Komponenten Rechnung. Seit Beginn der 90er Jahre wurden an mehreren Universitäten im deutschsprachigen Raum explizite Mechatronik-Studiengänge eingerichtet, die Ausbildungsinhalte aller drei Fachrichtungen beinhalten.

Die Vertiefung der interdisziplinären Zusammenarbeit und Kommunikation bildet einen wichtigen Baustein für eine effektive Montageanlagenentwicklung, reicht aber nicht aus, um die aktuellen Anforderungen an die Leistungsfähigkeit des Entwicklungsprozesses zufriedenstellend zu lösen. Darüber hinaus verstärkt sie die Notwendigkeit einer systematischen Dokumentation von prozeduralem, deklarativem und situativem Wissen, sowie abgestimmter systematischer Vorgehensweisen.

2.2.4 Standardisierung

Eine weitere Strategie zur Optimierung des Entwicklungsprozesses ist die Standardisierung. Ziel dabei ist es, für möglichst große Anteile eines technischen Erzeugnisses universelle Funktionseinheiten zu verwenden, die auch in anderen Erzeugnissen zum Einsatz kommen /PAH-07, BIR-92/. Die Menge der Ausprägungen von Standards ist dabei sehr groß. Abbildung 6 zeigt verschiedene Gesichtspunkte, nach denen Standards geordnet werden können.

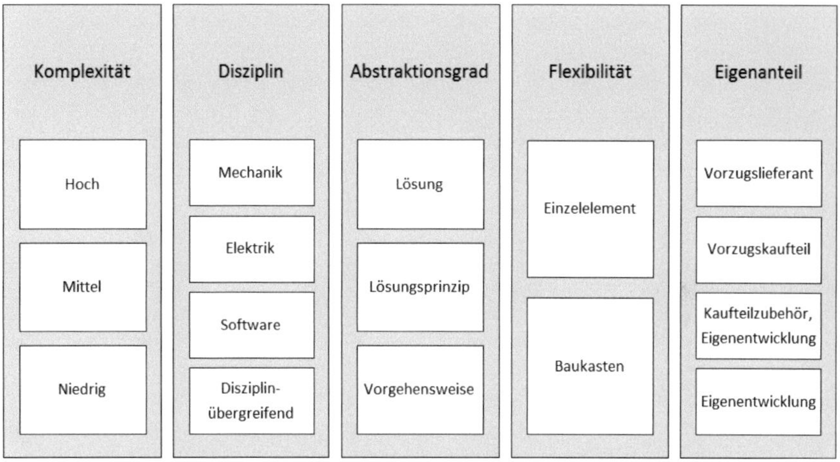

Abbildung 6 – Ordnungsgesichtspunkte von Standards im Montageanlagenbau

Die Vorteile der Nutzung von Standards bei der Entwicklung technischer Erzeugnisse sind unbestritten und die Autoren der einschlägigen Literatur sind sich einig bei der Forderung nach Standardisierung /PAH-07, BIR-92, HES-82, JES-97, LÄS-05/. Sie allein kann jedoch nicht alle Probleme lösen und muss durch weitere Methoden ergänzt werden. Außerdem sind für den Bau von Montageanlagen folgende Probleme zu nennen:

1. Standardisierung unterstützt die Optimierung der Entwicklung, bei der Nutzung für die Variantenbeherrschung konzentriert sich die wissenschaftliche Literatur jedoch auf die Gestaltung des Produktes selbst, nicht auf die Entwicklung von Montageanlagen.

2. In der Praxis sind bereits viele Aspekte durch Standardisierung abgedeckt (Schnittstellen, Normteile, Zulieferkomponenten, etc.). Die Möglichkeiten, insbesondere bei der firmeninternen Standardisierung, sind jedoch noch nicht ausgereizt /GLÖ-11/.
3. Insbesondere fehlt eine präzise Methodik zur Standardisierung im Sondermaschinenbau.

Darüber hinaus birgt die Nutzung von Standards die Gefahr der Stagnation und der Behinderung von Innovationen. Eine Entwicklungsmethodik, die stark auf die Nutzung von Standards setzt, muss gleichzeitig auch Mittel und Wege zur Förderung von Innovationen vorsehen. Es gilt, die Vorteile beider Strategien zu kombinieren und ein situationsspezifisches Optimum zu finden.

Im weiteren Verlauf der Arbeit ist das Thema Standardisierung nicht der Schwerpunkt, da einerseits kein unmittelbarer Beitrag für die *Flexibilität* von Anlagen erwartet wird und andererseits weniger formale Methoden der Wiederverwendung mehr Erfolg versprechen. Das Kapitel 7 (*Standardisierung)* beschränkt sich daher darauf, zu zeigen, wie die vorgestellten Methoden die Standardisierung *unterstützen* können.

2.2.5 Weitere Ansätze

Betrachtung des Produktlebenszyklus: Die durchgehende Betrachtung von der Anforderungserhebung über Herstellung, Nutzung und Entsorgung soll Erfahrungen mit vorherigen Produktgenerationen besser in die Entwicklung einfließen lassen und Fragen des Recyclings, der Benutzerfreundlichkeit, der Produktion und der Lebensdauerkosten stärker berücksichtigen. In diesem Sinne werden sowohl die Begriffe *Product Lifecycle Management* (PLM), als auch *Product Lifecycle Cost Management* (PLCM) verwendet. Dies äußert sich unter anderem darin, dass die Hersteller von Produktionsanlagen teilweise verbindliche Werte zu den Betriebskosten einer Anlage angeben (müssen), um dem Betreiber die Beurteilung der *Total Cost of Ownership* (TCO) zu erleichtern.

Risikomanagement: Im Rahmen des Risikomanagements werden während der Entwicklung besondere Risiken explizit identifiziert und verringert, entweder durch Senkung der Eintrittswahrscheinlichkeit oder durch Minderung der Auswirkungen /KOS-11/. Dazu gehört auch eine explizite *„Machbarkeitsbetrachtung"* zu einem frühen Zeitpunkt im Entwicklungsprozess.

Qualitätsmanagement: Das Qualitätsmanagement betrachtet neben dem Entwicklungsprozess auch alle weiteren Phasen des Produktlebenszyklus. Ziel ist es, Konformität zwischen Produkten, Dienstleistungen und internen Unternehmensprozessen mit Anforderungen und Erwartungen herzustellen. Es setzt dabei auf mehrere der bereits vorgestellten Mittel zur Verbesserung der Entwicklung. Es ergänzt die Methodensammlung um weitere, stark formalisierte Methoden, wie die FMEA (Failure Mode and Effects Analysis), das QFD (Quality Function Deployment) und die Fehlerbaumanalyse. Bekannteste Normenreihe ist die ISO 9000ff /ISO-9000, ISO-9001, ISO-10006, BRU-10, VDI-2247/.

Simulation: Mit dem kontinuierlichen Preisverfall von Rechentechnik und ihrem nach wie vor anhaltenden Leistungszuwachs gewinnt das Mittel der Simulation immer stärker an Bedeutung für die Unterstützung des Entwicklungsprozesses. Dabei werden bestimmte Aspekte des angestrebten technischen Systems untersucht, ohne dass ein Prototyp gebaut werden muss. So kann ggf. in kürzerer Zeit und mit geringerem Aufwand korrigierend eingegriffen werden /WAR-96/.

Nutzung von Rechentechnik: Neben der Simulation erlaubt die Nutzung vernetzter Rechnersysteme in allen bisher genannten Gestaltungsfeldern eine weitere Verbesserung der bisher genannten Ansätze /PAH-03/. So kann der Zugriff auf Wissen aller drei Kategorien deutlich vereinfacht werden. Ebenso werden Aktualisierung und Austausch erleichtert.

2.2.6 Praxisgerechte Präzisierung der Methoden

Beim Versuch, die systematische Konstruktionsmethodik in die Praxis zu überführen, stellte sich heraus, dass ein vollständiges Durchführen aller Entwicklungsabschnitte selten angemessen ist. Sehr häufig besteht die Aufgabe auch nicht darin, grundsätzlich neue Lösungen zu finden (Neukonstruktion), sondern vorhandene Lösungen anzupassen oder zu kombinieren (Anpassungskonstruktion, Variantenkonstruktion). Allgemeine Planungsmethoden führen dabei zwar zu einem Ergebnis, wären aber bei konsequenter Durchführung zu aufwändig und ineffizient. Sie berücksichtigen zu wenig die Nutzung von vorhandenen Erfahrungen, Komponenten und Teillösungen und sind daher in der Praxis nur bedingt akzeptiert /EHR-99, GÖT-91/.

Untersuchungen haben inzwischen ergeben, dass eine rein intuitive Vorgehensweise in vielen Situationen ähnlich gute Ergebnisse liefert, wie ein systematisches Vorgehen, jedoch deutlich effizienter ist. Mehrere Autoren fordern daher eine stärkere Einbeziehung von Intuition und einen flexibleren Einsatz formaler Methoden in der Praxis (überspringen, iterativ durchlaufen für eine Komponente, Phasen für Komponenten vollständig durchlaufen, bevor die nächste begonnen wird, Phasen vorzeitig abbrechen, Phasen unterschiedlich intensiv bearbeiten durch Verwendung und Modifikation vorhandener Lösungen) /EHR-99, FRA-99a/. So beschränkt sich beispielsweise Lindemann in seinem Werk *„Methodische Entwicklung technischer Produkte"* auf die Vorstellungen einer Methodensammlung mit Anwendungshinweisen, überlässt aber die Entscheidung, ob und in welcher Situation die Anwendung erfolgt, dem Entwickler /LIN-05/.

Franke fordert in /FRA-99a/ die branchen-, anwendungs- und produktspezifische Präzisierung der Methoden und Wissenssammlungen, um den praktischen Nutzen zu erhöhen und nimmt eine damit einhergehende Verringerung der Universalität in Kauf.

Götze setzt sich beispielsweise mit Anlagen für die Montage flächiger Bauteile auseinander und entwickelt ein spezifisches Vorgehensmodell bei der Entwicklung von Maschinen dieses Typs. Der Schwerpunkt liegt dabei auf spezieller Greiftechnik für biegeschlaffe flächige Bauteile. Die Einschränkung auf eine spezielle Produktklasse erlaubt es ihm, in der Praxis unmittelbar anwendbares Fachwissen zusammenzustellen. Dazu wählt er eine Gliederung des Wissens, die eine Bereitstellung synchron zu den Entwicklungsschritten ermöglicht /GÖT-91/.

Jäger beschreibt eine präzisierte Entwicklungsmethodik für Produktionssysteme des Karosseriebaus /JÄG-90/. Er schlägt eine Gliederung der Montageaufgabe in Elementarfunktionen anhand der VDI-Richtlinie 2860 *„Handhabungsfunktionen, Handhabungseinrichtungen"* vor /VDI-2860/. Bei ihm liegt ein Schwerpunkt darauf, vorhandene Lösungsbausteine zu dokumentieren, mit einheitlichen Eigenschaften zu beschreiben und in einer Datenbank verfügbar zu machen. Weitere Schwerpunkte seiner Arbeit sind die Schaffung einer einheitlichen Informationsbasis für das Entwicklerteam, sowie die klare Aufgabenteilung auf Basis der Zerlegung in Elementarfunktionen.

Sowohl Götze, als auch Jäger berücksichtigen in ihren produktgruppenspezifischen Entwicklungsmethodiken alle drei Wissensarten (Vorgehensweise, genaue Kenntnis der Anforderungen, produktspezifisches Fachwissen). Eine ähnliche Zielstellung wird in der vorliegenden Arbeit verfolgt, allerdings für eine andere, von einer deutlich größeren technologischen Vielfalt geprägten Produktgruppe und unter dem besonderen Aspekt der Variantenvielfalt der produzierten Produkte.

2.3 Entwicklungsprozess in einem Unternehmen

Wie bereits in Abschnitt 1.2 (*„Produktspezifische Montageanlagen“*) erläutert, werden produktspezifische Montageanlagen typischerweise in Stückzahl Eins hergestellt und sind deshalb durch einen hohen Entwicklungsanteil an den Gesamtkosten gekennzeichnet. Durch den individuellen Charakter werden die Anlagen erst nach Erteilung eines Auftrages entwickelt und hergestellt. Die typische Vorgehensweise bei der Bearbeitung solcher Aufträge ist in der VDI-Richtlinie 4505 *„Methodische Abwicklung von Aufträgen im Investitionsgütergeschäft“* beschrieben /VDI-4505/. Ein wesentlicher Teil der Entwicklung erfolgt schon vor Auftragsvergabe im Rahmen der Angebotserstellung. Im exemplarisch betrachteten Maschinenbauunternehmen wird dieser Entwicklungsabschnitt *Projektierung* oder *Angebotserstellung* genannt /FRE-08/. Daraus ergibt sich ein typischer Entwicklungsprozess für Unternehmen des Sondermaschinenbaus (Abbildung 7) /XEN-10/.

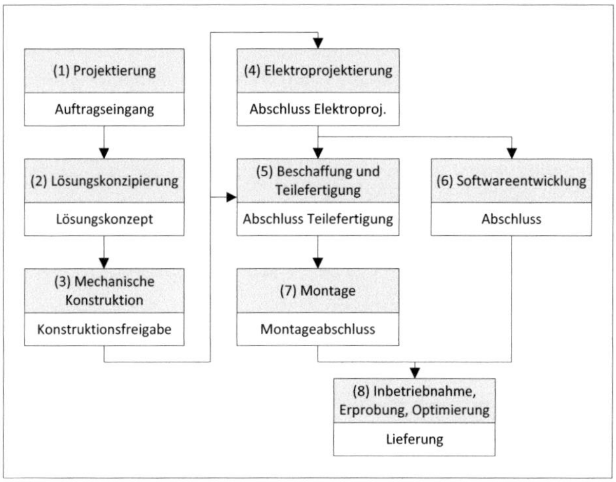

Abbildung 7 – Entwicklungsprozess eines Unternehmens des Sondermaschinenbaus [/XEN-10/]

Die Einzelschritte des Entwicklungsprozesses werden dabei aufgrund ihres kreativen und iterativen Charakters selten formalisiert /FRA-99a/. Detailliertere Beschreibungen betreffen häufig nur organisatorische Eckpunkte und definieren Meilensteine. Im Rahmen der Arbeit wurde eine mehrseitige Verfahrensanweisung des betrachteten Beispielunternehmens zur Bearbeitung von Entwicklungsaufträgen analysiert und die für diese Arbeit wesentlichen Aspekte extrahiert /XEN-10/. Tabelle 3 zeigt die definierten Teilaufgaben des Entwicklungsprozesses.

Jedes Projektteam besteht aus Mitarbeitern der beteiligten Fachabteilungen, die dann projektspezifisch für die definierten Aufgaben verantwortlich sind (Spalte *Bearbeiter*). Die Angaben in der Spalte *Termin* beziehen sich auf standardisierte Meilensteine, die in projektspezifische Terminpläne eingetragen werden. Teilweise wird auf weitergehende Dokumente und Formblätter verwiesen, die sich im Wesentlichen mit Format, Inhalt und Ablageort von Entwicklungsunterlagen befassen.

Tabelle 3 – Teilaufgaben von Entwicklungsprozessen im Sondermaschinenbau [/XEN-10/]

Nr.	Aufgabe	Bearbeiter[1]	Termin[2]	Ergänzende Dokumente[3]
1	Projektierung			
1.1	Anfrage erfassen und nummerieren	VA		AA 01, FB 02, FB 123
1.2	Bearbeitung freigeben, Bearbeiter festlegen	V		AA 01, FB 02, FB 105
1.3	Angebot erarbeiten	VP		FB 02, FB 105
1.4	Angebot prüfen	G		FB 02, FB 105
2	Lösungskonzept erarbeiten			
2.1	Entwicklungsteam festlegen	K	AE + 1 KW[4]	AA 02, FB 08, FB 09
2.2	Anforderungen in projektbegleitende Spezifikation übertragen (Excel-Dokument)	VP	AE + 1 KW	
2.3	Startberatung durchführen und Spezifikation übergeben	VP	AE + 1 KW	FB 08
2.4	Aufgabenstellung für Zuführtechnik erstellen	PL	LK	FB 13
2.5	Lösungskonzept verteidigen und Ergebnisse protokollieren	PL	LK	FB 20
3	Mechanische Konstruktion			
3.1	Taktzeitdiagramm erstellen	KK	K	PH KK[5]
3.2	FMEA erstellen, wenn Auftragsbestandteil	KK	K	FB 111, PH KK
3.3	Konstruktion durchführen und Artikel im ERP-System anlegen	KK	K	FB 08, PH KK
3.4	Gefahrenanalyse durchführen	KK	K + 1 KW	FB 110, PH KK
3.5	Konstruktionsverteidigung durchführen und Ergebnisse protokollieren	KK	K – 1 KW	FB 20, PH KK
3.6	Fotos und Videos für Dokumentationszwecke erstellen	FM	L - 1 KW	
3.7	Zeichnungssatz überarbeiten	KK	L - 1 KW	PH KK
3.8	Dokumentation erstellen (Worddokument), Daten in Maschinenliste (Excel-Dokument) eingeben	KA	L - 1 KW	PH KK
3.9	Nachbau freigeben	K		FB 08
4	Steuerungsentwicklung			
4.1	Schaltungsunterlagen und entsprechende Bestellinformationen erstellen	KE	EP	PH KE
4.2	Steuerungsprogramm entwickeln	KE	MA	PH KE
4.3	Schaltungsunterlagen überarbeiten	KE	L – 1 KW	PH KE

[1] Kürzel für Bearbeiter: VA – Vertriebsassistenz, V – Vertriebsleiter, VP - Vertriebsmitarbeiter, G - Geschäftsführung, K - Entwicklungsleitung, PL - Projektleiter, KK – Mitarbeiter mechanische Konstruktion, KE – Mitarbeiter Steuerungsentwicklung, FM – Mitarbeiter Montage, KA - Entwicklungsassistenz

[2] Kürzel für Termine: AE – Auftragseingang, LK – Abschluss Lösungskonzept, K – Abschluss mechanische Konstruktion, EP – Abschluss Elektroprojektierung, MA – Montageabschluss, L – Lieferung

[3] Kürzel für Dokumenttypen: FB – Formblatt, AA – Arbeitsanweisung

[4] KW: Kalenderwoche

[5] PH KK: Pflichtenheft mechanische Konstruktion, PH KE: Pflichtenheft Steuerungsentwicklung

Es wird deutlich, dass der Detailgrad der Beschreibung ansteigt, wenn entweder Informationen zwischen Abteilungen ausgetauscht werden (Beginn und Ende des Auftragsdurchlaufes) oder formale Methoden verpflichtend gefordert sind (Gefahrenanalyse, FMEA).

Für die im Abschnitt 1.4 genannten Lösungsansätze sind die folgenden Punkte von besonderem Interesse:

1. **Teilaufgabe 2.2:** Zu Beginn des Entwicklungsprozesses werden einmalig die relevanten Informationen der Spezifikationsdokumente in eine einheitliche Form gebracht und ggf. durch interne Vorgaben ergänzt. Damit sollen mehrere Ziele erreicht werden:
   - Erkennung von Lücken und weiterem Abstimmungsbedarf mit dem Kunden
   - Vereinfachung der Projektarbeit durch frühe Filterung von teilweise sehr umfangreichen Dokumenten
   - Schaffung einer Grundlage für die projektbegleitende Präzisierung der Anforderungen
   - Schaffung einer Grundlage für Qualitätsmanagementmaßnahmen
2. **Teilaufgabe 2.3:** Jeder Entwicklungsauftrag wird mit einem eindeutigen Namen gekennzeichnet. Im Normalfall handelt es sich dabei um eine dreibuchstabige Abkürzung der Anlagenfunktion. Projekte, die auf ähnlichen Vorgängern basieren, werden mit der gleichen Abkürzung und einer fortlaufenden Nummer gekennzeichnet, Erweiterungs- oder Änderungsaufträge durch ein angehängtes *E* an die Abkürzung der Ursprungsanlage. Abweichende Schritte oder Aufgaben im Entwicklungsprozess sind für diese speziellen Auftragsarten jedoch nicht definiert.
3. **Teilaufgabe 3.8:** Zum Ende des Entwicklungsprozesses wird eine technische Dokumentation, vorrangig für den Betreiber der Montageanlage, erstellt. Sie enthält unter anderem eine grobe Beschreibung der Anlagenteile und ihrer Funktion. Darüber hinaus wird eine interne Liste (*Maschinenliste*) geführt, in der alle durchgeführten Entwicklungsprojekte aufgeführt sind. Die Liste enthält unter anderem folgende Standardangaben:
   - Auftraggeber, Projektbezeichnung
   - Bestell- und Lieferdatum
   - Auftragswert
   - Zeichnungsnummer, Auftragsnummer, interne Bezeichnung
   - Bearbeiter (Vertrieb, Projektleitung, mechanische Konstruktion, Steuerungsentwicklung, Montage, ...)
   - Garantiedauer, Einsatzort
4. **Teilaufgaben 3.3, 4.1 und 4.2:** Für alle drei Entwicklungsdisziplinen existieren vereinzelt Vorlagen und Standardbaugruppen. Es ist jedoch keine Vorgehensweise definiert, wie die Entscheidung zum Einsatz dieser Standards getroffen wird. Dadurch existiert auch keine Methode zur Rückkopplung bezüglich Einsatzhindernisse und möglicher Weiterentwicklungen. Teilweise wird die Entwicklung von Standardlösungen wie die Bearbeitung eines Kundenauftrages organisiert.

2.4 Zusammenfassung

Die Analyse zeigt, dass der Großteil der bestehenden Methoden zum Umgang mit Produktvariantenvielfalt den Handlungsspielraum der Produktentwickler und die Organisation der Produktion betrifft, nicht jedoch den der Anlagenbauer. Die vorhandenen Wege zur Optimierung des Entwicklungsprozesses sind sehr allgemeingültig und bieten ein hohes Verbesserungspotential durch branchenspezifische Präzisierung. Das betrifft alle vier der genannten Gestaltungsfelder *Anforderungsmanagement*, *Wissens-Wiederverwendung*, *Anlagenwandlung* und *Standardisierung*. Für das exemplarisch betrachtete Unternehmen kann folgendes Fazit gezogen werden:

1. Die Kundenanforderungen an eine Montageanlage werden zwar in einem einheitlichen Dokument zusammengefasst, die Mittel zur Beschreibung der Produktvariantenvielfalt und Prozessflexibilität sind jedoch nicht ausreichend.
2. Die Entwicklungsergebnisse abgeschlossener Projekte werden zwar in einem gewissen Umfang dokumentiert, es existieren jedoch keine Mittel, um bei Folgeprojekten den Zugriff auf aufgabenrelevante Informationen zu erleichtern und die Entwicklungsergebnisse projektübergreifend in Zusammenhang zu bringen.
3. Aufträge, die die nachträgliche Wandlung einer Montageanlage betreffen, werden zwar als solche identifiziert, Methoden zu einer entsprechenden Anpassung des Entwicklungsprozesses existieren jedoch nicht.
4. Es sind verschiedene standardisierte Lösungsbausteine oder Lösungsprinzipien im Einsatz. Für deren systematische Identifizierung, Entwicklung und Nutzung existieren jedoch keine Methoden.

3 Modellierung des Entwicklungsprozesses

Um die methodischen Verbesserungen der vier genannten Gestaltungsfelder *Anforderungsmanagement, Wissens-Wiederverwendung, Anlagenwandlung* und *Standardisierung* in den existierenden Entwicklungsprozesses präzise einordnen zu können, soll für diesen zunächst ein geeignetes Beschreibungsmodell erarbeitet werden. Die Arbeit legt dazu ein *Prozessmodell* zugrunde, in dem der *Entwicklungsprozess* durch die Eingangsgröße *Anforderungen* und die Ausgangsgröße *Entwicklungsergebnis* gekennzeichnet ist. Anders ausgedrückt transformiert der *Entwicklungsprozess* die *Anforderungen* zum *Entwicklungsergebnis* (Abbildung 8). Die weitere Präzisierung wird in den folgenden Abschnitten nach einer Darstellung des Standes der Technik zur Modellierung von Tätigkeiten in Unternehmen vorgenommen.

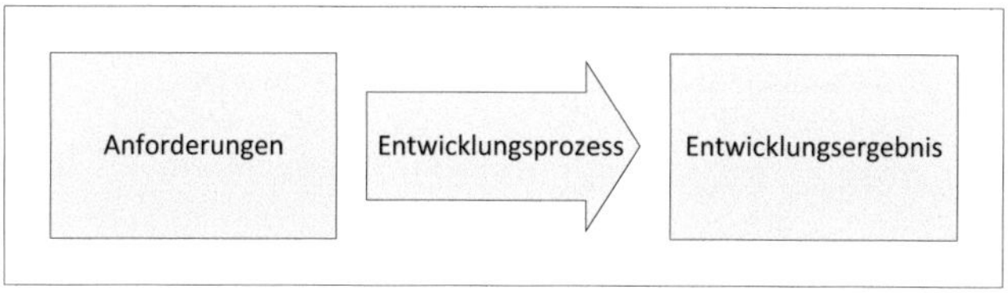

Abbildung 8 – Grundmodell des Entwicklungsprozesses von Montageanlagen

3.1 Stand der Wissenschaft und Technik

Lange Zeit lag der Schwerpunkt der Betriebswirtschaftslehre auf der Gestaltung der Aufbauorganisation und der damit verbundenen funktionsorientierten Ablauforganisation. Dabei werden die verschiedenen Tätigkeiten in einem Unternehmen in Form von Funktionen einer Organisationsstruktur zugeordnet und in diesem Kontext dann weiter betrachtet /GAI-83/.

Seit den 1980er Jahren begann sich die alternative Idee der Prozessorientierung zu verbreiten und ist heute allgemein akzeptiert /BSW-03/. Der Betrachtungsschwerpunkt verschiebt sich dabei auf die strukturübergreifende Vernetzung der Tätigkeiten und ihrem konkreten Nutzen für die Erreichung der Unternehmensziele (Abbildung 9) /GAI-83/.

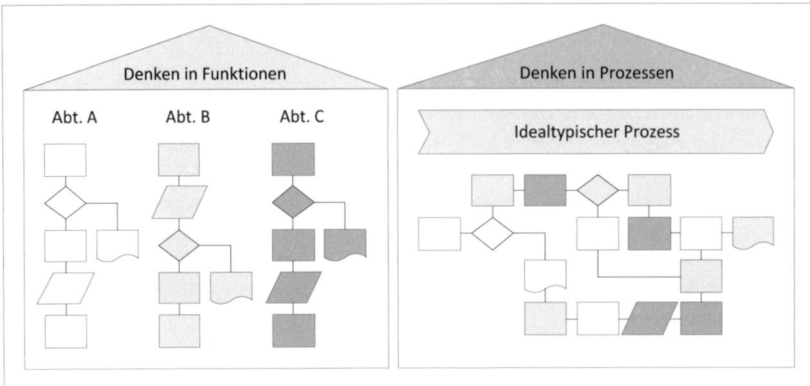

Abbildung 9 – Funktions- und Prozessorientierung [aus /BSW-03/]

3.1.1 Ziele der Prozessorientierung

Mit der Abbildung der Unternehmenstätigkeit in Prozessen sollen folgende Ziele erreicht werden /BEK-08/:

- Dokumentation der Geschäftsprozesse zur:
    - Erfüllung von Auflagen von Geschäftspartnern oder Verbänden
    - Erfüllung gesetzlicher Vorschriften (spezielle Branchen)
    - Schulung und Einarbeitung (neuer) Mitarbeiter
    - Vermeidung von Wissensverlust (durch Mitarbeiterabgang)
    - Erhöhung der Übersicht über die Unternehmenstätigkeiten
    - Übertragung an andere Standorte
- Darstellung des Gesamtzusammenhangs zur Mitarbeitermotivierung
- Unterstützung einer Prozessoptimierung:
    - Umgestaltung von Unternehmensabläufen
    - Einführung neuer Organisationsstrukturen
    - Auslagerung von Unternehmensaufgaben
    - Bearbeitung neuer Geschäftsfelder
- Festlegung von Prozesskennzahlen und Überwachung der Prozessleistung
- Vorbereitung der Automatisierung bzw. IT-Unterstützung von Geschäftsprozessen durch Workflowmanagementsysteme
- Schaffung eines Gliederungshilfsmittels für das Wissensmanagement

3.1.2 Prozesscharakterisierung

Bei der prozessorientierten Betrachtung werden typischerweise drei Arten von Prozessen unterschieden (Abbildung 10) /BSW-03/.

- **Kernprozesse** erzeugen die Produkte oder Dienstleistungen des Unternehmens und *„beginnen"* und *„enden"* typischerweise beim Kunden.
- **Führungsprozesse** definieren Unternehmensziele, überwachen deren Erreichung und steuern das Unternehmen.
- **Unterstützungsprozesse** stellen betriebliche Ressourcen bereit und verwalten diese.

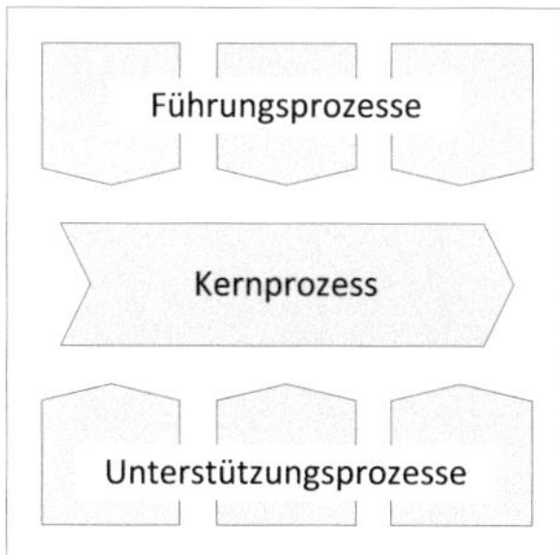

Abbildung 10 – Prozessarten

Ein Prozess ist charakterisiert durch eine klare Abgrenzung von seinen Nachbarprozessen. Jeder Prozess hat *Eingaben* - Informationen, Dokumente oder materielle Güter, die Voraussetzung für seine Durchführung sind. Die *Ausgaben* - ebenfalls Informationen, Dokumente oder materielle Güter - beschreiben die Ergebnisse eines Prozesses. Weiterhin ist jedem Prozess ein *Eigner* oder auch Prozessverantwortlicher zugeordnet. Diese Person ist für die Gestaltung und Weiterentwicklung des Prozesses verantwortlich, führt ihn aber nicht zwingend selbst durch (Abbildung 11) /BSW-03/.

Abbildung 11 – Prozesseigenschaften [aus /BSW-03/]

Prozesse bilden häufig eine Hierarchie. So setzen sich komplexe Prozesse aus mehreren Teilprozessen zusammen. Lassen sich Prozesse nicht sinnvoll in weitere Teilprozesse zerlegen, werden diese *Elementarprozesse* genannt. Das Hauptmerkmal von Prozessen ist ihre Vernetzung, u.a. dadurch, dass die Ausgaben von Vorgängerprozessen Eingaben nachfolgender Prozesse sind (Abbildung 12) /BSW-03/.

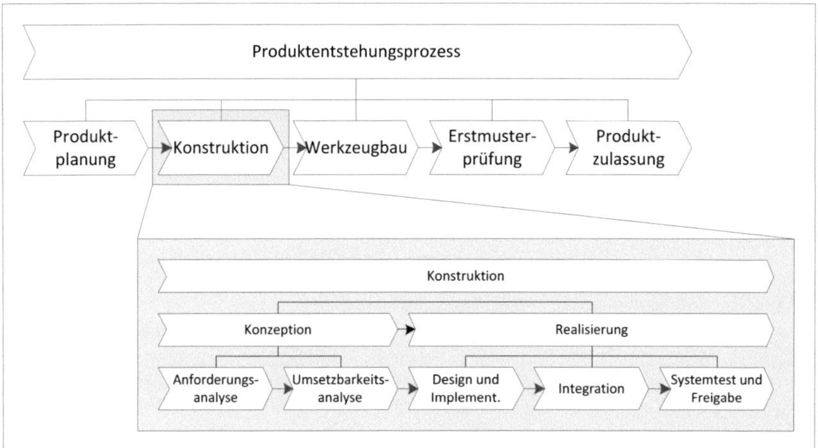

Abbildung 12 – Prozesshierarchie

Eine Prozessbeschreibung enthält Angaben darüber, welche Tätigkeiten notwendig sind, um aus den Eingaben die gewünschten Ausgaben zu erzeugen, beschreibt die Qualität der Ein- und Ausgaben, sowie die Start- und Endzeitpunkte, inkl. entsprechender Bedingungen. Ein wichtiges Ziel der Prozessorientierung ist die Erhöhung der Flexibilität von Unternehmen, um sich schnell an neue Randbedingungen anpassen zu können. Prozessbeschreibungen enthalten deshalb Angaben zum Verfasser, zur Prüfung und Freigabe, das Ausgabedatum und den Revisionsstand, um eine einfache Änderung zu erleichtern /BSW-03/. Die weit verbreitete ISO-9000-Normenreihe zum Qualitätsmanagement setzt seit dem Ausgabestand 2000 eine prozessorientierte Unternehmensorganisation voraus /ISO-9000, ISO-9001/.

3.1.3 Prozessmodellierung mit grafischen Hilfsmitteln

Zur Darstellung von Unternehmensprozessen auf hohen Hierarchieebenen hat sich die Verwendung von *Wertschöpfungskettendiagrammen* etabliert (Abbildung 10). Das Diagramm der höchsten Ebene wird *Prozesslandkarte* genannt /BSW-03/.

Für die Visualisierung auf niedrigeren Hierarchieebenen existieren verschiedene konkurrierende Verfahren, u.a.:

- (erweiterte) ereignisgesteuerte Prozesskette (EPK/eEPK) /SCHE-01/
- Unified Modeling Language (UML), insbesondere das Aktivitätsdiagramm /OMG-10/
- Business Process Modeling Notation (BPMN) /OMG-11/
- Flussdiagramm/Programmablaufplan (PAP) /DIN-66001, ISO-5807/
- Integration Definition for Function Modeling (IDEF0) /NIST-93/

Neben Elementen für Aktionen (Operationen, Funktionen, Tätigkeiten) bieten sie auch Elemente für Verzweigungen, Ein- und Ausgaben, Ressourcen, Informationen, Ereignisse, etc. Die stark formalisierten Diagrammtypen EPK, UML, IDEF0 und BPMN erfordern einen gewissen Einarbeitungsaufwand auch für den Leser, bieten dafür aber die Möglichkeit einer automatischen Verwendung in Workflowmanagementsystemen. Flussdiagramme dagegen sind durch ihre lange Tradition und universelle Verwendbarkeit weit verbreitet und intuitiv verständlich (Abbildung 13). Sie sollen (neben dem Wertschöpfungskettendiagramm) im weiteren Verlauf der Arbeit als Mittel zur Prozessmodellierung dienen.

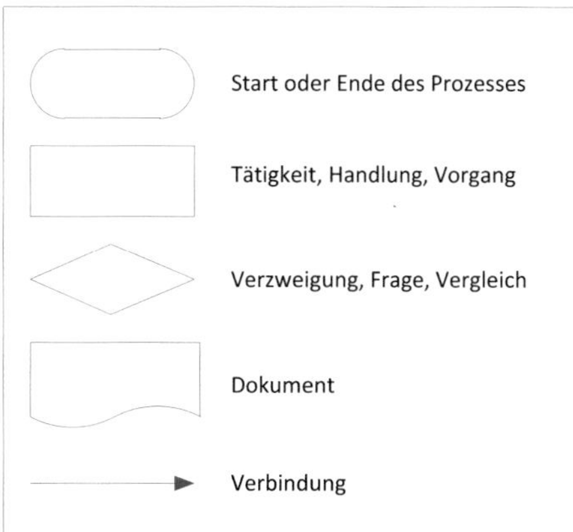

Abbildung 13 – Ausgewählte Flussdiagramm-Symbole [nach /DIN-66001/]

3.2 Prozessmodell

Durch Anwendung der vorgestellten Mittel zur prozessorientierten Beschreibung der Unternehmensorganisation ergibt sich für das betrachtete Unternehmen des Sondermaschinenbaus eine Prozesslandkarte mit einem Kernprozess und mehreren Führungs- und Unterstützungsprozessen (Abbildung 14).

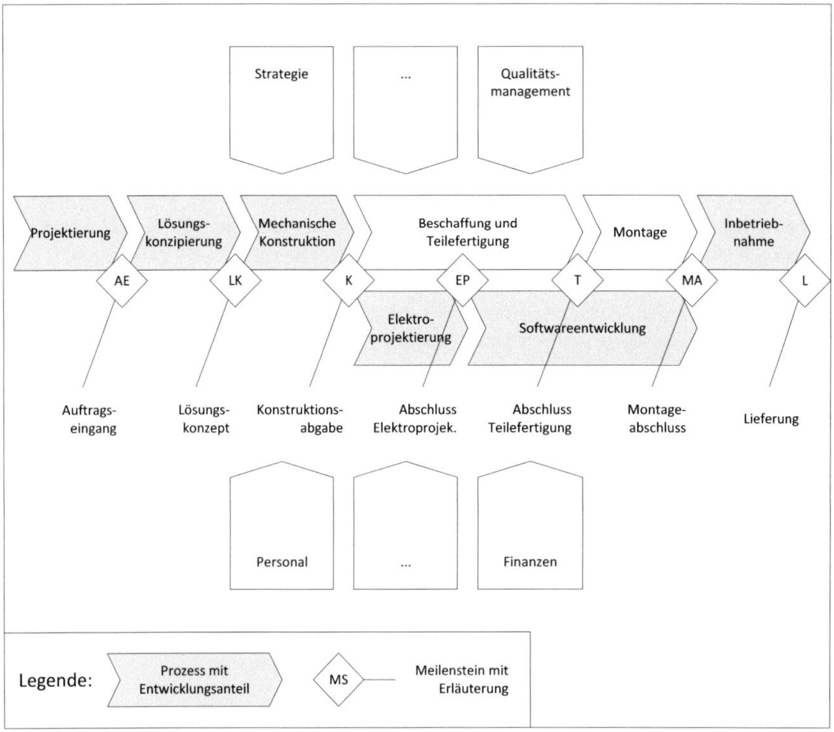

Abbildung 14 – Prozesslandkarte eines Unternehmens des Sondermaschinenbaus

3.3 Wissensmodell

Bei genauerer Betrachtung reicht dieses *Prozessmodell* zur vollständigen Beschreibung der Verbesserungen des Entwicklungsprozesses jedoch nicht aus. Es bietet zwar ausreichende Mittel zur Beschreibung von Vorgehensweisen, jedoch nicht für technische Sachverhalte und die konkrete projektspezifische Anwendung. Es wird deshalb in ein übergreifendes *Wissensmodell* eingebettet, das sich an die Wissensgliederung aus Abschnitt 2.2.2 (*„Optimierung der Nutzung dokumentierten Wissens"*) anlehnt (Abbildung 15).

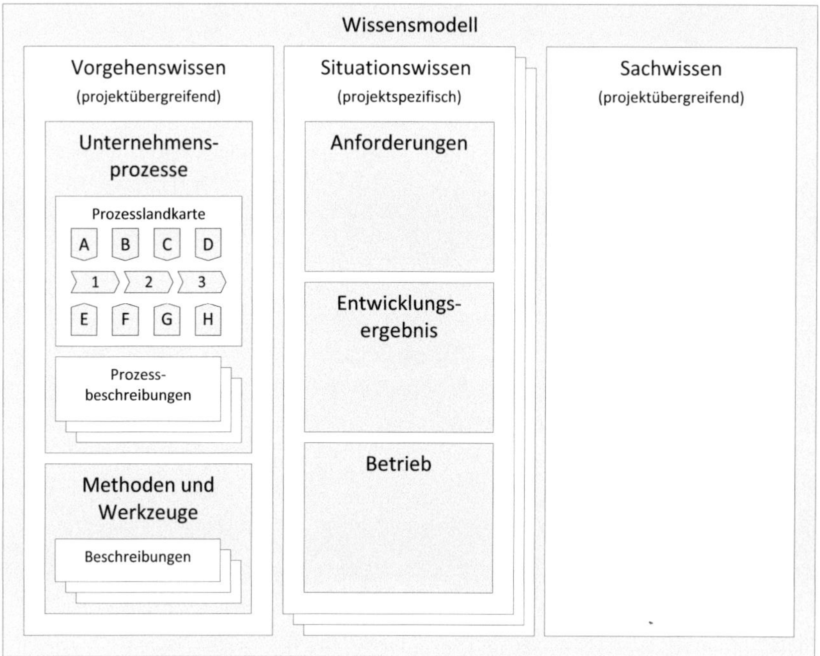

Abbildung 15 – Wissensmodell für die Entwicklung flexibler Montageanlagen

Der Bereich *Vorgehenswissen* enthält das bereits vorgestellte Prozessmodell mit den Beschreibungen der Unternehmensprozesse und wird ergänzt durch situationsspezifisch einsetzbare Methoden und Werkzeuge (Software, Geräte, Betriebsmittel, etc.). Er gilt projektübergreifend.

Der Bereich *Sachwissen* enthält projektübergreifende Informationen zur Technologie von Montageanlagen und wird in Kapitel 5 (*„Management von Technologiewissen"*) näher beschrieben.

Der Bereich *Situationswissen* enthält projektspezifische Informationen. Das betrifft sowohl die zu Beginn einer Entwicklung feststehenden Informationen (Anforderungen), Wissen, das erst im Laufe des Entwicklungsprozesses entsteht (Entwicklungsergebnis), als auch Erfahrungen, die während des Betriebs der Anlage gemacht werden (Betrieb).

Beide Modelle werden in den folgenden vier Kapiteln durch die Optimierungsvorschläge in den vier Gestaltungsbereichen schrittweise modifiziert, ergänzt und präzisiert.

4 Flexibilitätsorientiertes Anforderungsmanagement

Eine große Herausforderung bei der Entwicklung flexibler Montageanlagen ist die durchgängige Berücksichtigung aller Anforderungen über alle Stufen des Entwicklungsprozesses hinweg. Entscheidende Details können bei der Fülle der Anforderungen, sowie dem Termin- und Kostendruck leicht übersehen werden. Ein Optimierungsansatz betrifft deshalb die Entwicklung von Methoden, die einerseits das vollständige Aufstellen und andererseits die lückenlose Erfüllung von Anforderungen unterstützen. Dabei werden folgende Probleme gelöst:

1. Defizite an einem bestehenden Konzept zur einheitlichen Anforderungsdokumentation werden behoben, sodass die Priorisierung von Anforderungen, die Darstellung von Abweichungen von einem Standard, der kontinuierliche Abgleich des Entwicklungsergebnisses und die Nutzung der Ergebnisse für Folgeprojekte unterstützt wird.
2. Die Unterschiede zwischen den zu montierenden Produktvarianten werden in einer Form dargestellt, die eine vollständige Berücksichtigung bei der Entwicklung sicherstellt. Die Auswirkungen der Varianten werden den betroffenen Prozessschritten zugeordnet, sodass bei der Entwicklung nicht zu wenige, aber auch nicht zu viele berücksichtigt werden.

Zunächst wird der Stand der Technik zur Arbeit mit Anforderungen dargestellt.

4.1 Stand der Wissenschaft und Technik

4.1.1 Erhebung und Verfolgung von Produktanforderungen

Anforderungen als Grundlage für Qualität

Die Qualitätsmanagementnorm DIN EN ISO 9000 *„Qualitätsmanagementsysteme"* definiert den Begriff Anforderung als *„ein Erfordernis oder eine Erwartung, das oder die festgelegt, üblicherweise vorausgesetzt oder verpflichtend ist"*. Die Norm empfiehlt die Präzisierung des Begriffes mit einem Bestimmungswort, um festzulegen, woran die Anforderung gestellt wird /ISO-9000/.

Während es sich traditionellerweise um Anforderungen an Produkte oder Dienstleistungen handelte (*Produktanforderungen*), wird der Begriff heute im Rahmen des *„Total Quality Managements"* auch auf Unternehmensprozesse angewendet (*Prozessanforderungen*). Die Formulierung *„üblicherweise vorausgesetzt oder verpflichtend"* berücksichtigt die Tatsache, dass neben konkreten, schriftlich formulierten Anforderungen häufig auch nicht explizit ausgesprochene Erwartungen an ein Produkt bestehen /ROT-00/.

Der Begriff der Anforderung ist von zentraler Bedeutung für das Qualitätsmanagement, denn Qualität wird laut ISO 9000 als *„Grad, in dem ein Satz inhärenter Merkmale Anforderungen erfüllt"*, definiert und geht auf Crosby zurück (*"Quality is conformance to requirements" / „Qualität ist die Erfüllung von Anforderungen"*) /CRO-79/. Der Begriff *inhärent* grenzt dabei subjektiv zugeordnete, nicht messbare Merkmale wie *schön* von objektiv messbaren Merkmalen wie Länge, Breite, Gewicht, etc. ab.

Qualität von Anforderungsformulierungen

Durch die hohe Komplexität von Softwareprodukten hat sich die Forschung im Bereich der Softwareentwicklung besonders intensiv mit dem Thema des Anforderungsmanagements beschäftigt. Die Norm IEEE Std 830-1998 *„Empfehlung für Software-Anforderungsspezifikationen"* definiert die folgenden Qualitätskriterien an die Formulierung von Anforderungen /IEEE-830/:

- **Korrekt:** Die Spezifikation ist genau dann korrekt, wenn jede einzelne Forderung eine Forderung ist, die vom Produkt erfüllt werden soll.
- **Eindeutig:** Die Forderungen müssen so klar und eindeutig formuliert sein, dass nur eine Deutung in Frage kommt. Insbesondere ist darauf zu achten, eine Sprache zu verwenden, die sowohl Auftraggeber, als auch Auftragnehmer beherrschen. Zentrale Begriffe sind ggf. im Anhang zu erklären.
- **Vollständig:** Die Definition muss *alle* Anforderungen enthalten, insbesondere bezüglich Funktion, Leistungsparameter, Randbedingungen, Eigenschaften und externe Schnittstellen. Offene Punkte sind, wenn nicht vermeidbar, als solche klar zu bezeichnen und mit Angaben zum Grund der Unklarheit, zu Art und Zeitpunkt der Klärung und zum Klärungs-Verantwortlichen zu versehen.
- **Widerspruchsfrei:** Mehrere Anforderungen dürfen sich nicht widersprechen. Unter anderem ist darauf zu achten, dass für gleiche Dinge gleiche Bezeichnungen verwendet werden.
- **Nach Priorität geordnet:** Forderungen sollen geordnet werden, um den Aufwand für die Erfüllung besser bemessen zu können. Als Ordnungsmöglichkeiten werden Stabilität (Wie hoch ist die Änderungswahrscheinlichkeit?) und Wichtigkeit (notwendig – wünschenswert - möglich) vorgeschlagen.
- **Nachweisbar:** Alle Forderungen müssen so formuliert sein, dass ihre Erfüllung mit vertretbarem Aufwand eindeutig nachgewiesen werden kann.
- **Änderbar:** Die Forderungen müssen auf eine Art und Weise strukturiert und formuliert sein, die das Ändern erleichtert. So sollen Forderungen atomar und nicht redundant sein. Beziehungen und Abhängigkeiten untereinander sollen durch Referenzen klar dargestellt werden.
- **Verfolgbar:** Jede Forderung soll rück- und nachverfolgbar sein. Rückverfolgbarkeit bezeichnet die Möglichkeit, die Quelle der Forderung zu ermitteln. Nachverfolgbarkeit bezeichnet die Möglichkeit, auf Forderungen in darauf aufbauenden Dokumenten eindeutig zu verweisen. Im einfachsten Falle müssen die Forderungen nummeriert sein.

Es ist offensichtlich, dass diese Qualitätskriterien nicht auf Softwaresysteme begrenzt sind, sondern auf Entwicklungsprojekte jeder Art übertragen werden können.

Besonderes Augenmerk richtet die einschlägige Literatur auf den Punkt der Nachweisbarkeit und fordert die Formulierung von *Akzeptanzkriterien,* die zur sofortigen inhaltlichen Überprüfung zwingen und die Erfüllung von Anforderungen *„nachweisbar"* machen /RUP-09/.

Anforderungsmanagement

Die Aufgaben des Anforderungsmanagements betreffen sowohl die Definition von Anforderungen zu Beginn eines Projektes, als auch die Nutzung und Verwaltung der Anforderungen während der Projektlaufzeit /RUP-09/.

Für die Phase der Anforderungsdefinition sind folgende Teilaufgaben definiert:

- Anforderungserhebung (Vollständigkeit und Richtigkeit erreichen)
- Anforderungsdokumentation (Qualität sicherstellen, siehe oben)
- Anforderungsvalidierung (Erfüllbarkeit prüfen, Zustimmung aller Beteiligten einholen)

Während der Projektlaufzeit dominieren drei Aufgaben:

- **Präzisierung und Vervollständigung**: Das Fehlen ausgewählter Angaben bei Auftragsvergabe muss teilweise in Kauf genommen werden, um einen schnellen Bearbeitungsstart zu ermöglichen. Es stellt jedoch ein Risiko dar und erfordert das nachträgliche Füllen dieser Lücken während der Projektbearbeitung.
- **Kontinuierliche Aktualisierung**: Typischerweise ändern sich Anforderungen aus unterschiedlichen Gründen während der Projektbearbeitung. Die Aufgabe des Projektmanagements besteht dann immer wieder neu darin, die Änderungen zu validieren, ihre Auswirkungen abzuschätzen, sie zu dokumentieren, zu kommunizieren und entsprechende Maßnahmen einzuleiten.
- **Nutzung zur Qualitätskontrolle**: Die (aktualisierten) Anforderungen werden in mehreren Kontrollschritten genutzt, um die Konformität des Entwicklungsergebnisses mit den Anforderungen zu überprüfen. So sollen Abweichungen möglichst früh erkannt und mit geringem Aufwand korrigiert werden.

Teilweise kommen zur Umsetzung dieser Aufgaben Anforderungsmanagement-Systeme zum Einsatz. Dabei handelt es sich um spezielle Softwaresysteme, die Beziehungen zwischen Anforderungen und darauf aufbauenden Entwicklungsdokumenten verwalten können. So kann einerseits leicht festgestellt werden, welche Dokumente bei einer Anforderungsänderung überarbeitet werden müssen und andererseits lassen sich Grund und Ursache für Anforderungen herleiten. Darüber hinaus unterstützen sie den kontinuierlichen Abgleich des Entwicklungsfortschrittes mit den Anforderungen /RUP-09/.

Lastenheft und Pflichtenheft

Das Aufstellen und Dokumentieren von (Produkt-)Anforderungen ist heute aufgrund der hohen Komplexität der Produkte im Investitionsgütergeschäft Stand der Technik und üblicher Teil der Vertragsgestaltung /VDI-4505/. Es wird dabei zwischen dem Lastenheft und dem Pflichtenheft unterschieden (Abbildung 16).

Das Lastenheft beschreibt die *„vom Auftraggeber festgelegte Gesamtheit der Forderungen an die Lieferungen und Leistungen eines Auftragnehmers innerhalb eines Auftrages“*[1]. Es wird im Allgemeinen durch den Auftraggeber formuliert und beschreibt die Außensicht auf das Produkt oder die Leistung. Es beschreibt, *was* und *wofür* etwas geliefert werden soll /VDI-3694, VDI-2519/. Das Lastenheft ist im Sondermaschinenbau typischerweise Grundlage für eine Anfrage.

[1] /DIN-69901-5/, Seite 9

Das Pflichtenheft hingegen beschreibt die *„vom Auftragnehmer erarbeiteten Realisierungsvorgaben auf der Basis des vom Auftraggeber vorgegebenen Lastenhefts“*[1]. Im Gegensatz zum Lastenheft wird es durch den Auftragnehmer erstellt und übersetzt die groben Forderungen des Auftraggebers in die Fachsprache des Auftragnehmers. Es beschreibt, *wie* und *womit* die Anforderungen zu erfüllen sind. /VDI-3694, VDI-2519/. Das Pflichtenheft ist Grundlage des Entwicklungsauftrages. Im betrachteten Referenzunternehmen ist das Pflichtenheft identisch mit dem Angebot. Typischerweise wird im Angebot auf das zugrundeliegende Lastenheft verwiesen, da sein Inhalt nicht vollständig wiederholt wird.

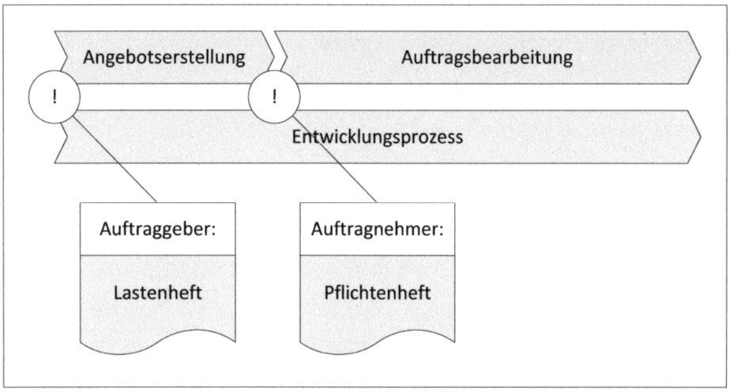

Abbildung 16 – Lastenheft und Pflichtenheft

Bei genauerer Betrachtung zeigt sich, dass für die Unterscheidung zwischen Lastenheft und Pflichtenheft zwei konkurrierende Definitionen bestehen. Die *kaufmännisch-vertragsrechtliche* Definition unterscheidet wie folgt:

- **Lastenheft:** Grundlage für eine Anfrage, erstellt durch den Auftraggeber
- **Pflichtenheft:** Grundlage für ein Angebot und einen Entwicklungsauftrag, erstellt durch den Auftragnehmer

Die *technisch-inhaltliche* Definition lautet:

- **Lastenheft:** beschreibt, *was* die Anlage können soll
- **Pflichtenheft:** beschreibt, *wie* eine Anlage eine Aufgabe erfüllen soll

Im Idealfall genügen sowohl Lastenheft, als auch Pflichtenheft beiden Definitionen. In der Praxis treten aber auch abweichende Fälle auf. So entfällt, insbesondere bei kleineren Projekten, das Lastenheft im kaufmännischen Sinne manchmal ganz. Das Angebot, bzw. Pflichtenheft wird dann nur auf Grundlage formloser Kommunikation erarbeitet und ist die einzige Vertragsgrundlage. Andererseits enthalten Lastenhefte (im kaufmännischen Sinn) von großen Auftraggebern teilweise sehr konkrete Vorgaben zu Ausführungsdetails, um Ersatzteilhaltung, Wartung und Betrieb zu vereinfachen und entsprechen dadurch (inhaltlich) eher einem Pflichtenheft.

Da die kaufmännische Definition präziser als die inhaltliche ist und nach der Erfahrung des Autors eher der Verwendung der Begriffe in der Praxis entspricht, soll sie im weiteren Verlauf der Arbeit verwendet werden.

[1] /DIN-69901-5/, Seite 10

4.1.2 Inhalt technischer Spezifikationen für Montageanlagen in der Literatur

Die einschlägigen Normen und Richtlinien zur Entwicklungsmethodik fordern zwar eine formale Erhebung und konsequente Berücksichtigung von Anforderungen, machen aber keine Angaben zu deren Inhalt /VDI-2221, VDI-4505, ISO-10006/. Offensichtlich ist die Vielfalt möglicher Anforderungen für eine sinnvolle Darstellung in branchenübergreifenden Normen zu hoch.

Roth stellt im Rahmen seiner allgemeingültigen Konstruktionsmethodik drei Methoden unterschiedlichen Aufwandes und unterschiedlichen Detailgrades zur Ermittlung von Anforderungen an ein technisches Produkt vor /ROT-00/:

1. **Produktfrageliste:** geringer Aufwand, ca. 10 Fragen, geringer Detailgrad
2. **Analyse der Produktumgebung:** mittlerer Aufwand, ca. 100 Fragen, mittlerer Detailgrad
3. **Analyse des Produktlebenszyklus:** hoher Aufwand, 250 – 1000 Fragen, hoher Detailgrad

Mit Methode 2 werden die gewünschten und ungewünschten Wechselwirkungen des Produktes mit seinen sechs Umgebungssystemen (Abbildung 17) systematisch erfragt.

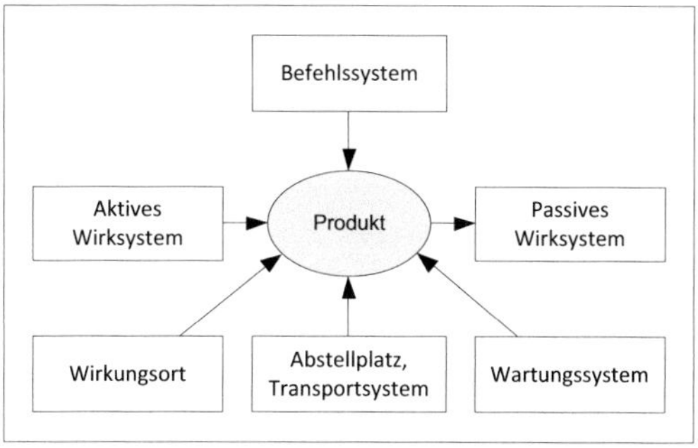

Abbildung 17 – Umgebungssysteme eines Produktes [aus /ROT-00/]

Methode 3 definiert 10 Lebenslaufphasen eines Produktes und 9 Arten von Eigenschaften und Bedingungen (Tabelle 4). Daraus ergibt sich eine Matrix von 90 Feldern mit Anforderungskategorien, die wiederum mit umfangreichen Checklisten ergänzt wurden.

Die notwendige Universalität der Aufzählungen erschwert die praktische Umsetzung und erfordert eine branchenspezifische Präzisierung. Spezielle Normen zur Anforderungserhebung für die Entwicklung von Montageanlagen feinwerktechnischer Produkte sind jedoch nicht bekannt. Teilaspekte werden durch die VDI-Richtlinien zu Lastenheften für Automatisierungstechnik und Fördertechnik behandelt /VDI-3694, VDI-2519/.

Lotter /LOT-06/ und Konold /KON-03/ beschreiben die Planung von Montagesystemen aus Sicht des Betreibers und nehmen implizit an, dass die Montageanlagen hausintern entwickelt und gebaut werden. Eine eindeutige Schnittstelle, an der die Vorplanungen des Auftraggebers enden und die Detailplanung, Entwicklung und Realisierung durch einen Auftragnehmer beginnt, ist nicht berücksichtigt.

Konold listet jedoch Zielvorgaben und notwendige Daten für die Durchführung einer *Montageplanung* auf, die in Auszügen als Grundlage für eine systematische Anforderungsdefinition von Montageanlagen dienen können (Tabelle 5).

Tabelle 4 – Gliederung von Anforderungen [nach /ROT-00/]

Lebenslaufphasen		
Herstellung	Produktplanung, Entwicklung, Konstruktion	1
	Arbeitsvorbereitung und Teilefertigung	2
	Montage	3
Verteilung	Transport	4
	Lagerung	5
	Vertrieb	6
Verwendung	Betrieb und Stillstand	7
	Wartung	8
	Reparatur	9
Rückführung	Recycling	10

Eigenschaften und Bedingungen		
Technisch-physikalische	Technologische und funktionelle	1
	Physikalische und naturbezogene	2
Mensch-bezogene	Physische	3
	Psychische	4
Wirtschaftliche	Kostenbezogene	5
	Organisatorische und planerische	6
Normative	Juristische und gesellschaftliche	7
	Normen und Richtlinien	8
Sonstige		9

Tabelle 5 – Notwendige Daten für eine Montageplanung [nach /KON-03/ (Auszug)]

Erzeugnis	Montageablauf

- Zeichnungen, Stücklisten
- Musterteile
- Erzeugnisgliederung
- Unterscheidungsmerkmale
	- Anzahl und Art der Fügeprozesse
	- Kritische Prozesse (Prozesssicherheit)
	- Montage- und Prüfvorschriften
	- Qualitätssicherung
	    - 100%-Prüfung, Stichprobenprüfung
	    - Max. zul. Fehlerhäufigkeit
	    - Automatisierte Prüfvorgänge
	    - Dokumentation

Mengengerüst	**Produktionslogistik**
- Stückzahl (pro Monat, pro Schicht) - Typenzahl (Tendenz) - Umrüsthäufigkeit/Schicht - Geplante Umrüstdauer - Losgröße - Voraussichtliche Erzeugnislaufzeit	- Materialfluss zum Montagesystem - Direktanlieferung ohne Zwischenlager - Anlieferungszustand (geordnet, ungeordnet) - Anlieferungsart (Behälter) - Teilebereitstellung - Materialfluss der fertigen Erzeugnisse - Transportsysteme - Informationsfluss (Planungssysteme, etc.)
Flexibilität	
- Erweiterungsmöglichkeiten - Möglichkeiten zur stufenweisen Automatisierung bei Stückzahlsteigerungen - Umbaubarkeit bei Erzeugnisänderungen, bzw. Erzeugniswechsel	

4.1.3 Projektierung produktspezifischer Montageanlagen

Um darzustellen, welchen Inhalt Anforderungsspezifikationen für Montageanlagen in der industriellen Praxis haben, muss zunächst kurz der Prozess der *Angebotserstellung*, bzw. *Projektierung* erläutert werden.

In Abschnitt 2.3 („*Entwicklungsprozess in einem Unternehmen*") wurde bereits dargestellt, dass produktspezifische Montageanlagen typischerweise erst nach Erteilung eines Auftrages entwickelt werden. Es existieren keine verkaufbaren Produkte, sodass die Anlagenbauer ausschließlich mit ihrer Lösungskompetenz für bestimmte Produktgruppen, Branchen und Produktionsverfahren werben können. Zur Gewinnung eines Auftrages müssen deshalb bereits vorab Entwicklungsleistungen erbracht werden. Dieser Prozess wird durch Mitarbeiter der Vertriebsabteilung bearbeitet. Er beginnt mit der Anfrage eines potentiellen Kunden. Der Detailgrad der Aufgabenstellung kann dabei zwischen einer Telefonnotiz und einer Spezifikation mit mehreren hundert Seiten schwanken (siehe Abschnitt 4.1.1 „*Erhebung und Verfolgung von Produktanforderungen*"). Die Vertriebsmitarbeiter analysieren die Anforderungen, entwerfen ein Anlagenkonzept für die Montageaufgabe und erstellen ein Angebot. Das Konzept muss dabei ausreichend detailliert sein, um

1. den Kunden von der Realisierbarkeit zu überzeugen,
2. Kosten und Zeitrahmen abzuschätzen und
3. das Entwicklungsrisiko auf ein vertretbares Maß zu begrenzen.

Die Erstellung eines solchen Konzeptes ist üblicherweise nicht kostenpflichtig und die Anlagenbauer tragen das Risiko selbst, dass es zu keinem Auftrag kommt. Daher wird der Prozess in mehreren Iterationsschleifen mit steigendem Detailgrad durchlaufen und gegebenenfalls abgebrochen, wenn keine vertragliche Einigung absehbar ist. Im Laufe der iterativen Konzeptdetaillierung werden oft auch die Anforderungen in gemeinsamer Arbeit in mehreren Schleifen präzisiert, bis sie einen Stand haben, auf den sich ein Vertrag beziehen kann /FRE-08/.

Es ist offensichtlich, dass für diese spezielle Art der Vertriebstätigkeit Mitarbeiter mit rein kaufmännischer Ausbildung nicht geeignet sind. Im Gegenteil, es sind Entwickler mit überdurchschnittlich hoher technischer Qualifikation und Erfahrung nötig, da mit der Projektierung der erste und prägendste Entwicklungsabschnitt bereits vor Auftragsvergabe stattfindet. In der Praxis handelt es sich meist um Ingenieure mit Berufserfahrung und kaufmännischer Zusatzausbildung.

Im Idealfall kann der potentielle Kunde von Lösungskonzept, Kosten und Lieferzeit überzeugt werden und erteilt einen Entwicklungsauftrag, dessen Grundlage das präzisierte Lastenheft und das im Angebot beschriebene Lösungskonzept sind.

4.1.4 Inhalt technischer Spezifikationen für Montageanlagen in der Praxis

In den Einkaufs- und Beschaffungsabteilungen vieler mittlerer und großer Unternehmen existieren interne Vorlagen für Lastenhefte, die speziell auf die jeweils typische Klasse von beauftragten Leistungen zugeschnitten sind. Für die beauftragten Maschinenbauunternehmen stellt dies jedoch einen Nachteil dar, denn die Vielfalt der Lastenheftformen und –gliederungen steigt mit der Größe des Kundenkreises. Im betrachteten Referenzunternehmen werden deshalb zu Beginn der Auftragsbearbeitung das kundenspezifische Lastenheft, das Angebot und ergänzende Dokumente und Absprachen in eine einheitliche und knappe Tabellenform übertragen /XEN-11/.

Dabei werden mehrere Ziele verfolgt:

1. Erkennen von Lücken in der Aufgabenstellung des Auftraggebers.
2. Reduzierung der Anforderungen auf den wesentlichen und überprüfbaren Kern.
3. Darstellung von Abweichungen von unternehmensinternen Standards.
4. Leichtere Vergleichbarkeit mehrerer Projekte.
5. Erhöhung der Übersicht, Erleichterung der Nutzung durch Reduzierung des Umfangs.

Nach der einmaligen Übertragung soll das Projektteam nur noch mit der Tabellenform arbeiten. Anforderungsänderungen während der Projektlaufzeit werden direkt in der Tabellenform eingetragen. Den Vorteilen stehen jedoch auch folgende Nachteile gegenüber:

1. Risiko des Informationsverlustes bei der Übertragung.
2. Die Übertragung stellt einen Zusatzaufwand dar.
3. Komplexe Zusammenhänge lassen sich schlecht in Tabellen darstellen und erfordern ggf. den Verweis auf die Originaldokumente oder ergänzende Unterlagen.

Überraschenderweise sind in der Praxis bisher keine schwerwiegenden Fälle von Übertragungsfehlern aufgetreten, sodass der Aufwand einer redundanten Übertragung nach dem Vieraugenprinzip bisher vermieden wurde.

Das Dokument ist in mindestens fünf Tabellenblätter gegliedert, wobei es mehrere *Modul*-Tabellenblätter geben kann (Tabelle 6). Die durchzuführenden Prozessschritte sind in Form von Stationsbeschreibungen in den Modul-Tabellenblättern aufgeführt und orientieren sich somit an der in der Angebotsphase entwickelten vorläufigen Baustruktur.

Diese Art der Prozessbeschreibung hat den Vorteil, dass Anforderungen und geplante Lösungsprinzipien unmittelbar einander zugeordnet sind. Sie behindert jedoch auch ein Hinterfragen der Baustruktur in der Lösungskonzeptphase nach Auftragsvergabe und die vorläufige Struktur wird meistens beibehalten. Da die Grobstruktur während der Angebotsphase unter hohem Effizienzdruck entsteht, würde ein erneuter, intensiverer Vergleich von Lösungsprinzipien nach Beauftragung ein hohes Potential für Verbesserungen, nicht nur im Detail, sondern auch in der Gesamtstruktur, bieten.

Während der Projektlaufzeit werden die Stationsbeschreibungen präzisiert und um Hinweise zum Entwicklungsergebnis ergänzt. Sie dienen insbesondere zur internen Informationsweitergabe zwischen den Entwicklungsetappen Konstruktion, Elektroprojektierung, etc.

Das vorgestellte Konzept der Übertragung der Anforderungen in eine einheitliche Tabellenform führt in der Praxis zu einer Spezifikation, die eine Mischung aus der eigentlichen Montageaufgabe des Kunden, Zusatzforderungen des Kunden zur konkreten Ausführung, dem ersten Lösungskonzept des Vertriebsmitarbeiters, internen Ausführungsvorschriften und – je nach Projektfortschritt – einer mehr oder weniger detaillierten Dokumentation des Entwicklungsergebnisses darstellt. Anforderungen und Entwicklungsergebnisse sind nicht mehr klar voneinander trennbar, die Quelle der Informationen ist nicht erkennbar. Das bringt mehrere Nachteile mit sich:

1. Eine Beurteilung der Priorität von Anforderungen und deren eventuelle nachträgliche Änderung werden erschwert, da ihre Quelle nicht mehr identifizierbar ist.
2. Für einen kontinuierlichen Abgleich des Entwicklungsfortschrittes mit den ursprünglichen Anforderungen muss trotzdem auf die Ursprungsdokumente zurückgegriffen werden.
3. Eine Beurteilung der Eignung des Entwicklungsergebnisses für spätere Aufträge wird behindert.

Tabelle 6 – Inhalt einer Lastenheftvorlage für Montageanlagen [aus /XEN-11/]

Übersicht	
Kontaktdaten Auftragnehmer und Auftraggeber, Lieferadresse	Beistellungstermine und Mengen von Mustermaterial
Leistungsdaten (Taktzeit, techn. Verfügbarkeit, NIO-Quote, etc.)	Verantwortung des Auftraggebers für ausgewählte Verfahren
Teilesortiment (Einzelteile, Zwischenbaugruppen, Endprodukt in Varianten)	Kriterien für Vorabnahme- und Endabnahmeläufe (Dauer, Typspektrum, Leistungsparameter)
Zuordnungsmatrix Einzelteile zu Zwischenbaugruppen und Endproduktvarianten)	Dokumentation (Medium, Sprache, Anzahl, Inhalt) Arbeitskräfte und Flächenbedarf
Geltende Normen (EU-Richtlinien Maschinenrichtlinie, Niederspannungsrichtlinie, EMV-Richtlinie, DINs, Kundennormen)	Geltende (projektspezifische) Dokumente (Prüfmittelvorschriften, Teilezeichnungen, Musterteile, etc.)
Bedingungen am Einsatzort (ESD-Schutz, Reinraum, Ex-Schutz, Temperatur, etc.)	Medienanschlüsse (Druckluft, Elektroenergie, Absaugung, Schutzgas, etc.)
Modul X	
Auflistung von Stationen, unterteilt in Baugruppen, Angabe von verarbeiteten Einzelteilen, Parametern und Anforderungen Stationsspezifische Angabe von Prüfungen durch den Automaten und Fähigkeitsnachweisen	Hinweise zum Entwicklungsergebnis, Auswahlbegründungen, potentielle Probleme bei der Inbetriebnahme, Montage- und Justagehinweise, steuerungstechnische Aufgabenstellungen
Transportsystem	
Beschreibung des Verkettungssystems der Stationen je Modul	Werkstückträgerbeschreibung (Anzahl, Identifizierungskonzept, Anzahl Wechselsätze)
Verkettungsprinzip und Anzahl verketteter Stationen	
Mechanik	
Beschreibung der Zelle (Maschinengestell und Umhausung), verwendete Materialien, charakteristische Eigenschaften	Eigenschaften von Wechselteilen (Sensorische Abfrage, Ablagen, unverlierbare Schrauben, Verwechselbarkeit)
Farbgebung von Anlagenkomponenten, Farbgebung von Pneumatikschläuchen Angabe von Vorzugslieferanten	Anforderungen zur Instandhaltung (Schmierungsarten, Reproduzierbarkeit von Justagemaßen, Baugruppenkennzeichnung)
Steuerung/Elektrik	
Softwarekonzept (Verwendete Software, Steuerungstyp, Softwareüberlassung, Sprache)	Kennzeichnung von elektrischen Maschinenkomponenten
Bedienkonzept (Hardware, Bedienelemente, Sprache, Funktionen)	Möglichkeiten der Datenerfassung und Datenauswertung
Art des Fernzugriff	Hardware, Vorzugslieferanten, Vorzugskomponenten
Betriebsarten	

Eine besondere Bedeutung für den Umgang mit variantenreichen Produkten hat die Art der Produkt- und Variantendarstellung. Im Referenzunternehmen werden in einer Tabelle (Tabelle 7) alle Einzelteile und Produktvarianten aufgelistet und durch Angabe der entsprechenden Spezifikation bzw. Zeichnung und der Art der Verpackung ergänzt.

Tabelle 7 – Tabellarische Darstellung der Produktstruktur [aus /XEN-11/]

Teilesortiment	Zeichnung	Verpackung
Teil A		
...		
Teil n		
Variante 1		
...		
Variante n		

In einer zweiten Tabelle (Tabelle 8) wird durch eine Zuordnungsmatrix dargestellt, welches Einzelteil in welcher Produktvariante vorkommt.

Tabelle 8 – Zuordnungsmatrix der Einzelteile zu Produktvarianten [aus /XEN-11/]

Varianten	Variante 1	Variante 2	...	Variante n
Teil a				
...				
Teil n				

Für dieses Konzept sind mehrere Defizite zu nennen:

1. Eine Darstellung der Einzelteilvarianten ist nicht vorgesehen. (Einzelteilvarianten können maximal als separate Einzelteile aufgeführt werden.)
2. Es ist nicht erkennbar, wie stark und wodurch sich die Teilevarianten voneinander unterschieden.
3. Komplexe Produkte mit mehreren Strukturstufen können nicht dargestellt werden.
4. Die Zuordnungsmatrix ist durch die Wahl der Spalten und Zeilen optimiert für Produkte mit vielen Einzelteilen und wenigen Varianten.
5. Die Darstellung wird insbesondere bei komplexen Produktfamilien schnell unübersichtlich.
6. Die Auswirkungen der Variantenvielfalt auf die einzelnen Prozessschritte sind nicht erkennbar.

Da ein wesentlicher Schwerpunkt dieser Arbeit auf der systematischen Darstellung von variantenreichen Produktfamilien liegt, werden im nächsten Abschnitt alternative Darstellungen der Produktstruktur analysiert.

4.1.5 Produktmodelle und Variantendarstellung

Allgemein anerkannte Grundlage für die Gliederung und Darstellung komplexer technischer Produkte ist die Norm DIN 199 *„Zeichnungen und Stücklisten"* /DIN-199/[1]. Die Norm definiert eine Reihe von Begriffen und sieht u.a. die Darstellung eines (aus mehreren *Teilen* bestehenden) technischen *Erzeugnisses* durch *Stücklisten* vor. Komplexe Erzeugnisse können durch mehrere *Strukturstufen* gegliedert werden. Erzeugnisse mit mehreren Strukturstufen können sowohl als *Strukturstückliste* (alle Stufen in einer strukturierten Stückliste), als auch als *Baukastenstückliste* (mehrere Stücklisten, die jeweils nur die Elemente der nächsttieferen Strukturstufe aufführen) dargestellt werden. Das Prinzip der Baukastenstückliste hat den Vorteil, dass ausgewählte Baugruppen in ähnlichen Erzeugnissen aufwandsarm wiederverwendet werden können.

Zur Darstellung von Erzeugnis-*Varianten* sieht die Norm das Konzept der *Plus-Minus-Stücklisten* und der *Variantenstückliste* vor. Eine Variantenstückliste fasst die Stücklisten mehrerer Erzeugnisse auf einem Vordruck zusammen und kann so den Vorteil der Baukastenstückliste ausnutzen. Plus-Minus-Stücklisten stellen Unterschiede der Baustruktur von Erzeugnis-Varianten gegenüber einer *Grundstückliste* dar und setzt damit die Definition einer Grundform voraus. Keine der vorgestellten Stücklistenvarianten unterstützt jedoch eine Gegenüberstellung der Varianten und ihrer Unterschiede.

In /NYH-08/ wird ein Produktmodell zur Identifizierung von variantenneutralen Kernkomponenten und variantenreichen Ergänzungskomponenten beschrieben. Hauptziele sind die Bewertung der produktionsgerechten Produktgestaltung und die Planung von geeigneten Produktionsstandorten. Neben der Struktur des Erzeugnisses integriert das Modell Aspekte der Funktionsstruktur und der Produktionsreihenfolge. Für jeden der drei Aspekte wird eine hierarchische Struktur aufgestellt und strukturübergreifende Zuordnungen der Elemente zueinander ergänzt. Für die Analyse von Anforderungen an Montageanlagen ist das Modell einerseits unnötig komplex (Funktionsstruktur ist für die Produktion irrelevant), andererseits fehlen wichtige Aspekte (Prozessstruktur nicht ausreichend detailliert für Anlagenbau).

Schuh stellt in seiner Arbeit Varianten in Form eines Variantenbaumes dar /SCHU-88/, wobei jede Verzweigung einem Unterscheidungsmerkmal entspricht. Von Vorteil ist dabei die Möglichkeit, Abhängigkeiten darzustellen. (z.B.: *„Kontakte mit 20mm Länge werden nur in Steckergrundform A verwendet."*) Bei einer größeren Menge variabler Merkmale und Varianten wird die Darstellung jedoch schnell unübersichtlich. Sie ist daher eher für die Darstellung von ausgewählten Aspekten, nicht jedoch die vollständige Darstellung des gesamten Produktspektrums geeignet.

Alternative Matrix-Variantendarstellungen als in Abschnitt 4.1.4 (*„Inhalt technischer Spezifikationen für Montageanlagen in der Praxis"*) werden durch Lindemann /LIN-11/ und Pulm /PUL-04/ vorgestellt. Durch die Verwendung einer eigenen Spalte für jede Merkmalsausprägung in Lindemanns Variantenmatrix (Tabelle 9), ist diese Form nur für die Darstellung überschaubarer Produktfamilien oder ausgewählter Aspekte geeignet.

Pulm entwickelt weitere Matrixformen (Tabelle 10 zeigt ein Beispiel), stellt aber selbst fest, das nur eine punktuelle, situationsspezifische Anwendung sinnvoll ist, da ein Gesamtmodell zu unübersichtlich und praktisch nicht handhabbar wäre. Auch seine Darstellungen sollen den Planungs- und Entwicklungsprozess des Produktes selbst unterstützen, nicht aber die Montageanlagenentwicklung.

[1] Erste Ausgabe von 1923!

Tabelle 9 – Matrix zur Darstellung der Variantenvielfalt [aus /LIN-11/]

	Modell	**Motor**		**Antrieb**		**Lenker**	
	Automobil	Dieselmotor	Ottomotor	Frontantrieb	Allradantrieb	Linkslenker	Rechtslenker
Variante 1	X	X		X		X	
Variante 2	X		X	X		X	
Variante 3	X	X			X	X	
Variante 4	X		X	X			X

Tabelle 10 – Auswirkungen der Produktfreiheitsgrade auf Produktkomponenten [aus /PUL-04/]

	Ländervarianten	**Farbe Blenden**	**Antrieb (Schriftzug)**	**Anhalt Ablage**	**Gesamtanzahl**
Ablage Beifahrerseite	3			4	12
Gehäuse	3				3
Inhalt				4	4
Blenden	2	4	2		16
Ablage Fahrerseite	3				3

Lingnau stellt eine Möglichkeit zur Klassifizierung von Produktvarianten in strukturelle und technische Varianten vor (Abbildung 18) /LIN-94/.

Strukturelle Varianten unterschieden sich durch Art und Menge der Bauteile eines Produktes. Im Fall von Kannvarianten darf ein Bauteil ganz entfallen, bei Mussvarianten darf sich nur der Typ des Bauteils ändern. Die weitere Unterscheidung in obligatorische (es existiert keine Vorzugsvariante) und fakultative (es existiert eine Vorzugsvariante) Mussvarianten ist für die Montagetechnik irrelevant.

Technische Varianten beziehen sich auf alle anderen Unterschiede (vor allem bei Einzelteilen) und werden weiter unterteilt nach der Art der unterschiedlichen Eigenschaft. Hervorzuheben ist hier insbesondere der Begriff technologischer Varianten. Gemeint sind damit variable Baugruppen oder Einzelteile, deren Unterschiede sich nicht durch die anderen Mittel Geometrie, Material und Struktur beschreiben lassen, sondern zu deren Herstellung unterschiedliche Verfahren (zum Beispiel ein Fräßteil statt einem Gussteil) zum Einsatz kommen.

Ein wesentliches Defizit der Darstellung ist, dass Lingnau von einer Klassifizierung von *Varianten* spricht, obwohl es sich korrekterweise um die Klassifizierung der *variablen Merkmale* einer Produktfamilie handelt. Ziel auch dieser Arbeit ist eine Beschreibung der Varianten zur Unterstützung von Planung und Entwicklung des Produktes selbst, nicht jedoch für dessen Produktion. Obwohl die Arbeit wesentliche Unterscheidungsmerkmale von Varianten nennt, ist die Darstellung nicht vollständig und es fehlt eine präzise, eindeutige Methodik zur Variantenanalyse.

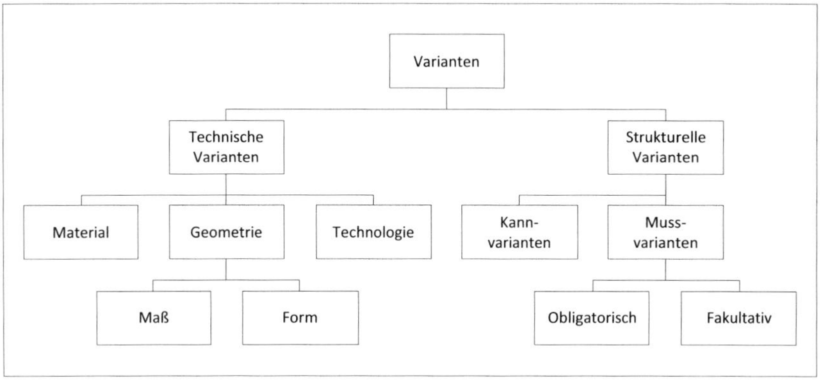

Abbildung 18 – Klassifizierung von Produktvarianten [nach /LIN-94/]

Keiner der genannten Ansätze zur Varianten-Darstellung erlaubt eine praktisch durchführbare vollständige Beschreibung feinwerktechnischer Produkte. Darüber hinaus sind keine Methoden bekannt, die Auswirkungen der Variantenvielfalt auf die Prozessschritte systematisch zu ermitteln.

4.2 Anforderungsspezifikation in einheitlichem Format

Zur Behebung der Defizite des bestehenden Konzeptes der Anforderungsdokumentation wird im Folgenden eine neue Gliederung vorgestellt, die im Rahmen der Arbeit entwickelt wurde und mittlerweile im betrachteten Referenzunternehmen erprobt wird. Dazu legt die Arbeit eine Grobeinteilung der Anforderungen an Montageanlagen zugrunde (Abbildung 19). Es wird unterschieden in Anforderungen an die *Projektdurchführung (Organisation)* und an das *Projektergebnis*.

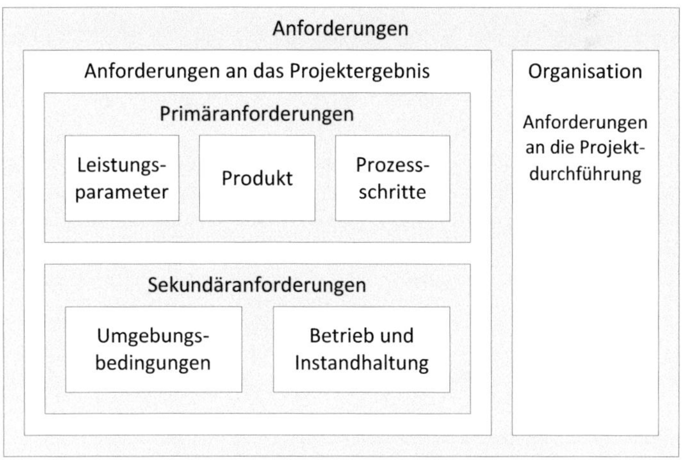

Abbildung 19 – Grobklassifizierung von Anforderungen

Anforderungen an das Projektergebnis wiederum teilen sich in *Primäranforderungen* und *Sekundäranforderungen*. Primäranforderungen beschreiben die eigentliche Aufgabe der Anlage, indem das *Produkt* selbst, die durchzuführenden *Prozessschritte* und die *Leistungsparameter* wie Durchsatz, Verfügbarkeit und Schlechtteilrate beschrieben werden. Primäranforderungen werden fast ausschließlich individuell und aufgabenspezifisch festgelegt.

Sekundäranforderungen beschreiben Umgebungsbedingungen wie Schnittstellen, erlaubte Emissionen und zu tolerierende Immissionen, Forderungen zur Bedienung und Instandhaltung, Sicherheitsanforderungen, sowie Anforderungen an Datenerhebung, -verarbeitung und -auswertung. Sekundäranforderungen sind zum großen Teil aufgabenunabhängig, sodass sie durch Abgleich mit einem Standardanforderungsprofil auf eine Darstellung der projektspezifischen Abweichungen reduziert werden können.

Für jeden Bereich wurde ein checklistenartiges Formular entwickelt, dass die Qualitätsanforderungen an Anforderungsformulierungen erfüllt, bzw. erfüllen hilft (Vollständigkeit, Eindeutigkeit, etc., siehe Abschnitt 4.1.1 – *„Erhebung und Verfolgung von Produktanforderungen“*). Es kann dadurch gleichzeitig auch als internes Mittel zur Qualitätskontrolle verwendet werden. Der Inhalt des Formulars kann nach Detailgrad unterschieden werden:

1. Die Anforderung ist bereits vollständig vorgegeben und muss nur bei Bedarf angepasst werden. (Beispiel: Versorgungsspannung: Dreiphasenwechselstrom, 50 Hz, 230 V / 400 V nach DIN IEC 60038 *„IEC-Normspannungen“*.)
2. Die Anforderung ist vorgegeben, muss aber durch einen Wert, bzw. *„keine Angabe (k.A.)“* ergänzt werden. (Beispiel: Durchsatz: ... Teile pro Stunde bei störungsfreiem Lauf.)
3. Der zu spezifizierende Inhalt ist vorgeben, Art und Umfang erfordern aber individuelle Formulierungen. (Beispiel: Produktstruktur und Prozessschritte).

Die erste Form der Angabe ist typisch für Sekundäranforderungen. Abweichungen von der Standardformulierung werden farblich hervorgehoben. Die zweite und dritte Form sind typisch für Primäranforderungen. Da sie immer individuell sind, ist auch eine Hervorhebung nicht sinnvoll.

Tabelle 11 zeigt die Zuordnung der bereits existierenden Punkte aus Tabelle 6 zu den neuen Gliederungspunkten. Die Punkte *„geltende Normen“* und *„geltende (projektspezifische) Dokumente“* existieren zwar weiterhin als Zusammenfassung, die inhaltlichen Verweise werden aber in die entsprechenden Abschnitte integriert.

Die *Modul*-Tabellenblätter (Tabelle 6) werden ersetzt durch den Abschnitt *Prozessschritte* (Tabelle 11), wobei der Inhalt auf tatsächliche Anforderungen reduziert wird. Das Kapitel wird nach der technologischen Reihenfolge der Prozessschritte gegliedert. Meist leiten sich die Anforderungen an die Prozessschritte von den allgemeinen Leistungsparametern der Anlage und der Beschreibung der verarbeiteten Produktbestandteile ab. Teilweise müssen jedoch prozessschrittspezifische Zusatzanforderungen gestellt werden:

- Insbesondere bei Prüfaufgaben verbale Beschreibung der Aufgabe des Prozessschrittes, bzw. Verweis auf weiterführende Dokumente.
- Leistungsanforderungen, die über die allgemeinen an die Anlage gestellten hinausgehen, z.B. um eine spätere Leistungssteigerung oder Nutzungsänderung der Anlage vorzubereiten.
- Qualitätsanforderungen an Produktmerkmale, die durch den Prozessschritt geschaffen oder geprüft werden. Teilweise werden formale *Fähigkeitsnachweise* gefordert. Das sind statistische Methoden, um zu bestimmen, wie sicher die spezifizierten Parameter eingehalten werden.

- Angaben zur Verfügbarkeit, wie z.B. Werkzeugstandzeiten.
- Detaillierte Realisierungsvorgaben, wie Ergebnisse von Vorversuchen, Vorgaben zum Automatisierungsgrad (z.B. Festlegung Handarbeitsplatz), einzusetzende oder beigestellte Komponenten, Entwicklungs- oder Inbetriebnahmeleistungen des Auftraggebers.

Tabelle 11 – Überarbeitete Gliederung der Spezifikationsvorlage für Montageanlagen

Organisation	
Kontaktdaten Auftragnehmer und Auftraggeber, Lieferadresse	Beistellungstermine und Mengen von Mustermaterial
Kriterien für Vorabnahme- und Endabnahmeläufe (Dauer, Typspektrum, Leistungsparameter)	
Leistungsdaten	
Leistungsdaten (Taktzeit, techn. Verfügbarkeit, NIO-Quote, etc.)	Arbeitskräfte und Flächenbedarf
Produkt	
Teilesortiment (Einzelteile, Zwischenbaugruppen, Endprodukt in. Varianten, Zeichnungen, Muster, ...)	Zuordnungsmatrix Einzelteile zu Zwischenbaugruppen und Endproduktvarianten
Prozesse	
Auflistung von *Prozessschritten*, unterteilt in Arbeitsschritte, Angabe von verarbeiteten Einzelteilen, Parametern und Anforderungen an das Prozessergebnis	Geltende (projektspezifische) Dokumente (Prüfmittelvorschriften, etc.)
Verantwortung des Auftraggebers für ausgewählte Verfahren	*Prozessschrittspezifische* Angabe von Prüfungen durch den Automaten und Fähigkeitsnachweise
Umgebungsbedingungen	
Bedingungen am Einsatzort (ESD-Schutz, Reinraum, Ex-Schutz, Temperatur, etc.)	Medienanschlüsse (Druckluft, Elektroenergie, Absaugung, Schutzgas, etc.)
Betrieb und Instandhaltung	
Geltende Normen (EU-Richtlinien Maschinenrichtlinie, Niederspannungsrichtlinie, EMV-Richtlinie, DINs, Kundennormen)	Anforderungen zur Instandhaltung (Schmierungsarten, Reproduzierbarkeit von Justagemaßen, Baugruppenkennzeichnung)
Beschreibung der Zelle (Maschinengestell und Umhausung), verwendete Materialien, charakteristische Eigenschaften	Eigenschaften von Wechselteilen (Sensorische Abfrage, Ablagen, unverlierbare Schrauben, Verwechselbarkeit)
Farbgebung von Anlagenkomponenten, Farbgebung von Pneumatikschläuchen	Angabe von Vorzugslieferanten
Softwarekonzept (Verwendete Software, Steuerungstyp, Softwareüberlassung, Sprache)	Kennzeichnung von elektrischen Maschinenkomponenten
Bedienkonzept (Hardware, Bedienelemente, Sprache, Funktionen)	Möglichkeiten der Datenerfassung und Datenauswertung
Art des Fernzugriff	Hardware, Vorzugslieferanten, Vorzugskomponenten
Betriebsarten	Dokumentation (Medium, Sprache, Anzahl, Inhalt)

Die Angaben zum Transportsystem entfallen ganz, da sie bereits einen Teil des Entwicklungsergebnisses beschreiben. Das Entwicklungsergebnis wird in einem separaten Dokument beschrieben, dass entsprechend der Baustruktur der Anlage gegliedert ist. Sowohl Anforderungsspezifikation, als auch Entwicklungsdokumentation werden mit einer Revisionsnummer versehen, um die Verfolgung von Änderungen zu erleichtern. Die erste Revision der Entwicklungsdokumentation wird zu Beginn der Auftragsbearbeitung angelegt und enthält den Inhalt des Pflichtenheftes.

Das neue Konzept der Anforderungsdokumentation hat gegenüber dem ursprünglichen Stand (Abschnitt 4.1.4 *„Inhalt technischer Spezifikationen für Montageanlagen in der Praxis"*) mehrere Vorteile:

1. Durch den Wechsel von einer baustruktur- auf eine prozessschrittorientierte Gliederung der Prozessanforderungen und die klare Trennung von Anforderungs- und Entwicklungsdokumentation wird der Lösungsspielraum bei der Prüfung des vorläufigen Lösungskonzeptes zu Beginn der Auftragsbearbeitung vergrößert und die Wahrscheinlichkeit einer Verbesserung erhöht.
2. Durch die Trennung von Anforderungs- und Entwicklungsdokumentation, die Unterscheidung in aufgabenspezifische Primäranforderungen und (typischerweise) aufgabenunabhängige Sekundäranforderungen, sowie die Hervorhebung von aufgabenspezifischen Abweichungen von einem Standard im Bereich der Sekundäranforderungen, wird die Identifizierung der Quelle der Anforderungen, sowie deren Priorisierung und eventuelle nachträgliche einvernehmliche Änderung vereinfacht.
3. Das ursprüngliche Ziel der einfacheren Konformitätsprüfung und –sicherstellung während des Entwicklungsprozesses wird besser erreicht als bisher durch die Trennung in stets individuelle Primäranforderungen und Sekundäranforderungen, die durch Abweichungen von einem Standard beschrieben werden können.
4. Die Beurteilung der Wiederverwendbarkeit für Folgeprojekte wird erleichtert. Mehr dazu in Kapitel 5 *„Management von Technologiewissen"*.

Weiterhin wurde für das überarbeitete Formular zur Anforderungsspezifikation die Darstellung der Produktstruktur überarbeitet. Mehr dazu im folgenden Abschnitt.

4.3 Variantenorientierte Produktstruktur

Wie im Abschnitt 4.1.5 (*„Produktmodelle und Variantendarstellung"*) dargestellt, sind bisher keine Methoden zur Analyse und Dokumentation variantenreicher Produkte bekannt, die das vollständige Identifizieren von Flexibilitätsanforderungen an Montageanlagen zufriedenstellend unterstützen. Im Rahmen der Arbeit wurde deshalb eine solche Methode erarbeitet, in dem durch den Autor Projekte mit Schwierigkeiten beim Umgang mit hoher Variantenvielfalt identifiziert und analysiert wurden. Die erste Idee wurde dabei durch Anwendung auf diese Projekte schrittweise präzisiert und ihre Gültigkeit für die betrachtete Menge von Montageaufgaben nachgewiesen. Die Allgemeingültigkeit wird am Ende des Kapitels bewertet (Abschnitt 4.5 *„Beurteilung der Allgemeingültigkeit"*).

Als anschauliches Beispiel zur Beschreibung der Methodik dient in den folgenden Abschnitten ein fiktiver Steckverbinder (Abbildung 20). Steckverbinder sind sehr typische feinwerktechnische Produkte. Ein fiktives Erzeugnis hat den Vorteil, dass seine Eigenschaften so gewählt werden können, dass alle Aspekte der entwickelten Methodik anschaulich dargestellt werden können. Außerdem wird vermieden, vertrauliche Informationen über reale Produkte zu veröffentlichen.

Abbildung 20 – Fiktiver Beispielsteckverbinder

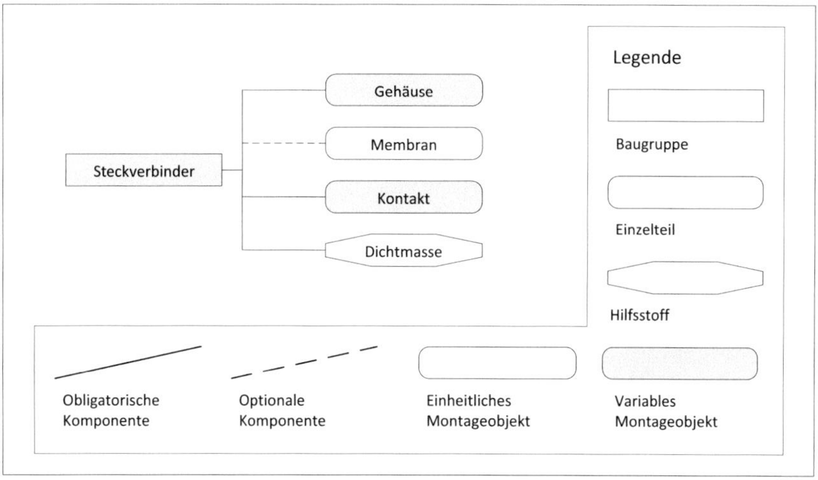

Abbildung 21 – Stücklistenorientierte Produktgliederung

Die Vorgehensweise sieht zunächst die variantenorientierte Analyse des zu verarbeitenden Produktes durch eine hierarchische Zerlegung in *Montageobjekte* (Baugruppen, Einzelteile und Hilfsstoffe) in Anlehnung an die DIN 199 *„Zeichnungen und Stücklisten"* und die Beschreibung mit Hilfe von Baukastenstücklisten vor (Abbildung 21).

Baugruppen setzen sich selbst aus weiteren Unterbaugruppen und Einzelteilen zusammen. Hilfsstoffe sind keine geometrisch bestimmten Körper, sondern Stoffe im gasförmigen, flüssigen, breiigen, pulverförmigen oder körnigen Zustand (Tabelle 12). Um alle Varianten einer Produktfamilie darzustellen, wird ein Maximalprodukt definiert, das alle Montageobjekte enthält, die in einer der Varianten auftreten können.

Tabelle 12 – Arten von Montageobjekten

Montageobjekte	
	Baugruppen
	- geometrisch bestimmt - aus mehreren Einzelteilen oder Unterbaugruppen zusammengesetzt
	Einzelteile
	- geometrisch bestimmt - nicht aus Einzelteilen oder Unterbaugruppen zusammengesetzt
	Hilfsstoffe
	- geometrisch unbestimmt - gasförmig, flüssig, breiig, körnig, pulverförmig

4.3.1 Merkmalsorientierte hierarchische Zerlegung

Für eine systematische Beschreibung der Produktvarianten wird die stücklistenorientierte Zerlegung ergänzt um Angaben zu *variablen Merkmalen (VM)*. Die Analyse erfolgt dabei im Top-Down-Verfahren beginnend bei dem montierten Endprodukt. Ausgehend von der Produktstückliste werden alle Unterbaugruppen, Einzelteile und Hilfsstoffe darauf überprüft, ob:

1. sie optional sind,
2. ihre Anzahl variabel ist,
3. der Montageort bezogen auf das Produkt variabel ist, oder
4. sie in verschiedenen Varianten auftreten.

Wenn mindestens eine der Bedingungen eintritt, handelt es sich um ein variables Merkmal des Produktes. Treten die Unterbaugruppen und Einzelteile in unterschiedlichen Varianten auf (Bedingung 4), wird die merkmalsorientierte Zerlegung iterativ fortgesetzt. Bei Baugruppen orientiert sich die Zerlegung dabei wie bei dem Gesamtprodukt an der Stückliste, bei Einzelteilen und Hilfsstoffen werden die variablen Merkmale (Farbe, Größe, Form, Werkstoff, etc.) unmittelbar aufgestellt.

Die Analyse wird iterativ so lange für Unterbaugruppen und Einzelteile fortgesetzt, bis das Produkt vollständig in Einzelteile, bzw. in nicht variable Baugruppen zerlegt ist. Es ergibt sich eine baumartige Darstellung der Baustruktur, deren Elemente mit Hilfe variabler Merkmale näher beschrieben werden. Elemente mit variablen Merkmalen treten notwendigerweise in mehreren Varianten auf und stellen dadurch selbst ein variables Merkmal der beinhaltenden Baugruppe dar.

Die konsequente Zuordnung der variablen Merkmale zu unterschiedlichen Strukturstufen erlaubt es, auch sehr komplexe Variantenstrukturen vollständig und trotzdem übersichtlich darzustellen (Abbildung 22).

In der Praxis ist die grafische Darstellung der Baumstruktur feinwerktechnischer Produkte wegen der geringen Teileanzahl und der wenigen Strukturstufen nicht notwendig und das Ergebnis der Zerlegung wird in Form von Tabellen dokumentiert (Tabelle 13, Tabelle 14, Erläuterung der Spalten *Klasse*, *Ausprägung* und *Anzahl* in den folgenden Abschnitten). Bei Baugruppen dienen sie gleichzeitig als Stückliste und enthalten auch alle nicht variablen Elemente.

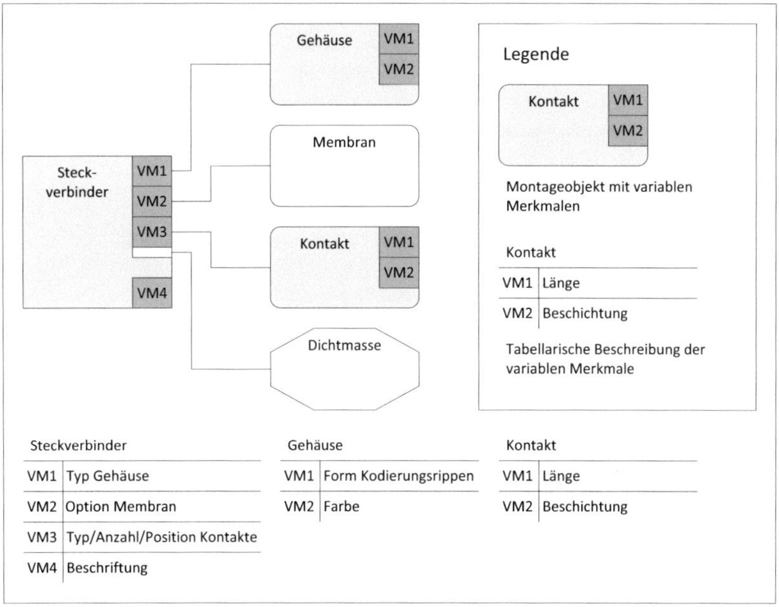

Abbildung 22 – Produktgliederung nach variablen Merkmalen

Tabelle 13 – Variable Merkmale eines Einzelteils (Beispiel Steckergehäuse)

	Merkmal	Klasse[1]	Ausprägung	Anzahl
1	Farbe	W	Gelb, Schwarz, Grün, Pink	4
2	Codierungsrippen	G	Form 1, Form 2, Form 3	3

Tabelle 14 – Variable Merkmale einer Baugruppe (Beispiel montierter Stecker)

	Merkmal	Klasse[2]	Ausprägung	Anzahl
1	Steckergehäuse	ST	Typen 1 – 6[3]	6
2	Membran	SO	Mit, ohne	2
3	Kontakte	SA	7, 8	2
		ST	Typen 1 – 4	4
		SP	1 – 8	8
4	Dichtmasse	-		1
5	Beschriftungsfeld	F	Keins, Typ 1, Typ 2	3

[1] Erläuterung der Abkürzungen siehe Abbildung 23 – Klassifizierung variabler Merkmale

[2] Erläuterung der Abkürzungen siehe Abbildung 23 – Klassifizierung variabler Merkmale

[3] Die vermeintlich zu geringe Anzahl von Typen gegenüber Tabelle 13 ergibt sich dadurch, dass nicht jede mögliche Kombination von Merkmalsausprägungen im Produktspektrum auch tatsächlich auftritt.

Die Systematik setzt voraus, dass sich die variablen Baugruppen aller Strukturstufen sinnvoll durch eine Maximalstückliste beschreiben lassen und mit den gleichen Prozessschritten hergestellt werden. Diese Bedingung ist jedoch meistens erfüllt, da sie gleichzeitig auch die Voraussetzung für die wirtschaftliche Montage auf einer gemeinsamen Montageanlage ist. In den seltenen Ausnahmefällen müssen die betroffenen Baugruppen als zwei oder mehrere unterschiedliche Stücklisteneinträge modelliert werden. Der Großteil der hier betrachteten feinwerktechnischen Produkte besteht ohnehin nur aus zwei Strukturstufen (Gesamtprodukt ohne Unterbaugruppen besteht aus Einzelteilen).

4.3.2 Klassifizierung und Ausprägungsbereich variabler Merkmale

Jedes variable Merkmal eines Montageobjektes wird einer Klasse zugeordnet, die angibt, welcher Eigenschaftstyp des Montageobjektes variabel ist (Abbildung 23).

Die Klassen *G, W* und *F* sind typisch für Einzelteile. Die Klasse *Werkstoff/Stoff* wird auch verwendet, um Varianz bei Hilfsstoffen zu beschreiben. Die Klasse *Oberfläche* wird z.B. für Laserbeschriftungen verwendet. Beschichtungen (Lackieren, Bedrucken) werden durch variable Merkmale des Hilfsstoffes (z.B. Farbe) beschrieben.

Viele moderne Produkte werden *intelligente Produkte* genannt, weil sie Datenspeicher, die während des Produktionsprozesses beschrieben werden, enthalten. Der Inhalt dieser Datenspeicher ist manchmal der einzige Unterschied zwischen zwei Produktvarianten, kann jedoch durch die vorangegangenen Angaben zu Geometrie, Stoff und Oberfläche nicht[1] beschrieben werden. Deshalb werden diese Unterschiede durch die Klasse *Information* gekennzeichnet.

Die Eigenschaftsklassen *G, W, F* und *I,* sowie die noch zu erläuternde Klasse *S* schließen sich üblicherweise gegenseitig aus.

Die besondere Klasse *Struktur* ist typisch[2] für die Beschreibung von Baugruppen und gibt an, dass die Art ihrer Zusammensetzung variabel ist. Dabei kann wiederum in vier Unterklassen unterteilt werden (Abbildung 23).

1. Die Angabe *Optional* bedeutet, dass sich Varianten durch das Vorhandensein einer Unterbaugruppe oder eines Einzelteils voneinander unterscheiden können.
2. Die Angabe *Anzahl* bedeutet, dass sich Varianten durch die Anzahl einer Unterbaugruppe oder eines Einzelteils voneinander unterscheiden können, z.B. die Kontakte in einem Steckverbinder.
3. Manche Baugruppenvarianten unterscheiden sich ausschließlich durch die *Position* ihrer ansonsten in Art und Anzahl gleichen Bauteile. Als Beispiel sei wieder ein Steckverbinder mit zehn Kontaktpositionen genannt, bei dem in Variante 1 die Positionen 1, 3, 5 und 10 bestückt sind und in Variante 2 die Positionen 1, 3, 7 und 9.
4. Nicht zuletzt können natürlich auch ein Einzelteil oder eine Unterbaugruppe selbst in unterschiedlichen Varianten auftreten, was durch die Angabe *Typ* gekennzeichnet wird. Wodurch sich die Varianten dieser Unterkomponente unterscheiden, wird dann durch variable Merkmale der Unterkomponente beschrieben.

[1] bzw. nicht sinnvoll. Letztendlich wird jede Information durch ein Geometriemerkmal, eine Änderung der Stoffeigenschaft oder ein Oberflächenmerkmal *„getragen“*. Der Informationsgehalt lässt sich aber nicht sinnvoll durch Beschreibung dieser Eigenschaften angeben.

[2] Es kann jedoch auch bei Baugruppen variable Merkmale geben, die sich weder auf deren Struktur (G, W, O, I) beziehen, noch ein Merkmal eines Einzelteils darstellen, weil sie erst nach der Montage der Baugruppe geschaffen werden, wie z.B. variable Kennzeichnungen oder unterschiedliche Datensätze bei intelligenten Produkten.

Die vier Angaben *Optional, Anzahl, Position* und *Typ* schließen sich *nicht* gegenseitig aus und können in vielfältigen Kombinationen miteinander auftreten, z.B. wenn ein Einzelteil in Varianten auftritt, aber auch komplett entfallen kann (*Optional, Typ*). Lediglich die Angaben *Optional* und *Anzahl* schließen sich gegenseitig aus, da Letzteres gewissermaßen eine Steigerung des Ersten ist.

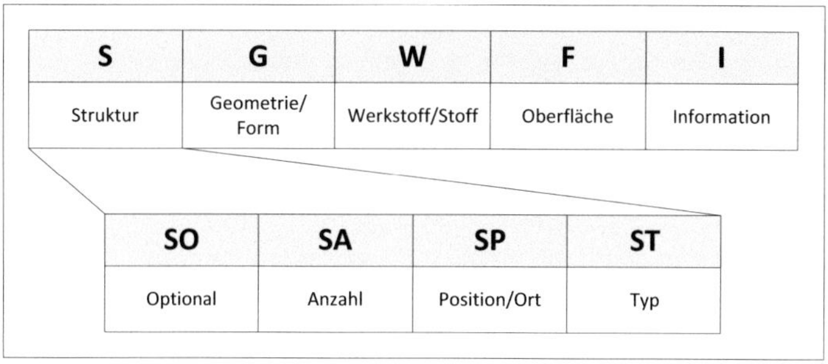

Abbildung 23 – Klassifizierung variabler Merkmale

Neben der grundsätzlichen Auflistung und Klassifizierung lässt sich für jedes variable Merkmal ein *Ausprägungsbereich* beschreiben. Er gibt an, in welchen konkreten Ausprägungen das variable Merkmal auftreten kann. Dabei kann grundsätzlich zwischen *diskreten* und *kontinuierlichen* Ausprägungsbereichen unterschieden werden (Tabelle 13, Tabelle 14).

Bei einem diskreten Ausprägungsbereich kann die *Anzahl* von Ausprägungen angegeben werden, z.B. wenn ein Teil in genau sechs Formen auftritt, drei Farben bei einer Beschichtung möglich sind oder ein Bauteil optional auftritt (zwei Ausprägungen). Bei einem kontinuierlichen Ausprägungsbereich ist die Anzahl von Ausprägungen prinzipiell unendlich groß. Das wäre z.B. der Fall, wenn die Länge eines Bauteils 2 bis 10 cm betragen kann, aber keine Angaben oder Einschränkungen bezüglich eines Rasters gemacht werden.

4.3.3 Variabler Detailgrad der Beschreibung

Bei der Aufstellung variabler Merkmale von Einzelteilen besteht bezüglich des Detailgrades eine gewisse Ermessensfrage. So kann die variable Größe eines Teils z.B. durch ein einziges Merkmal *Größe* oder durch die drei Merkmale *Breite*, *Höhe* und *Länge* beschrieben werden. Im dargestellten Beispiel ist für die Wahl sicherlich auch ausschlaggebend, ob zwischen den drei Maßen ein variantenübergreifender fester Zusammenhang besteht, oder ob sie unabhängig voneinander variieren. Grundsätzlich müssen dabei folgende Bedingungen erfüllt werden:

1. Die Merkmale sollen einer der Klassen eindeutig zugeordnet werden können (abgesehen von den Strukturmerkmalen).
2. Die Merkmale müssen so gewählt werden, dass für jedes mögliche Paar von Varianten deren Unterschied durch unterschiedliche Ausprägung mindestens eines variablen Merkmales formuliert werden kann.

Ein weiterer Ermessensspielraum besteht bei der Beschreibung von Baugruppen, die in Varianten auftreten und bereits fertig montiert dem Montageautomaten zugeführt werden.

Bei einfachen Baugruppen kann die variantenorientierte Zerlegung auch für diese Baugruppen fortgesetzt werden. Eine Gesamtliste der variablen Merkmale dieser Baugruppe entsteht, indem die variablen Merkmale aller Unterbaugruppen und Einzelteile zusammengefasst und die Merkmale der Klasse *Struktur, Typ (ST)* gestrichen werden[1].

Bei komplexeren Baugruppen muss eine Reduzierung auf *„relevante"* Merkmale erfolgen, wodurch ausnahmsweise auch in der niedrigsten betrachteten Strukturstufe Merkmale der Klasse *Struktur, Typ (ST)* erlaubt sind. Hier muss auf jeden Fall wieder die zweite Bedingung für die Aufstellung variabler Merkmale eingehalten werden. Bei den in dieser Arbeit betrachteten feinwerktechnischen Produkten ist der Fall komplexer Zuführbaugruppen jedoch sehr untypisch.

4.3.4 Auflistung von Montageobjektvarianten

Durch die hierarchische Zerlegung des Produktes in variantenrelevante Baugruppen, Hilfsstoffe und Einzelteile und deren Charakterisierung durch variable Merkmale und Ausprägungsbereiche lassen sich die konkreten Varianten eines Montageobjektes (wenn vorhanden[2]) sehr übersichtlich darstellen (Tabelle 15). Dazu werden alle Varianten aufgelistet und für jede einzelne angegeben, welche Ausprägung die variablen Merkmale annehmen. Bei Struktur-Merkmalen, die sowohl in Anzahl, als auch bezüglich Typ oder Ort variabel sind, muss die Merkmalsausprägung mehrfach entsprechend der Anzahl angegeben werden.

Tabelle 15 – Variantenübersicht Montageobjekt (Beispiel Steckergehäuse)

	Name	Farbe	Codierungsrippen
1	Typ A.1	Gelb	Form 1
2	Typ A.2	Gelb	Form 2
3	Typ A.3	Gelb	Form 3
4	Typ B.1	Schwarz	Form 1
5	Typ C.1	Grün	Form 1
6	Typ D.1	Pink	Form 1

Teilweise können für die Ausprägung variabler Merkmale wechselseitige Bedingungen formuliert werden (*„Kontaktvariante C kommt nur im Gehäusetyp 3 zum Einsatz."* oder *„Rastplättchen und Schnappfedern schließen sich gegenseitig aus."*). Für die Gestaltung von Montageanlagen können solche Bedingungen genutzt werden, um die Komplexität der technischen Lösung zu verringern, die Bedeutung ist aber geringer als bei der Entwicklung des Produktes selbst. Auf eine gesonderte Systematik der Darstellung wird hier verzichtet, da die tabellarische Auflistung der konkreten Varianten üblicherweise ausreichend ist. Für besondere Fälle (z.B. wenn das Produktspektrum nicht vollständig spezifiziert ist), wird eine verbale Auflistung empfohlen.

[1] Notwendigerweise existiert zu jedem Merkmal dieser Klasse ein weiteres Montageobjekt, das wiederum durch variable Merkmale beschrieben wird. Das Streichen der Merkmale der Klasse *Struktur, Typ (ST)* vermeidet Redundanz.

[2] Die Auflistung kann natürlich nur dann erfolgen, wenn sich die Anforderungen an die Anlage aus einer konkreten Anzahl von Produktvarianten ableiten. Teilweise werden die Flexibilitätsanforderungen auch direkt, ohne Bezug zu einem konkreten Produkt, formuliert.

Die tabellarische Darstellung der Varianten in der vorgestellten Form entspricht in gewisser Art einer strukturstufenspezifischen Variantenmatrix. Sie hat ihr gegenüber jedoch mehrere Vorteile:

1. Durch das direkte Eintragen der Merkmalsausprägung in die Tabellenfelder reduziert sich die Anzahl der Tabellenspalten und die Darstellung wird kompakter.
2. Die strukturstufenspezifische Darstellung erhöht die Übersicht und erlaubt die vollständige Beschreibung auch komplexer Produktfamilien.
3. Die Erweiterung der Matrixdarstellung auf Einzelteile erlaubt es, auch deren Unterschiede übersichtlich darzustellen und ist Voraussetzung für eine vollständige Beschreibung.

Der folgende Abschnitt beschreibt, wie die bisher vorgestellte Methode der Variantenbeschreibung für die effektive Sicherstellung der Anforderungskonformität bei der Entwicklung genutzt werden kann.

4.4 Flexibilitätsorientierte Prozessstruktur

4.4.1 Gliederung in Prozessschritte

Während die für eine Montageaufgabe relevanten Montageobjekte mit der variantenorientierten Produktstruktur systematisch beschrieben werden können, ist zur Beschreibung der technologischen Verfahren, die zur Montage eines Produktes notwendig sind, eine zweite, prozessorientierte Systematik notwendig. Dazu wird der Montageprozess in Prozessschritte zerlegt, die durch ein- und ausgehende Montageobjekte gekennzeichnet sind. Die Verknüpfung der Prozessschritte über Ströme von Montageobjekten lässt sich sehr übersichtlich durch einen Produktionsgraphen darstellen (Abbildung 24).

Besonders hervorzuheben ist, dass hier nicht bautechnische Realisierungen wie Prozessstationen oder Anlagenmodule beschrieben werden, sondern die Anforderungen, die zu Beginn des Entwicklungsprozesses bestehen, bzw. bestanden.

Es wird hier vereinfachend davon ausgegangen, dass die Produktstruktur die Reihenfolge der Prozessschritte vorgibt. In der Praxis ist dies jedoch nicht immer der Fall. Die Wahl der optimalen Montage-, bzw. Prozessschrittreihenfolge kann dann ein großes Optimierungspotential darstellen. Bei der Anforderungsanalyse sollte deshalb eine Betrachtung möglicher Alternativen, z.B. mit Vorranggraphen vorangestellt werden /LOT-06/. Ggf. wird die flexibilitätsorientierte Prozessanalyse für mehrere Alternativen durchgeführt. Ein Optimierungsziel kann die Minimierung der Flexibilitätsforderungen durch das Verschieben variantenbildender Prozessschritte ans Ende der Prozesskette sein /WIE-04/.

Weiterhin ist hervorzuheben, dass für eine vollständige Prozessbeschreibung auch Prozessschritte berücksichtigt werden müssen, die in der Verantwortung des Auftraggebers (Beistellung) oder eines weiteren Projektpartners (z.B. Unterauftragnehmer) liegen, oder überhaupt nicht automatisiert werden.

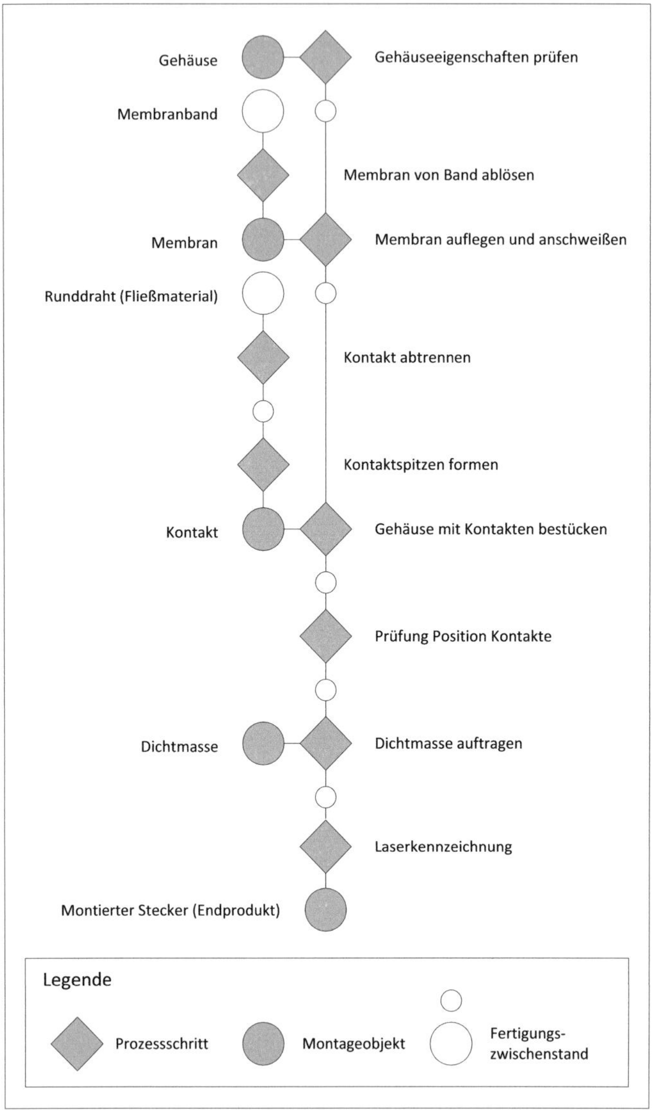

Abbildung 24 – Produktionsgraph (Beispiel Stecker)

4.4.2 Berücksichtigung von Fertigungszwischenständen

In Abbildung 24 ist zu sehen, dass es sich bei den ein- und ausgehenden Montageobjekten der Prozessschritte nicht immer um Montageobjekte aus der Produktstückliste handelt (dargestellt durch leere Kreise). Deshalb muss die bisherige Betrachtung ergänzt werden um die Beschreibung der *Fertigungszwischenstände* der Montageobjekte. Bei Baugruppen sind damit z.B. Zwischenstände gemeint, bei denen erst einige der Einzelteile und Unterbaugruppen montiert sind (Abbildung 25). Häufig ist die Variantenvielfalt in den frühen Schritten der Prozesskette geringer als am Ende, da einige der variablen Merkmale der beteiligten Montageobjekte an den entsprechenden Fertigungszwischenständen noch nicht existieren.

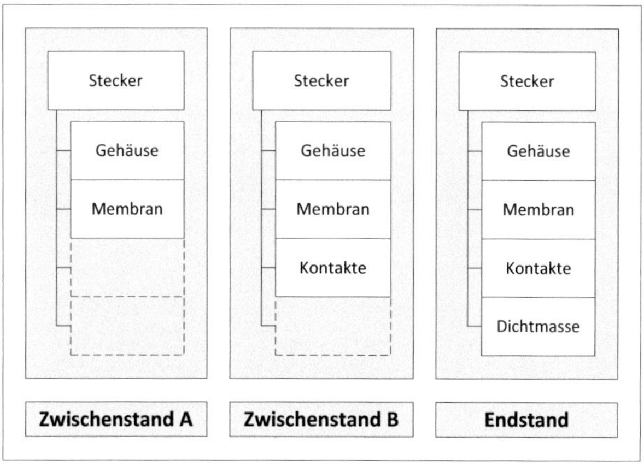

Abbildung 25 – Fertigungszwischenstände eines Produktes (Beispiel Stecker)

Entsprechend muss für eine aussagekräftige Analyse des Montageprozesses die Beschreibung durch variable Merkmale und Ausprägungsbereiche auch für die relevanten Fertigungszwischenstände durchgeführt werden. Meist kann Sie durch Vereinfachung aus der Beschreibung des Endstandes abgeleitet werden.

Obwohl Fertigungszwischenstände meistens bei der sequentiellen Montage von Baugruppen durch Fügeoperationen relevant sind, kann eine Betrachtung von Zwischenständen auch bei anderen Fertigungsverfahren sinnvoll sein, wenn z.B. variable geometrische Merkmale von Einzelteilen oder variable Beschichtungen erst während des Montageprozesses erzeugt werden.

Ein typischer Fall für Fertigungszwischenstände bei feinwerktechnischen Produkten ist die Zuführung von bandförmigem Fließmaterial, aus dem die zu fügenden Einzelteile erst durch Trennverfahren (z.B. Stanzen) gewonnen werden. Auch Ein- und ausgehende Montageobjekte von Verpackungsprozessschritten („*Verpackung*“, „*Packung*“) müssen auf diese Art und Weise ergänzt werden.

4.4.3 Flexibilität von Prozessschritten

Die Flexibilitätsanforderungen an einen Prozessschritt leiten sich unmittelbar aus der Variantenvielfalt seiner Montageobjekte ab. Das sind sowohl die eingehenden, als auch die ausgehenden Teile, Baugruppen und Hilfsstoffe. Dazu werden die zuvor aufgestellten variablen Merkmale der Montageobjekte betrachtet. So können die Flexibilitätsanforderungen für jeden Prozessschritt sehr übersichtlich in einer Tabelle dargestellt werden (Tabelle 16).

Tabelle 16 – Flexibilitätsanforderungen an den Prozessschritt *Gehäuse mit Kontakten bestücken*

	Montageobjekt		Eingang/Ausgang		
		Merkmal	Klasse	Ausprägung	Anzahl
1	Gehäuse		Eingang		
	1.1	Farbe	W	Gelb, Schwarz, Grün, Pink	4
	1.2	Codierungsrippen	G	Form 1, Form 2, Form 3	3
2	Kontakte		Eingang		
	2.1	Beschichtung	F	Verzinnt, vergoldet	2
	2.2	Länge	G	18mm, 21mm	2
3	Stecker (Zwischenstand A)		Ausgang		
	3.1	Steckergehäuse	ST	Typen 1 - 6	6
	3.2	Kontakte	SA	7, 8	2
			ST	Typen 1 – 4	4
			SP	1 – 8	5

Basierend auf dieser Aufstellung von Flexibilitätsanforderungen lassen sich die Prozessschritte wie folgt klassifizieren:

Variantenunabhängig (VU): Keins der beteiligten Montageobjekte besitzt variable Merkmale.

Variantenabhängig (VA): Die ein- und ausgehenden Montageobjekte besitzen variable Merkmale. Die Variantenvielfalt erhöht sich jedoch nicht. Die Variantenanzahl der Ausgangsobjekte entspricht der Variantenanzahl der Eingangsobjekte mit der höchsten Variantenanzahl.

Einfach variantenbildend (VBE): Die Ausgangsobjekte besitzen variable Merkmale, die Eingangsobjekte nicht. Die Variantenvielfalt erhöht sich. Die Variantenanzahl der Ausgangsobjekte ist größer als die Variantenanzahl der Eingangsobjekte mit der höchsten Variantenanzahl. Die Flexibilität des Prozessschrittes besteht nur darin, dass er durchgeführt wird oder nicht.

Komplex variantenbildend (VBK): Die Ausgangsobjekte besitzen variable Merkmale, bei Eingangsobjekten kann, muss dies aber nicht der Fall sein. Die Variantenvielfalt erhöht sich. Die Variantenanzahl der Ausgangsobjekte ist größer als die Variantenanzahl der Eingangsobjekte mit der höchsten Variantenanzahl.

Während der Anforderungsanalyse kann nur allgemein betrachtet werden, welche Montageobjekte die Prozessschritte durchlaufen, ob die variablen Merkmale jedoch *relevant* sind für den Prozessschritt, ergibt sich erst bei der Entwicklung. Auf keinen Fall sollte eine Relevanz schon vorab ausgeschlossen werden. Es kann jedoch ein zentrales Entwicklungsziel sein, eine möglichst hohe *Variantenneutralität* bei der Gestaltung der technischen Lösung zu erreichen. Eine Funktionseinheit ist dann variantenneutral, wenn sie nicht aktiv (durch Wechselteile oder flexible Software) auf variable Merkmale reagieren muss, sondern so gestaltet ist, dass sie *„egal"* sind. Das wäre z.B. der Fall, wenn ein Greifer so gestaltet ist, dass er an einheitlichen geometrischen Merkmalen eines Teils mit variabler Form greift, und so variantenspezifische Wechselgreifer vermeidet[1].

Einen wichtigen Sonderfall bilden Situationen, in denen mehrere gleiche oder ähnliche Prozessschritte nacheinander durch eine einzige Anlagenstation realisiert werden, z.B. das Fügen mehrerer ähnlicher Bauteile auf einen Grundkörper. Selbst, wenn es sich dabei um *variantenunabhängige* Prozessschritte handelt, entspricht die *Anlagenstation* in diesem Fall einer *flexiblen* Lösung, da sie sich, je nach durchgeführtem Prozessschritt unterschiedlich verhalten muss (siehe Abschnitt 5.6.4 – *„Aktiv flexible Funktionseinheiten"*).

4.4.4 Reduzierung der Anforderungskomplexität

Die hier vorgestellte Art der systematischen Erhebung von prozessschrittspezifischer Flexibilität erleichtert einerseits die *vollständige* Berücksichtigung der variablen Merkmale und reduziert andererseits die zu berücksichtigenden Merkmale auf das *notwendige Minimum*. Ergebnis ist eine systematische Aufstellung der durchzuführenden Montageprozesse, die im Wesentlichen durch das verwendete Produktionsverfahren und die zu verarbeitenden Montageobjekte charakterisiert sind.

Die Methode verringert die Gesamtkomplexität des Anforderungskatalogs, indem sie aus der Beschreibung des zu verarbeitenden variantenreichen Produktes für jeden Prozessschritt die relevanten Montageobjekte herausfiltert. Es ergeben sich mehrere unabhängige Teilanforderungskataloge, die eine lückenlose, anforderungskonforme und voneinander weitestgehend unabhängige Bearbeitung der Teilaufgaben ermöglichen.

Abbildung 26 zeigt das Vorgehen bei der Analyse der Produkt- und Prozessstruktur in Form eines Flussdiagramms.

4.4.5 Erstellung des Flexibilitätskonzeptes

Die vorgestellte Methode der Varianten- und Flexibilitätsanalyse kann nun genutzt werden, um ein Flexibilitätskonzept als Teil des allgemeinen Lösungskonzeptes zu erstellen. Ziel ist es, projektspezifisch folgende Fragen zu beantworten:

- In welcher Reihenfolge werden die Prozessschritte ausgeführt?
- Welche Lösungsprinzipien kommen zum Einsatz, um die Flexibilitätsanforderungen der Prozesse zu erfüllen?
- Welche Möglichkeiten ergeben sich durch das Konzept, die über die Anforderungen hinausgehen?
- Welche Möglichkeiten der nachträglichen Anpassung an sich veränderte Anforderungen sind vorgesehen?

[1] Das Ziel der variantenneutralen Gestaltung von Funktionsbaugruppen wird wesentlich durch eine entsprechende Gestaltung der Produkte erleichtert. Ein variantenneutraler Greifer benötigt z.B. geeignete variantenübergreifend einheitliche geometrische Produktmerkmale.

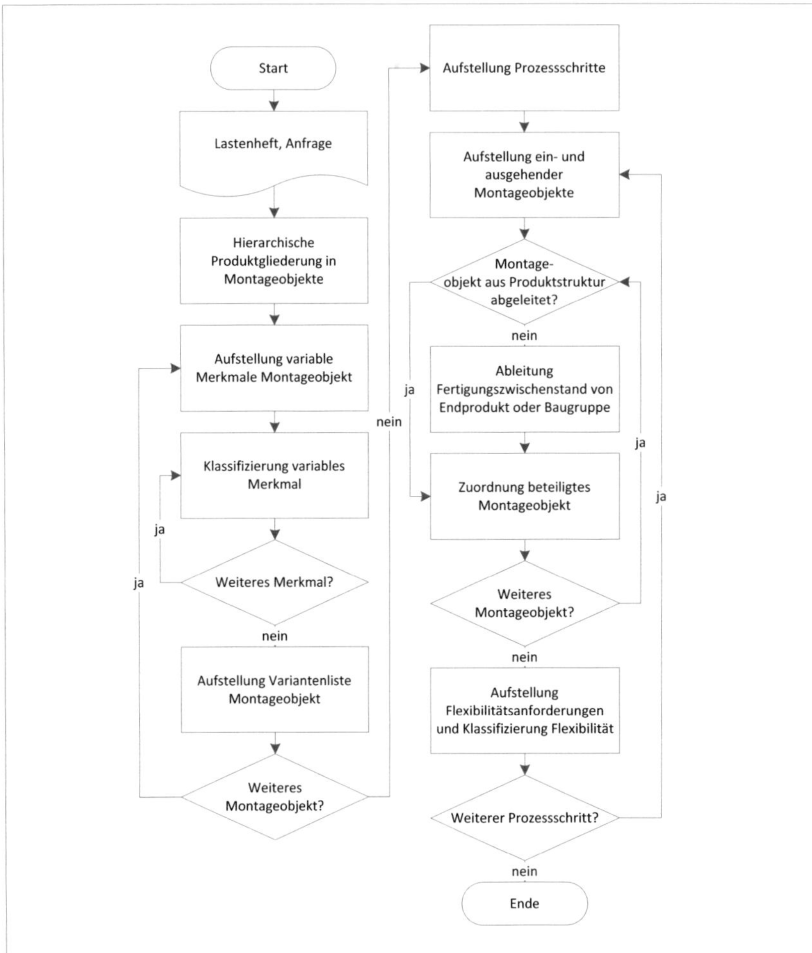

Abbildung 26 – Flussdiagramm Varianten- und Flexibilitätsanalyse

Zur Sicherstellung der Anforderungskonformität werden für jeden Prozessschritt die beteiligten Montageobjekte und ihre variablen Merkmale aufgelistet. In einer Tabelle werden jedem variablen Merkmal die Maßnahmen zur Sicherstellung der nötigen Flexibilität bei der technischen Umsetzung des Prozessschrittes gegenübergestellt (Tabelle 17).

Bei Prozessschritten, die besonders komplexe Stationen erfordern, kann die Analyse und Bildung von flexibilitätsorientierten Teilanforderungskatalogen für einzelne Baugruppen fortgesetzt werden, um eine detailliertere Zuordnung von Flexibilitätsmaßnahmen zu erleichtern.

Tabelle 17 – Flexibilitätsmaßnahmen für den Prozessschritt *Gehäuse mit Kontakten bestücken*

	Montageobjekt		
		Merkmal	Flexibilitätsmittel
1	Gehäuse		
	1.1	Farbe	Farbunabhängige Teilerkennungssensoren
	1.2	Codierungsrippen	Berücksichtigung der Rippen bei Entwurf von Greifern und Aufnahmen
2	Kontakte		
	2.1	Beschichtung	Variantenneutrale Gestaltung von Greif- und Führungsflächen, farbunabhängige Teileerkennungssensoren
	2.2	Länge	Programmierbare Setztiefe durch servoelektrische Z-Achse, variantenneutrale Gestaltung der Bandzuführung und des Greifers
3	Stecker (Zwischenstand A)		
	3.1	Typ Steckergehäuse	s.o.
	3.2	Anzahl, Typ und Position Kontakte	Sequentielle Bestückung der Kontakte, dadurch Anzahl parametrierbar, programmierbare Setzposition durch servoelektrische X-, Y- und Phi-Achsen

4.5 Beurteilung der Allgemeingültigkeit

Die vorgestellte Analysemethode wurde anhand ausgewählter Entwicklungsprojekte für Produkte mit hoher Variantenvielfalt erarbeitet. Um die Übertragbarkeit auf weitere Projekte zu beurteilen, wurde sie auf die Projekte des Referenzunternehmens im Jahr 2011 angewendet (Anhang A). Dabei wurden für jedes Projekt folgende Kriterien überprüft:

1. Die vollständige Zerlegung des Produktes in Montageobjekte soll möglich sein.
2. Jedes Montageobjekt muss den drei Grundtypen zugeordnet werden können.
3. Die variablen Merkmale lassen sich so wählen, dass für jedes mögliche Paar von Varianten deren Unterschied durch unterschiedliche Ausprägung mindestens eines variablen Merkmales beschrieben wird.
4. Die variablen Merkmale lassen sich einer der Klassen eindeutig zuordnen, bzw. im Falle von Strukturmerkmalen entsprechend der Regeln beschreiben.
5. Die Zerlegung der Montageaufgabe in Prozessschritte ist möglich.
6. Jeder Prozessschritt kann durch ein- und ausgehende Montageobjekte beschrieben werden. Jedes Montageobjekt ist mindestens einem Prozessschritt zugeordnet.
7. Die Flexibilitätsmittel der realisierten Montageanlage können den variablen Merkmalen der für einen Prozessschritt relevanten Montageobjekte zugeordnet werden. Umgekehrt kann jedem dieser variablen Merkmale mindestens ein Flexibilitätsmittel zugeordnet werden.

Die aufgeführten Kriterien konnten bei jedem der analysierten Projekte vollständig erfüllt werden.

Um die Abhängigkeit von unternehmensspezifischen Randbedingungen zu bewerten, wurde die Methode darüber hinaus auf ein Entwicklungsprojekt der Firma Phoenix Contact angewendet und konnte ebenfalls ohne Anpassungen erfolgreich genutzt werden (Anhang B.1).

Eine weitergehende Übertragbarkeit wird im abschließenden Kapitel 9.3 („*Übertragbarkeit*") bewertet.

4.6 Integration in den Entwicklungsprozess

Zur sinnvollen Einordnung der vorgestellten methodischen Verbesserungen zum flexibilitätsorientierten Anforderungsmanagement wird die Prozesslandkarte des bestehenden Entwicklungsprozesses durch folgende Teilprozesse erweitert:

- Varianten- und Flexibilitätsanalyse (TP 1.1.1)
- Erstellung des Flexibilitätskonzeptes (TP 1.3.1)
- Dokumentation von Anforderungen (TP 2.1)

Wie in Abbildung 14 dargestellt enthält der Kernprozess *„Entwicklung Montageanlage"* sechs Abschnitte mit Entwicklungsanteil. Für eine sinnvolle Einordnung der zusätzlichen Teilprozesse ist eine weitere Untergliederung notwendig. Abbildung 27 zeigt die Einordnung der neuen Teilprozesse in die ersten zwei Hauptprozesse.

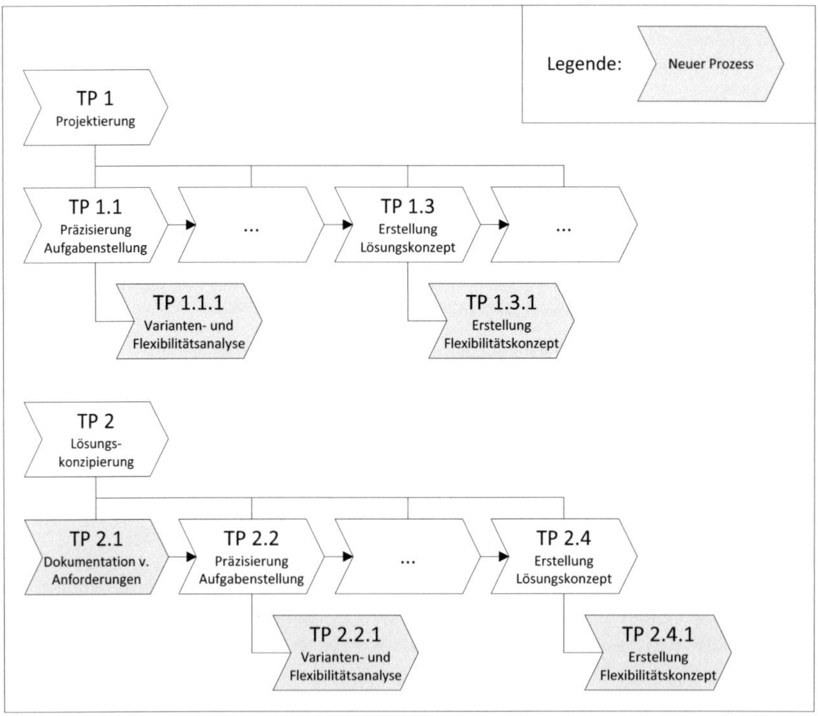

Abbildung 27 – Einordnung neuer Teilprozesse in den Kernprozess *Entwicklung Montageanlage*

Durch den iterativen Charakter der Entwicklung wiederholen sich die Prozesse teilweise. So werden die Entwicklungsschritte der Projektierung nach Erteilung eines Kundenauftrages noch einmal mit größerem Aufwand wiederholt, um das Lösungskonzept zu verbessern und zu präzisieren.

Die Förderung der Anforderungsorientierung während des Entwicklungsprozesses ist nur im Falle einer Auftragserteilung sinnvoll, sodass die Dokumentation der Anforderungen im einheitlichen Format erst für die Phase der Lösungskonzeption nach Auftragseingang vorgesehen ist.

Darüber hinaus ist der Revisionsstand der Anforderungsspezifikation nur in seltenen Fällen während der gesamten Auftragsbearbeitung gültig. Typischerweise treten während des Entwicklungsprozesses aus unterschiedlichen Gründen Anforderungsänderungen auf:

- Während der Projektbearbeitung werden zuvor unerkannte Lücken identifiziert, die nachträgliche Präzisierungen erfordern.
- Das Fehlen weniger ausgewählter Angaben bei Auftragsvergabe wird bewusst in Kauf genommen, um einen schnellen Bearbeitungsstart zu ermöglichen, selbst wenn dem Auftraggeber selbst noch nicht alle Details bekannt sind.
- Es ergeben sich nachträgliche Anforderungsänderungen, weil Produkt und Produktionsanlage parallel entwickelt werden (*„simultaneous engineering"*).
- Der Auftragnehmer selbst verhandelt die Anforderungen nachträglich neu, weil sich erst bei der Entwicklung ergibt, dass Anforderungen nicht termingerecht, nicht kostengerecht oder überhaupt nicht erfüllt werden können.
- Die Randbedingungen ändern sich unerwartet (Gesetze, Marktsituation, technische Neuerungen, etc.).
- Fehler bei der Analyse und Übertragung werden nachträglich offenbar.

All diese Störgrößen führen zu einer mehr oder weniger dynamischen Anforderungsspezifikation und der Prozess der Anforderungsdokumentation wiederholt sich während des Entwicklungsprozesses mehrfach. Jeder Änderung geht dabei eine individuelle Abschätzung ihrer Auswirkungen voraus. Weiterhin muss das Entwicklungsteam nach jeder Änderung informiert werden. Die einheitliche Form erleichtert die Erfüllung dieser Teilaufgaben.

Neben den Ergänzungen des Entwicklungsprozesses beschreiben die vorgestellten Methoden einen Teil des Bereiches Situationswissen des Wissensmodells (Abbildung 28). Die Bereiche *Situationswissen* und *Sachwissen* werden im nächsten Kapitel mit dem Ziel näher betrachtet, den Grad der Wiederverwendung von Entwicklungsergebnissen zu erhöhen.

Abbildung 28 –Wissensmodell mit flexibilitätsorientiertem Anforderungsmanagement

5 Management von Technologiewissen

Ein Schlüssel zur Optimierung des Entwicklungsprozesses liegt in der Wiederverwendung von Entwicklungsergebnissen vorangegangener Projekte. Die hohe Produkt- und Verfahrensvielfalt, sowie die Tatsache, dass die meisten Montageanlagen nur in Stückzahl Eins hergestellt werden, machen das im Sondermaschinenbau jedoch schwierig. Die Suche nach Möglichkeiten muss daher unterschiedliche Ebenen der Abstraktion berücksichtigen /Hen-07/ (Abbildung 29):

1. **Wiederverwendung konkreter technischer *Lösungen***, wie mechanische Baugruppen, Softwarebausteine, Dokumentationsabschnitte, elektrische Schaltungen, etc. Die Schwierigkeit dabei ist, ein neues Entwicklungsergebnis in Form von Software, CAD-Modellen, technischen Zeichnungen, Stücklisten und Textbausteinen so zu strukturieren, dass einerseits bereits vorhandene Teile effizient genutzt oder integriert und andererseits die Ergebnisse mit möglichst geringem Aufwand in Zukunft wiederverwendet werden können. Häufig lässt sich dieses Ziel nur mit einer expliziten Entwicklung von Standards unabhängig von einem konkreten Anwendungsprojekt erreichen. Einer solchen Entwicklung geht dann sinnvollerweise eine Prüfung käuflich verfügbarer Lösungen voraus.
2. **Wiederverwendung von *Lösungsprinzipien*** für technische und technologische Probleme. Dafür ist es notwendig, dieses Wissen sinnvoll zu strukturieren, sowie es mit angemessenem Aufwand zu sammeln und wieder zur Verfügung zu stellen. Die Wahrscheinlichkeit, gewonnene und dokumentierte Erfahrungen wiederzuverwenden, ist hier höher als bei Punkt 1. Trotzdem ist es auch hier möglich, Prinzipien explizit und ausschließlich für eine allgemeine Wiederverwendbarkeit zu entwickeln. Ein Beispiel hierfür sind Gestaltungsvorlagen, die im Gegensatz zu Standards nicht unverändert (ggf. als Teil eines Systems) eingesetzt werden, sondern nur qualitativ ein Prinzip vorgeben, in ihren konkreten Dimensionen jedoch immer anwendungsspezifisch angepasst werden.
3. **Wiederverwendung allgemeinen und technologiespezifischen *Vorgehens- und Prozesswissens***. Damit ist z.B. die Vereinheitlichung und kontinuierliche Optimierung des Entwicklungsprozesses und von Vorgehensweisen zur Lösung von Aufgaben und Problemen gemeint, wie sie z.B. in Kapitel 4 (*„Flexibilitätsorientiertes Anforderungsmanagement“*) dieser Arbeit vorgestellt wurden. Bei technologiespezifischem Sachwissen kann es sich z.B. um Wissenssammlungen mit Punkten handeln, die bei einem bestimmten Verfahren beachtet werden müssen, ohne dabei ein bestimmtes Lösungsprinzip vorzuschlagen. Dieser Ansatz bringt bezogen auf den konkreten Anwendungsfall den geringsten Einsparungseffekt, ist jedoch typischerweise am häufigsten anwendbar.

Nicht immer kann ein Mittel zur Wiederverwendung einer der drei Abstraktionsstufen klar zugeordnet werden. Einerseits kann ein Mittel aus mehreren, unterschiedlich konkreten Elementen bestehen, andererseits bestehen zwischen den drei Abstraktionsstufen fließende Übergänge.

Grundsätzlich nimmt der Einsparungseffekt im konkreten Fall der Wissensnutzung mit steigender Abstraktionsebene ab. Gleichzeitig sinken jedoch auch der Erstellungsaufwand, sowie das Risiko von nicht oder nicht ausreichend häufig eintretenden Anwendungsfällen.

Weiterhin kann unterschieden werden zwischen Ergebnissen, die mit Zusatzaufwand explizit für die Mehrfachverwendung entwickelt wurden (siehe Kapitel 7 – *„Standardisierung“, Standardisierungsprojekt*) und Ergebnissen, die für einen konkreten Anwendungsfall erstellt wurden, aber ohne Zusatzaufwand für weitere Fälle nutzbar sind (*Anwendungsprojekt*).

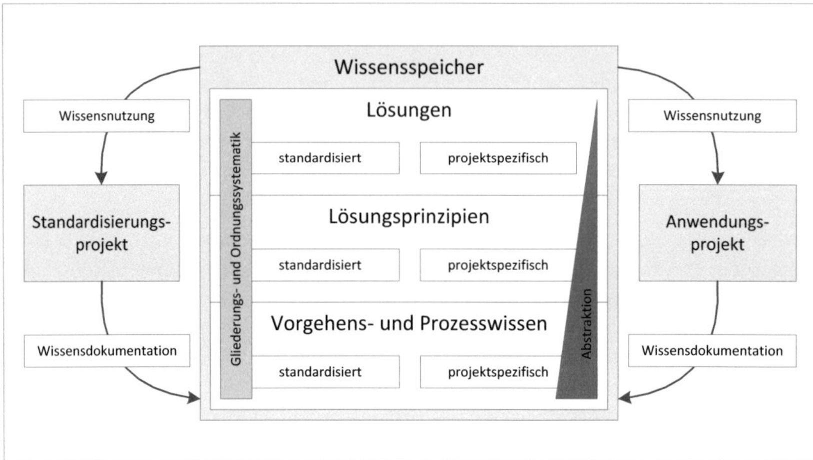

Abbildung 29 – Wiederverwendung von Entwicklungsergebnissen

Allen drei Ansätzen gemein ist, dass die Lösung in geeigneter Art und Weise dokumentiert werden muss, um sie einem Personenkreis bekannt zu machen, der über die ursprünglichen Entwickler hinausgeht, und das Wissen darüber auch für einen längeren Zeitraum zu erhalten. Dafür bieten sich Wissensmanagementsysteme an. Eine besondere Herausforderung solcher Systeme ist es, den Erstellungs- und Pflegeaufwand zu minimieren /GRA-99/.

Im Rahmen dieser Arbeit wurde ein Beitrag zu einem solchen Wissensmanagementsystem geleistet, wobei der Schwerpunkt auf Abstraktionsebene 2, der Wiederverwendung von Lösungsprinzipien, liegt. In den folgenden Abschnitten wird gezeigt, wie der Umstand der eigentlich wiederverwendungsschädlichen hohen Produkt- und Verfahrensvielfalt im Sondermaschinenbau genutzt werden kann, um mit geringem Zusatzaufwand eine umfangreiche Wissensbasis aufzubauen. Ziel ist es dabei, ohnehin vorhandene Informationsquellen wie technische Dokumentationen oder Anforderungsspezifikationen besser zu strukturieren und den Zugriff darauf zu vereinfachen.

Dafür ist in erster Linie eine Gliederungs- und Ordnungssystematik der vorhandenen Informationen notwendig. Für bestimmte Aspekte existieren solche Systeme schon und müssen nur auf den Anwendungsfall übertragen und angepasst werden, für andere Aspekte sind sie neu zu entwickeln. Abgestimmt auf die Gliederungssystematik wurde eine Vorgehensweise zur Pflege, Erweiterung und Nutzung des Wissensbestandes erarbeitet. Zunächst werden dazu im folgenden Abschnitt die Anforderungen an die Dokumentation und Nutzung von Montagewissen aus der einschlägigen Literatur herausgearbeitet und der Stand der Technik im betrachteten Referenzunternehmen analysiert.

5.1 Stand der Wissenschaft und Technik

5.1.1 Wissensrepräsentation

Den Stand der Technik für das Management von Wissen im Ingenieurwesen formuliert die *VDI-Richtlinie 5610 „Wissensmanagement im Ingenieurwesen“* /VDI-5610/. Die Richtlinie grenzt zunächst die Begriffe *Daten*, *Informationen* und *Wissen* voneinander ab:

- *„**Daten** sind objektive Fakten; sie sind ohne Zusammenhang und weitere Hintergründe nicht deutbar und als ‚Rohmaterial‘ zu verstehen.*
- ***Informationen** sind strukturierte Daten mit Relevanz und Zweck, die in einen Kontext gebracht, kategorisiert, kalkuliert und korrigiert werden können.*
- ***Wissen** ist vernetzte Information, die in die Lage versetzt, Vergleiche anzustellen, Verknüpfungen herzustellen und Entscheidungen zu treffen.“*[1]

Die Richtlinie stellt aber auch fest, dass Informationen und Wissen in der Praxis oft synonym verwendet werden. Auch in dieser Arbeit steht der Begriff *Wissen* zusammenfassend für beides.

Weiterhin unterscheidet die Richtlinie zwischen *explizitem* und *implizitem* Wissen: *„Implizites Wissen ist an Personen gebunden, schwer kommunizierbar und kaum formalisierbar. Explizites Wissen ist auf verschiedenen Ebenen formalisierbar (z.B. Sprache, Schrift), damit kommunizierbar und in verschiedenen Medien speicherbar.“*[2] In dieser Arbeit ist ausschließlich von explizitem Wissen die Rede.

Darüber hinaus definiert die Richtlinie den Begriff *Wissensmanagement* durch Aufzählung von fünf *Kernaktivitäten* für den Umgang mit Wissen (Abbildung 30).

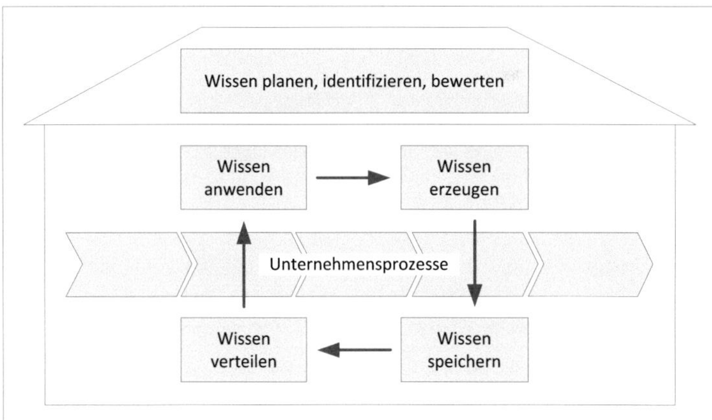

Abbildung 30 – Kernaktivitäten des Wissensmanagements [aus /VDI-5610/]

[1] /VDI5610/, Seite 4, oben

[2] /VDI5610/, Seite 4, unten

Die Arbeit erhebt nicht den Anspruch, ein vollständiges Wissensmanagementsystem für die Entwicklung von Montageanlagen zu entwerfen, will jedoch einen wesentlichen Beitrag dazu leisten und berücksichtigt dabei alle fünf Kernaktivitäten.

Ziel des aktuellen Kapitels ist die Schaffung eines Wissensmodells für die Montageanlagenentwicklung. Das allgemeine Modell des Ingenieurwissens der VDI-Richtlinie besteht aus zwölf verknüpften Elementen (Tabelle 18).

Tabelle 18 – Elemente des Ingenieurwissens [nach /VDI-5610/]

Elemente des Ingenieurwissens			
1	Knowhow-Träger	7	Projekt/Aufgabe/Ziel
2	Anwendungsgebiet (z.B. Entwicklung, Produktion, Service, ...)	8	Produkt/Leistung
3	Norm/Richtlinie	9	Kunde/Auftraggeber
4	Verfahren/Methode	10	Projektdokument (Beschreibung, Zeichnung, Berechnung, ...)
5	Ressource (z.B. Werkzeug, Lieferant, Experte, Berater, ...)	11	Erfahrung/Beispiel
6	Markt, Wettbewerb, Prozess, Organisation	12	Netzwerk/Community

Zwischen den Elementen bestehen Beziehungen, z.B.:

- *Knowhow-Träger (1)* wenden *Verfahren und Methoden (4)* aus einem *Anwendungsgebiet (2)* an, um ein *Projekt (7)* zu bearbeiten.
- *Knowhow-Träger (1)* nutzt *Erfahrung, bzw. Beispiel (11)*, die auf einem *Projekt (7)* beruht.

Zum bereits vorgestellten Wissensmodell dieser Arbeit lassen sich die Elemente wie folgt zuordnen:

- **Vorgehenswissen:** Elemente 4, 5 und 6
- **Situationswissen:** Elemente 7 - 11
- **Sachwissen:** Elemente 2, 3 und 4
- **Alle Bereiche:** Elemente 1, 6 und 12

Es zeigt sich allerdings auch, dass das allgemeine Wissensmodell der VDI-Richtlinie nur sehr grob angibt, was grundsätzlich in einem Wissensmanagementkonzept zu berücksichtigen ist, ein Mittel zur Gliederung von Sachwissen stellt es nicht dar.

Dafür kann jedoch auf die VDI-Richtlinie 2222 Blatt 2 *„Erstellung und Anwendung von Konstruktionskatalogen"* zurückgegriffen werden /VDI-2222b/. Deren kurze Erwähnung in Abschnitt 2.1.7 (*„Wandlungsfähigkeit"*) soll hier präzisiert werden. Konstruktionskataloge sind ein Mittel, um Informationen zu einem bestimmten Problem des Ingenieurwesens darzustellen. *„Ihre besonderen Kennzeichen sind weitgehende Vollständigkeit, klare Gliederung (Systematik) und Existenz von Zugriffsmerkmalen."*[1]

[1] /VDI-2222b/, Seite 4, Abschnitt 2.2

Die Richtlinie unterscheidet nach der Art des Inhaltes drei Arten von Katalogen:

1. **Objektkataloge** stellen aufgabenunabhängige, grundlegende allgemeine Sachverhalte dar (z.B. Oberflächen und Volumina wichtiger Körper, Eigenschaften von Werkstoffen, etc.). Sie können im strengen Sinne vollständig sein, d.h. es kann bewiesen, bzw. plausibel begründet werden, dass es keine weiteren Elemente des Kataloges geben kann.
2. **Operationskataloge** beschreiben Vorgehensweisen beim methodischen Entwickeln (z.B. Berechnungsverfahren, Gestaltungsregeln, Checklisten, etc.).
3. **Lösungskataloge** ordnen bestimmten Funktionen oder Aufgaben konkrete technische Lösungen zu. *„Es werden einem bestimmten Zweck verschiedene Mittel zugeordnet."*[1] Je komplexer diese Aufgaben und Funktionen sind, desto schwieriger wird es, den Anspruch der Vollständigkeit zu erfüllen. Bei solchen unvollständigen Zusammenstellungen spricht die Richtlinie von *Lösungssammlungen*. Typische Lösungssammlungen sind die Produktkataloge von Komponentenlieferanten des Maschinenbaus, z.B. für Greifer, Sensoren, Steuerungen, Antriebe, Führungen, etc. Auch die Auflistung von Lösungsprinzipien in der Fachliteratur der Montagetechnik, z.B. für Verkettungsprinzipien /HES-10/ von Montagestationen sind Lösungssammlungen.

Alle drei Arten von Katalogen sind für die Darstellung von Sachwissen für die Montageanlagenentwicklung geeignet. Durch ihren allgemeinen und grundlegenden Charakter bietet sich bei Objektkatalogen die Nutzung bestehender Kataloge aus der Fachliteratur an. Operations- und insbesondere Lösungskataloge müssen jedoch anwendungs- und branchenspezifisch neu erstellt werden. Im Weiteren betrachtet die Arbeit daher Lösungskataloge und Lösungssammlungen.

Die Richtlinie definiert dafür einen dreiteiligen Aufbau:

1. Der **Gliederungsteil** ordnet den Inhalt des Katalogs nach eindeutigen Gliederungsgesichtspunkten. Bei einem Gliederungsgesichtspunkt muss es sich um einen Oberbegriff handeln, dessen Unterbegriffe das Thema des Oberbegriffs vollständig abdecken (jedes Element *muss* zugeordnet werden können) und sich gegenseitig ausschließen (ein Element muss *eindeutig* zugeordnet werden können). Typischerweise werden mehrere Gliederungsstufen verwendet. Auf jeder Stufe können andere Gliederungsgesichtspunkte zur Anwendung kommen.
2. Der **Inhaltsteil** beschreibt die Objekte, Operationen oder Lösungen unter Nutzung unterschiedlicher Darstellungen (Tabellen, Text, Grafiken, Diagramme, etc.).
3. Der **Zugriffsteil** klassifiziert die Lösungen des Katalogs nach unterschiedlichen Merkmalen, die Kriterien für die aufgabenspezifische Eignung sein können. Vorzugsweise sind diese Zugriffsmerkmale quantitativ erfassbar und für jede Lösung angebbar (Kosten, Masse, etc.). Zugriffsmerkmale müssen sich nicht gegenseitig ausschließen.

Der dreiteilige Aufbau von Lösungskatalogen und –sammlungen ermöglicht es, Entwicklungsergebnisse inhaltlich zu beschreiben, eindeutig zu ordnen und mit Schlüsseln für einen gezielten Zugriff zu versehen. Damit kann das Ziel, den Wiederverwendungsgrad einmal in einem Unternehmen entwickelter Lösungen zu erhöhen, erreicht werden. Lösungskataloge und –sammlungen kommen deshalb im weiteren Verlauf der Arbeit zur Verwendung.

[1] /VDI-222b/, Seite 5, Abschnitt 2.2

5.1.2 Technologieklassifizierungen in Industrieunternehmen

Zur Erarbeitung einer Gliederungssystematik von Sachwissen zur Montageanlagenentwicklung wurde in einem ersten Schritt die Ausgangssituation im betrachteten Referenzunternehmen untersucht.

Technologieliste

Wie bereits im vorigen Kapitel erläutert bietet das Unternehmen keine fertigen Produkte an, sondern wirbt mit seiner technologischen Kompetenz, um dann auf Anfrage individuelle Angebote zu erarbeiten. Dazu werden die typischen Produkte und die beherrschten Technologien auf der Unternehmensinternetseite beschrieben (Anhang D.1 – *„Auszug Webseite"*). Unter anderem werden 41 *Technologien* aufgelistet. Sie lassen sich in verschiedene Kategorien einteilen (Abbildung 31).

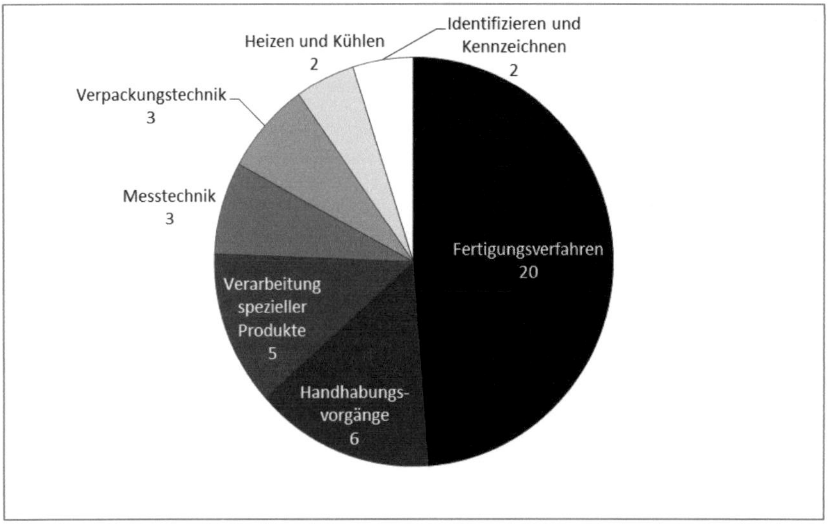

Abbildung 31 – Verteilung der Technologien auf Kategorien am Beispiel XENON [/XEN-12/]

20 Einträge entsprechen Fertigungsverfahren nach *DIN 8580 „Fertigungsverfahren"* (z.B. *Aushärten, Befüllen, Biegen, Bohren*, etc.). Die Norm definiert eine hierarchische Struktur von Verfahren zur Änderung von Eigenschaften geometrisch bestimmter Körper /DIN-8580/. Interessant an dieser Stelle ist, dass in der Technologieauflistung in mehreren Fällen sowohl Oberbegriffe (z.B. *Fügen*), als auch dazugehörige Unterbegriffe genannt werden (z.B. *Löten, Schweißen, Kleben*). Die Oberbegriffe stehen dabei meist stellvertretend für einen oder mehrere der nicht aufgezählten aber laut Norm definierten Unterbegriffe (z.B. *Fügen* für *Zusammensetzen* und *An- und Einpressen*).

Sechs Einträge beschreiben Handhabungsvorgänge nach *VDI 2860 „Handhabungsfunktionen, Handhabungseinrichtungen"* (*Ausrichten, Puffern, Sortieren, Stapeln, Transportieren* und *Zuführen*) /VDI-2860/.

Fünf Einträge betreffen die Verarbeitung spezieller Produkte. Das wären einerseits das *Bestücken* von Steckern oder Ähnlichem mit Kontakten und andererseits das Verarbeiten formloser Stoffe (*Dosieren,*

Fetten, Fluxen und *Ölen*). Auch hier betrifft der Oberbegriff *Dosieren* wieder alle Stoffe, die nicht durch die weiteren stoffspezifischen Unterbegriffe abgedeckt sind.

Die weiteren Einträge betreffen die Messtechnik (*Messen, Prüfen, Wägen*), die Verpackungstechnik (*Entpacken, Magazinieren, Verpacken*), das Ändern der Temperatur *(Heizen, Kühlen)*, sowie das *Identifizieren* und *Kennzeichnen*.

Der Zusammenhang zwischen den hier gewählten Technologie-Kategorien wird durch Abbildung 32 dargestellt und im Folgenden erläutert:

1. Mit **Fertigungsverfahren** werden Veränderungen der Produkteigenschaften (Geometrie, Oberfläche, Stoffeigenschaft, Struktur) beschrieben.
2. **Handhabungsfunktionen** führen nicht zu Veränderungen am Produkt selbst, sondern nur zur Änderung dessen räumlicher Anordnung (Position, Orientierung).
3. Die **Verarbeitung spezieller Produkte** kann alle anderen Arten von Technologien betreffen, wobei nicht der Vorgang, sondern das Objekt das Klassifizierungskriterium ist.
4. Die Technologien der **Messtechnik** können den Fertigungsverfahren gegenübergestellt werden. Produkteigenschaften (und auch ihre räumliche Anordnung) werden hier nicht verändert, sondern ermittelt.
5. **Verpackungstechnologien** nutzen Fertigungsverfahren, wobei jedoch nicht das Produkt selbst, sondern die Packungen (Verpackung + Produkte) verändert, bzw. geschaffen werden.
6. Das **Ändern der Temperatur** zählt nicht zu den Fertigungsverfahren, da die geschaffene Stoffeigenschaft keinen dauerhaften Bestand hat. Heizen und Kühlen sind notwendige Teilfunktionen bei vielen Fertigungs- und Prüfverfahren.
7. **Kennzeichnungstechnologien** nutzen Fertigungsverfahren und erzeugen Identifikationsmerkmale sowohl an Produkten, als auch an Verpackungen. Beim Identifizieren werden diese Merkmale durch Messtechnologien ermittelt.

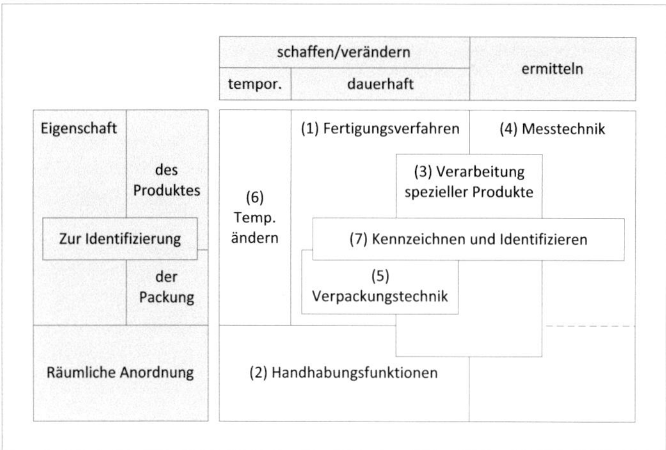

Abbildung 32 – Zusammenhang zwischen den Technologie-Kategorien

Spezialisierungen

Zusätzlich zu der beschriebenen Technologieliste wurde eine weitere *„Wissensgliederung"* untersucht. Im Referenzunternehmen existieren sogenannte *Spezialisierungen* - projektübergreifende Verantwortungen, die einzelnen Mitarbeitern der Entwicklungsabteilungen zusätzlich zu ihrem allgemeinen Fachgebiet wie Steuerungsentwicklung oder Konstruktion zugeordnet sind (Anhang D.2 – *„Spezialisierungen im Referenzunternehmen"*, Abbildung 33). Aufgabe dieser Mitarbeiter ist es, Wissen zu ihrem Spezialgebiet zu gewinnen, zu bewerten und es bei Bedarf zur Verfügung zu stellen, sowohl durch eigene Entwicklungstätigkeiten, als auch durch Beratung von Kollegen.

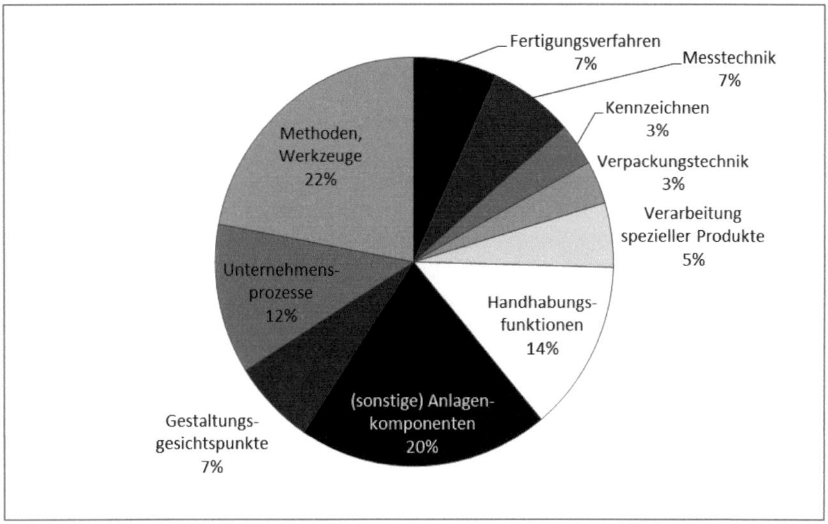

Abbildung 33 – Arten und Häufigkeiten von Spezialisierungen am Beispiel XENON [/XEN-11a/]

Eine nähere Betrachtung dieser Spezialisierungen zeigt, dass nur ein Anteil von 39% die Elemente der Technologieliste betrifft[1]. Offensichtlich gibt es im betrachteten Unternehmen eine große Anzahl von Themen mit ausreichender Relevanz, um dafür einen Spezialisten zu installieren, die jedoch nicht einer der Technologien zugeordnet werden können. Folglich reicht es auch nicht, ein Wissensmanagementsystem allein nach Technologien zu strukturieren.

Eine weitere Analyse der verbliebenen Spezialisierungen führt zu einer Aufteilung in fünf weitere Kategorien. Sie zeigt, dass ein weiteres Drittel den Bereich Vorgehenswissen des Wissensmodells dieser Arbeit, nämlich *Unternehmensprozesse* (z.B. *Dokumentation, Artikelverwaltung* und *Pflichtenheftpflege*) sowie *Methoden/Werkzeuge* (z.B. *Programmiersoftware* und *Sensorversuchsstand*) betrifft. Sie sind technologieunabhängig und für die Gliederung von Sachwissen nicht geeignet (siehe Abschnitt 3.3 *„Wissensmodell"*).

Einige weitere Spezialisierungen betreffen *Gestaltungsgesichtspunkte* (7%) - bestimmte Arten von Anforderungen, die bei der Montageanlagenentwicklung erfüllt werden müssen (z.B. *Maschinensi-*

[1] Für Heizen und Kühlen ist kein Spezialist festgelegt.

cherheit, Material- und Oberflächenwahl und *Kostenoptimierung*)[1]. Sie sind ebenfalls technologieunabhängig, jedoch für die Gliederung von Montagesachwissen relevant.

Einen wesentlichen Teil (20%) machen Spezialisierungen für bestimmte Arten von *Anlagenkomponenten* aus (*Bediengeräte, elektrische Antriebe, Pneumatik,* etc.). Sie lassen sich den aufgelisteten Technologien ebenfalls nicht zuordnen, da die meisten Anlagenkomponenten für eine große Anzahl unterschiedlicher Technologien geeignet sind, beschreiben jedoch einen wichtigen Teil des Montage-Sachwissens.

Auswertung

Die beiden vorgestellten Wissensgliederungen erfüllen Ihren aktuellen Zweck, sind aber aus den folgenden Gründen für die Gliederung von Montage-Sachwissen nicht geeignet:

1. Die Begriffe klassifizieren Elemente unterschiedlicher Systeme, bzw. Gesichtspunkte (Verfahren, Produkttypen, Gestaltungsgesichtspunkte, etc.), ohne dass deren Zusammenhänge dargestellt werden. Es treten Überschneidungen und Lücken auf. Keins der Systeme ist vollständig abgebildet.
2. Eine Systematik zur Definition und gegenseitigen Abgrenzung der Begriffe fehlt.
3. Die Unterteilung ist nicht fein genug, um ausreichend präzise auf gesuchte Informationen zu verweisen.
4. Es fehlt ein Konzept, auf welche Arten von Entwicklungsergebnissen, bzw. -dokumenten mit den Begriffen verwiesen werden soll.
5. Bestimmte Technologien können sowohl der einen, als auch der anderen Kategorie zugeordnet werden (Kennzeichnen ↔ Verpacken ↔ Fertigungsverfahren).
6. Bestimmte Fertigungsverfahren mit großem *„Abstand"* in der Struktur der Fertigungsverfahren haben Gemeinsamkeiten (Arbeit mit formlosen Stoffen, Erzeugung hoher Temperaturen, Nutzung von Lasertechnik, etc.). Mittel, diese Beziehungen darzustellen, fehlen.
7. Eine Vernetzung von Elementen innerhalb der Systeme und zwischen den Systemen ist nicht vorgesehen.

Trotzdem können die beiden vorgestellten Gliederungen die Grundlage für den Aufbau einer vollständigen Wissensstruktur bilden und zeigen die grundsätzlich zu berücksichtigenden Arten von Elementen. Sie werden deshalb im folgenden Abschnitt wieder aufgenommen. Zunächst soll jedoch das Konzept zur Erhöhung des Wiederverwendungsgrades beschrieben werden.

5.2 Lösungsansatz *Klassifizierung von Lösungsprinzipien aus Projekten*

Die beiden zentralen Dokumente zur Charakterisierung eines Projektes sind die Anforderungsspezifikation und die Entwicklungsdokumentation. Ein einheitliches Format für die Anforderungsspezifikation wurde bereits im vorangegangenen Kapitel vorgestellt. Eine ähnliche Vorlage wird für die Dokumentation der Entwicklungsergebnisse und der Überlegungen, die dahin führten, verwendet. Sie verweist auf weitere Unterlagen wie Fotos, 3D-Modelle, Messprotokolle, Fertigungszeichnungen, etc.

Für ein schnelles Auffinden nutzbarer Ergebnisse wird der Inhalt der Projektdokumente nach einem einheitlichen System gegliedert und mit Merkmalen zum Suchen, Filtern und Vergleichen nach dem Prinzip von Konstruktionskatalogen versehen /VDI-2222/.

[1] Siehe /PAH-06/, Kapitel 7.5 *„Gestaltungsrichtlinien"*: fertigungsgerecht, verschleißgerecht, risikogerecht, etc.

Im Rahmen der Arbeit wurden dazu vier[1] Betrachtungsweisen der Wissensstrukturierung definiert. Die vier Gliederungssysteme ordnen unterschiedliche Arten von Elementen, die in verschiedenen Dokumenten beschrieben sind. Abbildung 34 verdeutlicht die Zusammenhänge.

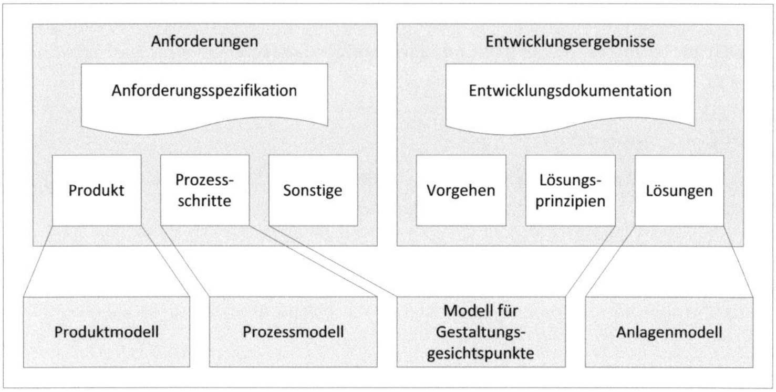

Abbildung 34 – Gliederungssysteme für unterschiedliche Wissenselemente

Die vier Gliederungssysteme *Produktmodell, Prozessmodell, Anlagenmodell* und *„Modell für Gestaltungsgesichtspunkte"* greifen die Themen der Spezialisierungen und der Technologieliste wieder auf, die Sachwissen für die Montageanlagenentwicklung betreffen (Abschnitt 5.1.2, Abbildung 35). Sie erlauben ein Ordnen der entsprechenden Elemente und das Hinzufügen von Zugriffsschlüsseln (wichtige Eigenschaften), sowie ein Vernetzen der Systeme untereinander. Nach Abschluss bestimmter Phasen des Entwicklungsprozesses werden die Anforderungen und Ergebnisse nach den Regeln der Systeme klassifiziert und die entsprechenden Verknüpfungen im Wissensmanagementsystem angelegt (zu möglichen technischen Realisierungen siehe Kapitel 8).

Der Bereich Sachwissen des Wissensmanagementsystems enthält demnach folgende Komponenten:

1. Gliederungssysteme auf Projektinformationen, die unterschiedliche Gesichtspunkte abdecken.
2. Beschreibungen dieser Systeme, die zeitgleich als Anleitung zur Klassifizierung dienen.
3. Verweise auf Projekte, bzw. deren *„Elemente"* (Montageobjekte, Prozessschritte, Baugruppen, etc.), die einem bestimmten Gliederungspunkt zuzuordnen sind.
4. Projektübergreifendes Sachwissen zu den Gliederungspunkten.

Der letzte Punkt der Aufzählung entspricht der aktuell üblichen Vorgehensweise bei der Wissensdokumentation. Sie ist mit der hier vorgestellten Methode ohne Einschränkungen kombinierbar, jedoch keineswegs eine Voraussetzung dafür. Im Gegenteil, es ist leicht vorstellbar, dass ein Wissensgebiet zunächst ausschließlich durch Beispiele beschrieben wird, um erst nach Überschreiten einer bestimmten Auftrittshäufigkeit und damit einer gewissen Relevanz für das Unternehmen durch projektunabhängige Informationen ergänzt zu werden. Die Bereitstellung projektübergreifenden Sachwissens ist nicht Schwerpunkt dieser Arbeit und es sei hier auf die Literatur aus dem Stand der Technik verwiesen.

[1] In einer vorangegangenen Diplomarbeit wurde bereits festgestellt, dass ein einziges Gliederungssystem der Komplexität von Sachwissen des Montageanlagenbaus nicht gerecht werden kann /FIC-01/.

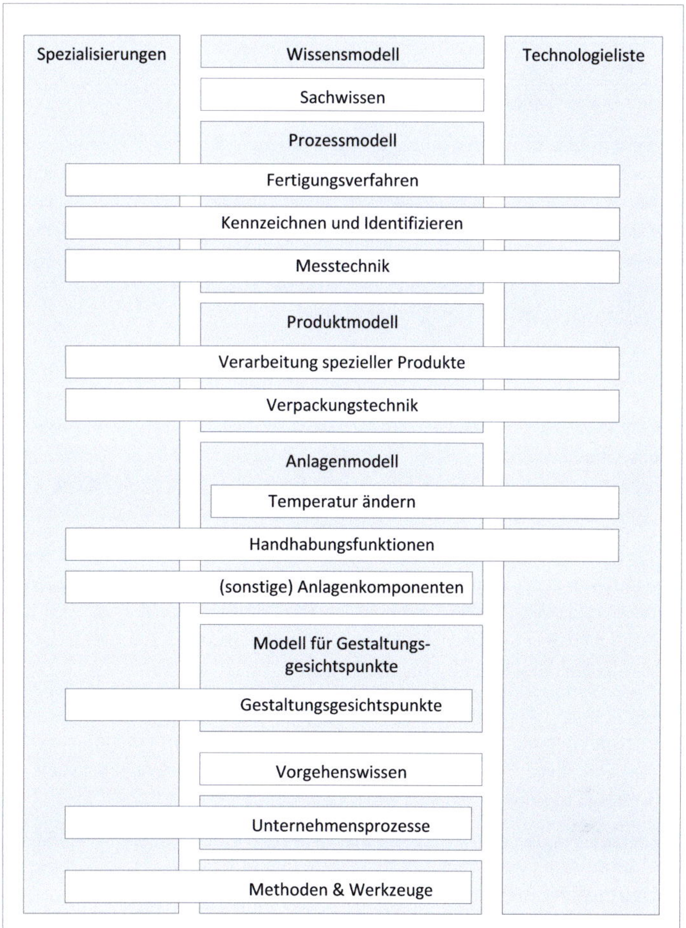

Abbildung 35 – Zusammenhang Gliederungssysteme, Spezialisierungen und Technologieliste

Ein oft genanntes Hindernis für die Einführung von Wissensmanagementsystemen ist der hohe Erstellungsaufwand /GRA-99, VDI-5610/. Bei dem hier vorgestellten Konzept der systematischen Nutzung von Beispielen beschränkt sich der Aufwand im Wesentlichen auf das Klassifizieren von Informationen nach dokumentierten Regeln, da der zusätzliche Dokumentationsaufwand durch die folgenden Synergieeffekte auf ein Minimum beschränkt werden kann:

1. Nutzung der Anforderungsspezifikation im Einheitsformat sowohl für das Anforderungsmanagement während der Projektlaufzeit, als auch für das Auffinden und die Beurteilung von Lösungen zur Wiederverwendung.
2. Nutzung der Entwicklungsdokumentation sowohl für die Kommunikation im Entwicklungsteam während der Projektlaufzeit, als auch für das Auffinden und die Beurteilung von Lösungen zur Wiederverwendung.

3. Nutzung von Abschnitten der Entwicklungsdokumentation als Grundlage für die technische Dokumentation für den Kunden.
4. Das systematische Gliedern und Klassifizieren des Inhalts der Projektunterlagen ersetzt das aktuell verwendete Mittel der *Maschinenliste* (siehe Abschnitt 2.3).

Die vier Gliederungssysteme wurden durch Analyse einer Auswahl realer Projekte aus der Praxis erarbeitet und werden in den folgenden Abschnitten vorgestellt. Die erste Idee, basierend auf der persönlichen Erfahrung des Autors, wurde dabei durch Anwendung auf diese Projekte präzisiert und ihre Gültigkeit für die betrachtete Menge von Montageaufgaben nachgewiesen. Die Allgemeingültigkeit wird am Ende des Kapitels bewertet (Abschnitt 5.8 *„Beurteilung der Allgemeingültigkeit"*).

5.3 Prozessmodell und Klassifizierung

Ein Schlüssel zur Wiederverwendung existierender Entwicklungsergebnisse ist die Identifikation von Montageanlagen, die ähnliche *Produktionsverfahren* nutzen. Der Begriff *Produktionsverfahren* wird in dieser Arbeit als Verallgemeinerung von *Fertigungsverfahren* (siehe /DIN-8580/) verwendet und ergänzt diese um *Kennzeichnungsverfahren*, Verfahren des *Messens und Prüfens,* sowie um Verfahren zum *Ändern von Informationen*. Allen gemein ist die Veränderung, bzw. Ermittlung von *Produkteigenschaften*. Das betrifft neben dem Produkt selbst auch die Eigenschaften seiner Bestandteile.

Im Bereich der Montageanlagenentwicklung stellen Produktionsverfahren *Anforderungen* dar. Sie werden typischerweise durch den Auftraggeber vorgegeben. Insofern wurde der Begriff *Verfahren* zur Abgrenzung von anderen *Technologien*, z.B. des Handhabens gewählt, die sich *nicht* auf das (wertschöpfende) Ändern von Produkteigenschaften beziehen und auch keine typischen Anforderungen darstellen, sondern notwendiges *„Mittel zum Zweck"*.

Beschreibungsgrundlage der Produktionsverfahren einer Montageanlage ist die Prozessstruktur aus Kapitel 4. Sie gliedert den Montageprozess durch eine baumartige Verknüpfung von *Prozessschritten* (Abbildung 24). Jeder dieser Prozessschritte wird nun zum Zweck des Wissensmanagements einem Produktionsverfahren zugeordnet.

In den folgenden Abschnitten wird das Gliederungssystem der Produktionsverfahren hergeleitet.

5.3.1 Fertigungsverfahren

Den Ausgangspunkt bildet die Norm DIN 8580 *„Fertigungsverfahren"* /DIN-8580/. Fertigungsverfahren werden wie folgt definiert: *„alle Verfahren zur Herstellung von geometrisch bestimmten festen Körpern; sie schließen die Verfahren zur Gewinnung erster Formen aus dem formlosen Zustand, zur Veränderung dieser Form sowie zur Veränderung der Stoffeigenschaften ein."*[1]Die Norm teilt diese Verfahren in eine mehrstufige Struktur aus Hauptgruppen, Gruppen und mehreren Stufen von Untergruppen ein. Teilweise verweist sie dazu auf weitere verfahrensspezifische Normen, z.B.:

- DIN 8582 *„Umformen"*
- DIN 8588 *„Zerteilen"*
- DIN 8592 *„Reinigen"*
- DIN 8593 *„Fügen"*
- ...

[1] /DIN-8580/, Seite 3

In der obersten Strukturstufe werden fundamentale Fragen der Veränderung von Montageobjekten zur Klassifizierung herangezogen:

- Welche Art von Zusammenhalt haben die eingehenden Montageobjekte?
    - Ausschließlich geometrisch unbestimmt -> *Urformen*
    - Mindestens teilweise geometrisch bestimmt -> alle anderen
- Wie viele ein- und ausgehende Montageobjekte hat der Prozessschritt?
    - Mehrere zu einem -> *Fügen, Beschichten*
    - Eins zu mehreren -> *Trennen*
    - Eins zu eins -> *Umformen, Stoffeigenschaft ändern*
- Wird eine Schicht aus (ursprünglich) formlosem Stoff auf dem Werkstück erzeugt?
    - Ja -> *Beschichten*
    - Nein -> *Fügen*
- Welche Art von Eigenschaft wird verändert?
    - Form -> *Umformen*
    - Stoffeigenschaft -> *Stoffeigenschaft ändern*

Die Einteilung auf der obersten Strukturstufe kann so ohne Einschränkungen für die Klassifizierung von Prozessschritten in Montageanlagen übernommen werden. Für die weitere Unterteilung müssen jedoch Anpassungen gegenüber der Norm vorgenommen werden. Dafür gibt es zwei unterschiedliche Gründe:

1. Die Untergliederungen sind nicht ausreichend präzise voneinander abgegrenzt, sodass teilweise keine eindeutige Zuordnung von Prozessschritten möglich ist.
2. Die Fertigungsverfahren treten bei der Montage feinwerktechnischer Produkte unterschiedlich häufig auf. Viele Verfahren, besonders der niedrigen Strukturstufen kommen überhaupt nicht vor. Je nach Verfahren ist deshalb eine unterschiedliche Detailtiefe der Untergliederung gewünscht.

Die Anpassungen betreffen folgende Aspekte:

1. Anders als in der Norm müssen Untergruppen ihre Obergruppe nicht vollständig beschreiben. Prozessschritte, die keiner der Untergruppen zugeordnet werden können, werden direkt der Obergruppe zugeordnet.
2. Die Klassifizierungsstruktur kann bei Bedarf erweitert werden. Beim Erreichen einer Mindestmenge an Prozessschritten in einer Gruppe werden bei Bedarf weitere Untergruppen zur genaueren Einordnung hinzugefügt.
3. Mehrere Untergruppen einer Strukturstufe werden zusammengefasst, wenn die geringe Auftrittshäufigkeit keine Unterteilung rechtfertigt oder eine präzise Abgrenzung voneinander nicht möglich ist.

Fügeverfahren machen den größten Anteil der Fertigungsverfahren bei der Montage aus. Ihre weitere Unterteilung geschieht unter dem Ordnungsgesichtspunkt *„Art des Zusammenhaltes unter Berücksichtigung der Art der Erzeugung“*. Die neun definierten Gruppen werden unter Angabe der Art des Zusammenhaltes und der Lösbarkeit in Tabelle 19 aufgeführt /DIN-8593/.

Die Definitionen der Hauptverfahren werden übernommen, jedoch entsprechend der Auftrittshäufigkeit anders gegliedert (Abbildung 36).

Tabelle 19 – Fügeverfahren [aus /DIN-8593/]

Nr.	Bezeichnung	Art des Zusammenhalts	Lösbarkeit
1	Zusammen-setzen	Schwerkraft (Reiben), Formschluss oder Federkraft	ohne Schädigung der Fügeteile lösbar[1]
2	Füllen	Einschluss	ohne Schädigung der Fügeteile lösbar
3	Anpressen, Einpressen	Kraftschluss	im Allgemeinen ohne Schädigung der Fügeteile lösbar
4	Fügen durch Urformen	Formschluss, hervorgerufen durch Urformen	im Allgemeinen ohne Schädigung oder Zerstörung der Fügeteile lösbar[2]
5	Fügen durch Umformen	Formschluss, hervorgerufen durch Umformen	im Allgemeinen nur mit Schädigung oder Zerstörung der Fügeteile lösbar
6	Fügen durch Schweißen	Stoffverbindung	nur durch Schädigung oder Zerstörung der Fügeteile lösbar
7	Fügen durch Löten	Stoffverbindung	im Allgemeinen nur mit, teils jedoch auch ohne Schädigung der Fügeteile lösbar
8	Kleben	Adhäsion	im Allgemeinen nur mit Schädigung oder Zerstörung der Fügeteile lösbar. In Sonderfällen ist ein Lösen nach dem Kleben ohne Schädigung möglich.
9	Textiles Fügen	Formschluss und/oder Kraftschluss	bei textilen Faserstoffen Lösen ohne Schädigung der Fügeteile möglich. Sind Fasern miteinander verklebt, siehe Gruppe 8.

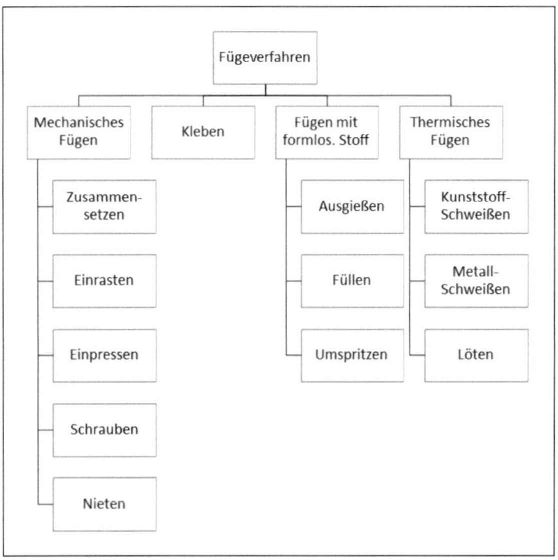

Abbildung 36 – Gliederung von Fügeverfahren für feinwerktechnische Produkte

[1] Verbindungen des Unterverfahrens *Einrenken* sind häufig nicht zerstörungsfrei lösbar (z.B. Rastnasen aus Kunststoff)

[2] Entgegen der Angabe der Norm sind sehr viele Verbindungen des Fügens durch Urformen nicht zerstörungsfrei lösbar.

Der Gliederungspunkt *Mechanisches Fügen* fasst die Gruppen 1, 3 und 5 der Norm zusammen. Wichtig ist dabei eine Präzisierung der Definition und Unterteilung der für die betrachtete Produktgruppe sehr häufigen Fügeverfahren *Zusammensetzen* und *An- und Einpressen*.

Beim An- und Einpressen werden die Fügepartner nach dem Fügeprozess zumindest teilweise (ev. nur in bestimmte Richtungen) durch Kraftschluss zusammengehalten. Kraftschluss bedeutet, dass durch Einwirkung einer Normalkraft auf zwei Flächen zwischen diesen Haftreibung erzeugt wird, die eine Relativbewegung dieser Körper zueinander (in einer bestimmten Richtung) verhindert. Beim An- und Einpressen wird diese Kraft durch die (geringe) elastische Verformung der zwei Fügeobjekte oder ggf. eines dritten Fügeelements[1] erzeugt. Sie wirkt kontinuierlich und dauerhaft.

Verbindungen, die durch Zusammensetzen erzeugt wurden, sind dagegen im Wesentlichen durch Formschluss charakterisiert. Dabei ist ein Körper dem anderen *„im Weg"*. Auch bei zusammengesetzten Verbindungen wirken Reibkräfte, hervorgerufen u.a. durch Feder- und Schwerkraft. Anders als bei Pressverbindungen wirken sie aber nicht der primären Belastung entgegen, sondern dienen zur Sicherung des Formschlusses.

Die weitere Unterteilung beider Gruppen wurde abgewandelt, um die typischen Verfahren bei der Montage feinwerktechnischer Produkte besser abzubilden. Mit Ausnahme des Schraubens kommen Verfahren mit Fügeelementen wie Klemmen, Klammern, Keilen, Nägeln und Ähnlichem wegen der schlechten Automatisierbarkeit eher selten zum Einsatz. Darüber hinaus ist es für den Vergleich von Lösungsvarianten der automatischen Montage zielführender, die Fügeelemente als eigenständige Montageobjekte zu beschreiben und das Verfahren in mehrere Einzelprozessschritte aufzuteilen. Entsprechend reicht es, nur noch vom *Einpressen* zu sprechen. Es ergeben sich folgende Definitionen:

- **Zusammensetzen:** Untergruppe *Ein- und Aufsetzen* der DIN (reine Handhabung, ohne Fügekraft, Verbindung muss typischerweise durch weitere Teile oder Maßnahmen gesichert werden).
- **Einrasten:** Untergruppen *Einrenken* und *Federnd Einspreizen* der DIN (Aufbringen einer Kraft, um temporär eins der Fügeteile zu verformen, Rast- und Schnappverbindungen).
- **Einpressen:** Untergruppe *Fügen durch Pressverbindung* der DIN (Aufbringen einer Fügekraft zur Herstellung einer kraftschlüssigen Verbindung durch Eindrücken).
- **Schrauben:** Untergruppe *Schrauben* der DIN (Verwendung von Fügeteilen mit Gewinde).
- **Nieten:** Untergruppe *Nieten* der DIN (Verwendung von Nieten).

Weitere Verfahren des Fügens durch Umformen werden durch eine Kombination von Prozessschritten des *Zusammensetzens* und des *Umformens* modelliert. Der Gliederungspunkt *Fügen mit formlosem Stoff* fasst die DIN-Gruppen *Füllen* und *Fügen durch Urformen* zusammen, der Punkt *Thermisches Fügen* die DIN-Gruppen *Löten* und *Schweißen*. *Kleben* wird übernommen, *Textiles Fügen* tritt nicht auf. Teilweise kommt auch eine Kombination dieser Verfahren zum Einsatz, wenn z.B. ein Kunststoffteil in ein anderes gefügt wird und die Verbindung sowohl durch Rastnasen, als auch durch Quetschrippen gesichert wird.

Ähnliche Vereinfachungen und Präzisierungen wurden auch für die anderen Hauptgruppen der Fertigungsverfahren vorgenommen. Für eine vollständige Darstellung der angepassten Struktur sei auf Anhang E.1 – *„Produktionsverfahren"* verwiesen.

[1] Laut /DIN-8593/, Teil 3, Seite 3 *„Hilfsteil"*

5.3.2 Verfahren *Information ändern*

Viele moderne Produkte werden *intelligente Produkte* genannt, weil sie elektronische Datenspeicher, die während des Produktionsprozesses beschrieben werden, enthalten. Der Inhalt dieser Datenspeicher ist eine wesentliche, funktionsrelevante Eigenschaft dieser Produkte, die jedoch durch die bisher genannten Angaben zu Geometrie, Stoff und Oberfläche nicht beschrieben werden kann. Letztendlich geschieht das Bespielen der Datenspeicher zwar durch Ändern einer Stoffeigenschaft, doch einerseits ist die konkrete Ausprägung, das *„feinstrukturierte Ändern von Ladungen"*, in der DIN 8580 in keiner der Untergruppen berücksichtigt, andererseits würde die Zuordnung zu *„Stoffeigenschaft ändern"* dem wesentlichen neuen Aspekt des Tragens von Informationen nicht angemessen Rechnung tragen. Deshalb wurde die Gruppe der Fertigungsverfahren um den Punkt *Information ändern* ergänzt. Er wurde den Fertigungsverfahren zugeordnet, da das Produkt dabei verändert wird.

5.3.3 Inspektionsverfahren

Zu den Inspektionsverfahren zählen alle Aufgaben, die zwar am Produkt nichts ändern, aber Informationen, üblicherweise zur Qualitätskontrolle, darüber ermitteln. Meist wird dabei das Ergebnis vorhergehender Fertigungsschritte überprüft. In Abhängigkeit davon, ob diese Fertigungsschritte Teil der betrachteten Montageaufgabe sind, lassen sich die Inspektionsprozessschritte unterteilen in:

- Eingangskontrolle
- Ergebniskontrolle

Die Unterscheidung ist für die Art der technischen Realisierung jedoch nicht relevant.

Der Begriff *Inspektionsverfahren* wurde gewählt, um sowohl Mess-, als auch Prüfaufgaben mit einzuschließen. Die Begriffe bedeuten /NIE-02/:

- **Messen:** Ermittlung eines Wertes einer physikalischen Größe, dem Messwert
- **Prüfen:** Feststellen, ob ein Prüfgegenstand eine bestimmte Bedingung erfüllt

Eine Messung kann, muss aber nicht zwingend Grundlage einer Prüfung sein, sodass eine klare Unterscheidung bei der Anforderungsspezifikation wichtig ist, für die Gliederung von Inspektionsaufgaben aber geringere Bedeutung hat.

Weiterhin können Inspektionsaufgaben hinsichtlich ihres Zwecks unterschieden werden:

- Ermittlung von Produkteigenschaften
- Prozessüberwachung, -steuerung und –regelung

Erstere können als separate (Inspektions-)Prozessschritte modelliert werden, letztere sind Teil eines (Fertigungs-)Prozessschrittes. Streng genommen entspricht nur die Ermittlung von Produkteigenschaften der hier verwendeten Definition von Produktionsprozessen. Zur Erstellung eines vollständigen Prozessmodells ist es jedoch sinnvoll, solche Aufgaben der Prozessüberwachung, -steuerung und -regelung mit aufzunehmen, die unmittelbare Auswirkungen auf die Produktqualität haben, wie z.B. die Überwachung eines Fügekraftverlaufs oder der Dosiermenge eines Hilfsstoffes. Sie zeichnen sich dadurch aus, dass sie Teil der Anforderungsspezifikation sind.

Inspektionsaufgaben zur Ermittlung von Produkteigenschaften wiederum lassen sich unterteilen in:

- Kontrolle *„statischer"* Produkteigenschaften
- Test der Produktfunktion

Statische Produkteigenschaften sind alle geometrischen Merkmale, sowie Oberflächen- und Stoffeigenschaften. Sie schließen auch die räumliche Anordnung von Teilen innerhalb einer montierten Baugruppe (Struktur) ein. Beim Test der *Produktfunktion* wird das korrekte Verhalten (*„Funktionieren“*) des montierten Produktes unter definierten (Test-)Bedingungen überprüft. Typische Fälle bei feinwerktechnischen Produkten sind z.B. der Kraft-Weg-Verlauf beim Betätigen eines Schalters[1] oder der Wert, den ein Sensor[2] unter entsprechenden Umgebungsbedingungen liefert[3].

Durch die zweckorientierte Betrachtung ergeben sich drei grundlegende Klassen für Inspektionsverfahren mit einer weiteren Unterteilung in Anlehnung an die Klassifizierung variabler Produktmerkmale in Kapitel 4 (Abbildung 37).

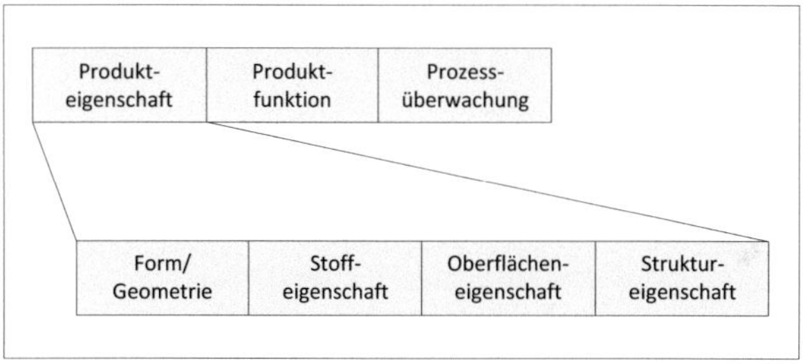

Abbildung 37 – Grundklassifizierung von Inspektionsverfahren

Zur weiteren Unterteilung dient die ermittelte physikalische Größe /ISO-80000/. Das bereits bei den Fertigungsverfahren angewandte Prinzip der Anpassung des Klassifizierungsdetailgrades entsprechend der Auftrittshäufigkeit erlaubt auch hier ein gleichzeitig schlüssig definiertes und trotzdem unkompliziert anwendbares System. Bestimmte physikalische Größen sind typisch für einzelne Hauptkategorien, andere können in mehreren Kategorien auftreten. Exemplarisch seien hier die für feinwerktechnische Produkte typischen zu prüfenden *statischen Produkteigenschaften* genannt:

- **Geometrie/Form:** Prüfung von Biegewinkeln, Anwesenheit von Rastnasen, typunterscheidenden Geometriemerkmalen (z.B. Codierungsrippen bei Steckern), Funktionsmaße (von Einzelteilen)
- **Widerstand:** Widerstandsmessung, Isolationsprüfung (Mindestwiderstand und Durchschlagfestigkeit), Durchgangsprüfung (Maximalwiderstand)
- **Sonstige elektrische Größen:** Kapazität, Dämpfung, Induktivität
- **Masse:** z.B. nach Ausgießen
- **Farbe/Helligkeit:** Typunterscheidung von Eingangsmaterial oder (Farb-)Qualität von aufgebrachten Symbolen
- **Form Flächenmerkmal:** (Form-)Qualität von Kennzeichnungen und Symbolen, u.a. Barcodes, Matrixcodes, Klarschrift
- **Räumliche Anordnung:** Taumelkreis von Kontakten in einem Stecker, grundsätzliche Anwesenheit, Eindrücktiefe, Funktionsmaße (von Baugruppen)

Eine vollständige Auflistung der erarbeiteten Klassifizierungsstruktur befindet sich in Anhang E.1.

[1] Schalter und ...

[2] ... Sensor stellen in diesen Beispielen das montierte Produkt dar, keine Anlagenkomponente.

[3] Durch die Überprüfung sich ändernder Größen könnte man auch von *„dynamischen“* Produkteigenschaften sprechen.

5.3.4 Verpacken und Zuführen

Verpackungsprozessschritte scheinen im vorgestellten Gliederungs- und Klassifizierungsschema auf den ersten Blick nicht berücksichtigt zu sein, sie lassen sich keinem der vorgestellten Verfahren zuordnen. Bei genauerer Betrachtung zeigt sich jedoch, dass Verpackungsprozesse immer aus einem Fügeverfahren und diversen weiteren Fertigungs- und Prüfverfahren bestehen. Das *„Endprodukt"* ist jedoch nicht mehr das bisher betrachtete feinwerktechnische Produkt, sondern dessen Packung (= Verpackung + Produkte; vgl. /DIN-55405/).

Bei der Verpackung in heißversiegelte Kunststoffblistergurte kommt zum Beispiel ein Schweißverfahren zur Verbindung der Abdeckfolie mit dem Kunststoffgurt zum Einsatz. Dieses Verfahren wird ebenso bei der Montage feinwerktechnischer Produkte verwendet. Es ist offensichtlich, dass ein System, dass beide Fälle in Zusammenhang bringt, die Wiederverwendung von Erfahrungen fördert und Synergien erzeugt.

Analog zur Verpackung lassen sich Aufgaben der Teilezuführung und Vorverarbeitung meist durch Trennverfahren abbilden. Oft werden Teile erst in der Montageanlage vereinzelt, wenn z.B. Kontakte aus einem Metallband gestanzt oder Etiketten von einem Trägerband gelöst werden.

Die vielfältigen Arten der Verpackung und Zuführung lassen sich so sehr gut systematisieren. Um den Klassifizierungsaufwand zu verringern, wurde eine Struktur typischer Verpackungs- und Zuführarten erarbeitet, worin die entsprechenden Prozessschritte einzuordnen sind. Der Bezug zu den Fertigungsverfahren wird über Querverweise hergestellt, die dann nur einmalig pro Verfahren (und nicht für jeden Prozessschritt) anzulegen sind.

Um die Klassifizierung weiter zu vereinfachen, werden die Zuführ- und Verpackungsverfahren nicht als Prozessschritte modelliert, sondern als Eigenschaft der ein- und ausgegebenen Montageobjekte (siehe Abschnitt 5.4 - *„Produktmodell und Klassifizierung"*). So können auch solche Arten der Ein- und Ausgabe berücksichtigt werden, die kein Produktionsverfahren darstellen, wie die Zuführung als Schüttgut oder die manuelle Ein- und Ausgabe.

Die Klassifizierungsstruktur ist in Anhang E.2 – *„Produkteigenschaften"* dargestellt.

5.3.5 Kennzeichnen und Identifizieren

Ähnliches wie für das Verpacken und Zuführen gilt für das Kennzeichnen und Identifizieren. Diese Verfahren *nutzen* Fertigungsverfahren zum Zweck der Kennzeichnung, bzw. deren *„Ermittlung"*. Typische Beispiele bei feinwerktechnischen Produkten sind:

- **Bedrucken:** Beschichten
- **Etikettieren:** Fügen, Kleben (+ teilw. Bedrucken)
- **Gravieren:** Trennen
- **Prägen:** Umformen
- **Laserbeschriften:** Stoffeigenschaft ändern

Zur Identifikation kommen meist *„Inspektionsverfahren zur Erkennung der Form eines Flächenmerkmals"* zum Einsatz.

Auch hier werden die entsprechenden Prozessschritte den Kennzeichnungs- und Identifikationsverfahren zugeordnet, die über Querverweise mit Fertigungs- und Inspektionsverfahren verknüpft sind. Die Klassifizierungsstruktur ist ebenfalls in Anhang E.1 – *„Produktionsverfahren"* dargestellt.

5.3.6 Beispiel

Abschließend soll die Zuordnung der Prozessschritte einer Montageaufgabe zu Produktionsverfahren am Beispiel des in Kapitel 4 vorgestellten Steckverbinders veranschaulicht werden (Tabelle 20).

Tabelle 20 – Prozessschrittklassifizierung (Beispiel Steckermontage)

Nr.	Prozessschritt	Produktionsverfahren
1	Gehäuseeigenschaften prüfen	Inspektion, Geometrische Größe, Körperform Inspektion, Sonstige Größe, Farbe
2	Kontakt abtrennen	Fertigung, Trennen, Zerteilen
3	Kontaktspitzen formen	Fertigung, Umformen
4	Gehäuse mit Kontakten bestücken	Fertigung, Fügen, Mechanisches Fügen, Einpressen
5	Prüfung Position Kontakte	Inspektion, Geometrische Größe, Baugruppenstruktur
6	Dichtmasse auftragen	Fertigung, Fügen, Fügen mit formlosem Stoff, Ausgießen
7	Membran vom Band ablösen	Fertigung, Trennen, Zerlegen
8	Membran auflegen und anschweißen	Fertigung, Fügen, Thermisches Fügen, Schweißen
9	Laserkennzeichnung	Kennzeichnen, Laserbeschriften

5.4 Produktmodell und Klassifizierung

Neben den Produktionsverfahren stellen die Eigenschaften des Produktes und seiner Bestandteile eine weitere Möglichkeit dar, das Wissen zur Montageanlagenentwicklung zu ordnen und den Zugriff darauf zu erleichtern. Beschreibungsgrundlage ist dabei die variantenorientierte *Produktstruktur* aus Kapitel 4. Sie gliedert das Produkt durch Zerlegung in *Montageobjekte* (Abbildung 24). Jedes dieser Montageobjekte kann zum Zweck des Wissensmanagements entsprechend seiner Eigenschaften klassifiziert werden. Anders als bei der Beschreibung der Prozessschritte durch Produktionsverfahren muss dabei jedoch stark auf *relevante* Aspekte reduziert werden, um ein angemessenes Aufwand-Nutzen-Verhältnis zu erreichen. Relevant sind nicht triviale Aspekte, die einen wesentlichen Einfluss auf die klassifizierte technische Lösung haben und deren erneutes Auftreten wahrscheinlich ist.

Erster Ordnungsgesichtspunkt ist dabei die Art der Ein- und Ausgabe. Neben den bereits im vorigen Abschnitt erwähnten Verpackungsverfahren beinhaltet das auch weitere Punkte. In der obersten Strukturstufe der Gliederungshierarchie werden fundamentale Fragen zur Klassifizierung herangezogen:

- Werden verpackte oder unverpackte Montageobjekte ein- oder ausgegeben?
    - Verpackt -> *Verpackung oder Behälter*
    - Unverpackt -> alle anderen
- Wird formloser Stoff oder werden geometrisch bestimmte Körper ein- oder ausgegeben?
    - Formloser Stoff -> *Behälter*
    - Geometrisch bestimmte Körper -> *Verpackung*
- Werden Montageobjekte mit anderen Betriebsmitteln ausgetauscht oder durch Personen ein-, bzw. ausgegeben?
    - Mit Betriebsmitteln -> *Schnittstelle*
    - Durch Personen -> *Schüttgut oder Manuelle Ein- und Ausgabe*
- Werden die Montageobjekte einzeln ein-, bzw. ausgegeben oder mehrere auf einmal?
    - Ja -> *Manuelle Ein- und Ausgabe*
    - Nein -> *Schüttgut*

Es ergibt sich folgende Auflistung:

- **Schüttgut:** Fälle, bei denen Montageobjekte dem Prozess ungeordnet und ohne Verpackung zugeführt oder ausgegeben werden.
- **Manuelle Ein- und Ausgabe:** alle Fälle, bei denen ein Bediener Montageobjekte *geordnet* von Hand dem Prozess zuführt oder aus ihm entnimmt. Kann weiter unterteilt werden in direkte Eingabe (Ein- oder Ausgabe einzelner Objekte quasisynchron im Anlagentakt mit geringer Pufferkapazität) und gepufferte Eingabe (z.B. Entnahme von Teilen von einem Förderband oder einer Ausgaberutsche, etc.).
- **Schnittstelle:** alle Fälle, bei denen die Produkte über Bänder, Transportbehälter, Direktübergabe oder andere technische Mittel von vorgelagerten Betriebsmitteln übernommen, bzw. an nachgelagerte übergeben werden.
- **Behälter:** Zuführung von formlosen Stoffen, z.B. aus Tanks und Kartuschen.
- **Verpackung:** siehe Abschnitt 5.3.4.

Darüber hinaus lassen sich Montageobjekte Werkstoffklassen zuordnen, die durch bestimmte montagerelevante Eigenschaften charakterisiert sind. Während Einzelteile üblicherweise nur aus einem Werkstoff bestehen, können Baugruppen entsprechend ihrer Einzelteile verschiedene enthalten.

Vorzugsweise sollen nur zugeführte Baugruppen klassifiziert werden, da im Prozess montierte bereits durch die Materialangaben der verwendeten Einzelteile beschrieben sind. Bei zugeführten Baugruppen sind im Zweifelsfall das oder die für Handhabung und Prozessschritte ausschlaggebenden Materialien anzugeben.

Ein Großteil der montagerelevanten Eigenschaften leitet sich dann unmittelbar vom verwendeten Material ab (Leitfähigkeit, Verschleißförderung, Verunreinigung, Härte, Dichte, etc.). Abbildung 38 zeigt ein Klassifizierungsschema, dass die Werkstoffe feinwerktechnischer Produkte angemessen detailliert abbildet.

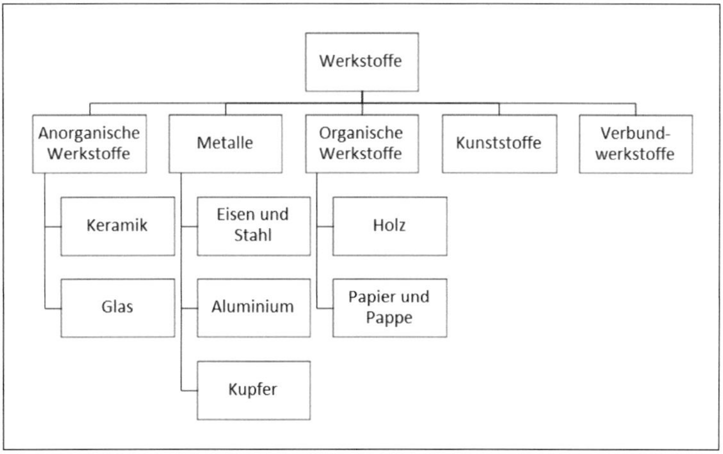

Abbildung 38 – Einfache Werkstoffklassifizierung feinwerktechnischer Produkte

Die Einteilung bildet einen Kompromiss aus strenger Logik und Bedeutung für das zu beschreibende Produktspektrum. So sind beispielsweise Kunststoffe und Metalle separat aufgeführt, obwohl sie eigentlich Unterpunkte organischer und anorganischer Werkstoffe sein müssten. Darüber hinaus wurden die Unterpunkte nur für besonders häufig auftretende Werkstoffe definiert. Nicht klassifizierbare Stoffe werden so lange nur der Überkategorie zugeordnet, bis sie in einer Mindesthäufigkeit auftreten und das Klassifizierungsschema erweitert wird. Siehe dazu Abschnitt 5.9.1.

Der Gesichtspunkt (Produkt-)*Funktion* erlaubt die selektive Beschreibung ausgewählter Montageobjekte, die entweder besonders häufig auftreten oder unter bestimmten Gesichtspunkten *interessant* sind. Er soll das Auffinden ähnlicher Montageobjekte unterstützen.

Eine weitere Gliederungsstruktur entsprechend der Funktion wurde für formlose Stoffe aufgestellt.

Eine einfach anzuwendende Gliederung für die Größe eines Produktes konnte vorerst nicht gefunden werden. Quantitative Eigenschaften, wie Volumen und Masse ließen sich beispielsweise nach der Größenordnung (bis 1g; 10g; 100g; etc.) oder dem Münzprinzip (10mg; 20mg; 50mg; 100mg; 200mg; 500mg; etc.) klassifizieren, zur eindeutigen Zuordnung müssten die Werte aber erst gemessen oder errechnet werden, ein Aufwand, der vorerst ungerechtfertigt erscheint.

Alle Klassifizierungsstrukturen für Produkteigenschaften sind in Anhang E.2 – *„Produkteigenschaften"* dargestellt. Tabelle 21 zeigt die exemplarische Klassifizierung des in Kapitel 4 vorgestellten fiktiven Steckers.

Tabelle 21 – Montageobjektklassifizierung (Beispiel Stecker)

Nr.	Montageobjekt	Eigenschaft
0	Stecker	Art der Ein- und Ausgabe: Verpackung, Palette, Kunststoff-Tray Funktion: Steckverbinder
1	Gehäuse	Art der Ein- und Ausgabe: Schüttgut Werkstoff: Kunststoff
2	Kontakt	Art der Ein- und Ausgabe: Spule, Draht Werkstoff: Metall, Kupfer Funktion: Kontakt, Rundkontakt
3	Dichtmasse	Art der Ein- und Ausgabe: Behälter, Tank Stoff: Flüssig/Pastös, Verguss-/Dichtmasse
4	Membran	Art der Ein- und Ausgabe: Spule, Etikettenträgerband Werkstoff: Kunststoff

5.5 Anlagenmodell und Klassifizierung

5.5.1 Anlagenmodell

Eine dritte Möglichkeit, das Wissen zur Montageanlagenentwicklung zu ordnen und den Zugriff darauf zu erleichtern, ist eine hierarchische Gliederung der Baustruktur einer Montageanlage und die Klassifizierung ihrer Komponenten. Dabei wird davon ausgegangen, dass eine Wiederverwendung vollständiger Montageanlagen nur in den seltensten Fällen möglich ist und typischerweise nur Teile oder Prinzipien wiederverwendet werden. Die Gesamtanlage wird in *Funktionseinheiten* unterschiedlicher Komplexität zerlegt und damit gleichzeitig eine Gliederung der projektspezifischen Wissensdokumentation geschaffen.

Abbildung 39 zeigt in Anlehnung an /DIN-199/ ein Strukturmodell mit vier Strukturstufen für Montageanlagen, das die Gesamtanlage entsprechend ihrer Baustruktur zerlegt. In der Praxis kann die Anzahl der Stufen variieren. Die Vereinfachung des Modells erhöht jedoch die Übersicht, macht Anlagen besser vergleichbar und ist geeignet, alle wesentlichen Zusammenhänge darzustellen.

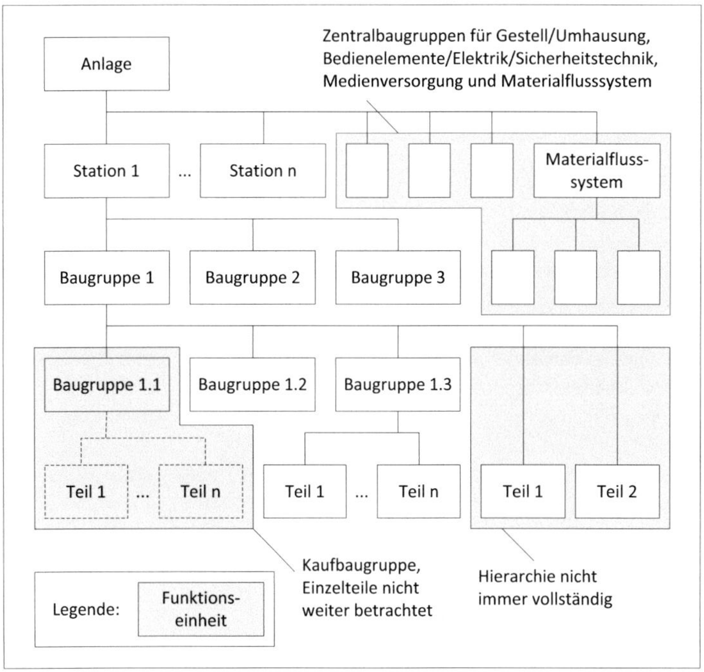

Abbildung 39 – Anlagenmodell

Anhand des Modells lassen sich verschiedene Charakteristika von Montageanlagen feinwerktechnischer Produkte erläutern:

1. Die Gliederungstiefe variiert mit der Komplexität der Montageanlage. Im betrachteten Referenzunternehmen sehen die Regeln zur Zeichnungsnummerierung bis zu vier Stufen vor, wie in der Abbildung dargestellt.
2. Häufig werden Kaufkomponenten unterschiedlicher Komplexität eingesetzt. Dabei kann es sich um Einzelteile oder zugekaufte Prozessstationen handeln. Deren innere Struktur wird nicht weiter betrachtet und würde die Anzahl der Strukturstufen stark erhöhen.
3. Die Strukturelemente der obersten Stufe werden Stationen genannt und korrespondieren lose mit der Prozessstruktur aus Kapitel 4. Über 50% der Stationen realisieren genau einen Prozessschritt. Es gibt aber auch zahlreiche Fälle, bei denen mehrere Prozessschritte in einer Station realisiert werden oder für einen Prozessschritt mehrere Stationen notwendig sind. Manche Stationen lassen sich überhaupt keinem Prozessschritt zuordnen (Typischer Fall: Ein- und Ausgabe des Basisteils, bzw. des Endproduktes).
4. Meist ergibt sich ein Grundaufbau, bei dem mehrere Stationen durch ein Materialflusssystem verkettet sind und das Produkt, bzw. seine Fertigungszwischenstände (*Basisteil*) sequentiell alle Stationen durchlaufen. Vorverarbeitungen der zu fügenden Teile (*Fügeteile*) werden dann innerhalb einer Station realisiert. Gründe für Abweichung können sein:
   - Ein Fertigungszwischenstand ist nicht ohne weiteres transportierbar, sodass mehrere Schritte an einem Ort kombiniert werden müssen.
   - Stationen müssen mehrfach aufgebaut werden, entweder um den Durchsatz zu erreichen, oder um Produktvarianten verarbeiten zu können.
   - Geringe Durchsatzanforderungen und technologische Randbedingungen erlauben Kosteneinsparungen durch Kombination mehrere Prozessschritte in einer Station.
   - Das Basisteil muss von unterschiedlichen Seiten bearbeitet werden.
5. Bei komplexeren Anlagen können auch mehrere unterschiedliche Materialflusssysteme in einer Anlage kombiniert werden. Oft geht das mit einem Wechsel von einem rein linearen Materialfluss zu einer verzweigten Struktur einher.
6. Die Definition der Stationsgrenzen orientiert sich an den *„Haltestellen"* des Materialflusssystems (Stopper am Doppelgurtbandtransfer, Teilungen eines Rundschalttisches, etc.) und wird immer dann schwierig, wenn Sonderbauformen der Stationsverkettung zum Einsatz kommen (z.B. Weiterschieben, Direktübergabe).
7. Nicht alle Funktionseinheiten einer Anlage lassen sich den die Prozessschritte realisierenden Stationen zuordnen. Dabei handelt es sich u.a. um Gestell und Umhausung, sowie um zentrale Einheiten des Materialflusssystems, der Steuerung, Sicherheitstechnik und Bedienung, sowie der Medienversorgung.

5.5.2 Klassifizierung von Funktionseinheiten

Zur Identifikation bereits realisierter Anlagenkomponenten mit ähnlichen Eigenschaften, wie die in einem aktuellen Projekt benötigten, müssen die Komponenten geeignet klassifiziert werden.

Die Schwierigkeit, ein schlüssiges System zur eindeutigen Klassifizierung *aller* denkbaren Montageanlagenbaugruppen zu definieren, zeigt sich an der Gliederung des Messekataloges der internationalen Montage-Fachmesse MOTEK (Tabelle 22) /MOT-11/.

Tabelle 22 – Technologiegliederung MOTEK /MOT-11/

Montage		
Bestückungsautomaten	Montagetische	Industrieroboter
Handhabung		
Beladeeinrichtungen	Vibrationswendelförderer	Füllvorrichtungen
Bunker	Linearachsen	Förderbänder
Bunkerrinnen	Magazine	Greifsysteme
Dosiervorrichtungen	Paletten	Speicher
Entwirrgeräte	Positioniereinheiten	Vereinzelungsvorrichtungen
Greifer(elektrisch, pneumatisch, mechanisch, Vakuum)		
Fügen		
Klebeinheiten	Schraubautomaten	Presseinheiten
Löteinheiten	Schweißeinheiten	Verpackung
Nieteinheiten	Spanneinrichtungen	
Antreiben		
Drucklufteinheiten	Rollenbahn	Mechanische Positioniersysteme
Führungselemente	Rundschalttisch	Transfereinheiten
Steuern		
Bedruckeinrichtungen	Software	Zähler
Kennzeichnungseinrichtungen, Codierung		Sensoren (induktiv, kapazitiv, optisch)
Prüfen		
Bildverarbeitung	Prüf- und Sortiersysteme	Erkennungssysteme
Dichtheitsprüfgeräte	Prüfeinheiten	Schutzeinrichtungen
Einpresskraft- Überwachungssysteme		
Integrierte Systeme		
Recycling	Oberflächenbehandlung	

Mehrere Probleme werden offensichtlich:

1. Die Kategorien beschreiben Komponenten unterschiedlicher Komplexität. Eine Komponente kann einer Kategorie zugeordnet werden und Komponenten einer anderen Kategorie enthalten (Bsp: *Presseinheiten* haben integrierte *Einpresskraft- Überwachungssysteme*).
2. Es lässt sich kein eindeutiges Klassifizierungskriterium für die Unterscheidung der Kategorien definieren (Bsp.: *Bestückungsautomaten, mechanische Positioniereinheiten*, etc. sind auch *„Integrierte Systeme", Bedruckeinrichtungen* sind *Kennzeichnungseinrichtungen*).
3. Komponenten können nicht eindeutig einer der Kategorien zugeordnet werden.
4. Die Auflistung ist nicht detailliert genug, um das schnelle Auffinden von Komponenten mit bestimmten Eigenschaften zu unterstützen.
5. Die Auflistung deckt die Bandbreite an Komponenten nicht vollständig ab.

Es ist allerdings zu berücksichtigen, dass die Aufzählung eher als Schlagwortsammlung gedacht ist und vor allem Komponenten berücksichtigt, die für die Herstellung als kaufbares Serienprodukt geeignet sind. Aussteller können sich in mehrere Kategorien einordnen.

Zusätzlich zur Lösung der beschriebenen Probleme bestehen folgende Anforderungen an eine Klassifizierungsstruktur für Funktionseinheiten von Montageanlagen:

1. Der Aufwand zur Klassifizierung bestehender Lösungen muss im richtigen Verhältnis zum Nutzen stehen. Die Klassifizierungsgesichtspunkte sind auf Ihren Beitrag zur Erkennung von Wiederverwendbarkeit zu prüfen.
2. Eine Komponente soll möglichst eindeutig einem Gliederungspunkt zugeordnet werden. Mehrfacheinträge sind durch die Gestaltung der Struktur zu minimieren.
3. Die Struktur soll an zukünftige Verschiebungen des Entwicklungsschwerpunktes anpassbar sein.

Im Rahmen der Arbeit wurde durch Analyse einer großen Zahl von Montageanlagen, Expertengespräche und Berücksichtigung einschlägiger Literatur /HES-10, VDI-2860, WOL-04/ eine solche Struktur erarbeitet. Tabelle 23 zeigt die Haupt- und ausgewählte Unter-Gliederungspunkte.

Tabelle 23 – Struktur zur funktionsorientierten Klassifizierung von Anlagenkomponenten

1. Stationsverkettung	8. Kontaktieren (Produkt, temporär)[1]
2. Handhabungstechnik	9. Kraft erzeugen
2.1. Handlings (ohne Roboter)	10. Energieeintrag (außer Temperatur)
2.2. Industrieroboter	10.1. UV-Strahlung
2.3. Greiftechnik	10.2. Ultraschall
2.4. Schüttgutzuführung	10.3. Laser
2.5. Handhabung von Bändern ...	11. Hydraulik
3. Elektrische Antriebstechnik	12. Industrielle Bildverarbeitung
4. Pneumatik	13. Sensorik
5. Kabel- und Schlauchverlegung	14. Manuelle Tätigkeiten
6. Temperatur ändern	15. Gestellaufbau
7. Dosiertechnik	16. Steuerungskomponenten

[1] Hierbei handelt es sich um temporäres Kontaktieren des Produktes, z.B. für elektrische Prüfungen oder das Beschreiben elektronischer Datenspeicher, aber auch um fluidisches Kontaktieren, z.B. um ein Produkt für eine Dichtheitsprüfung mit einem Solldruck zu beaufschlagen. Es sind keine Fügeverfahren zum Herstellen einer leitfähigen Verbindung gemeint.

Eine detailliertere Aufstellung mit mehrstufigen Unterkategorien findet sich in Anhang E.3 – *„Anlagenkomponenten"*. Der Anspruch der Arbeit besteht dabei nicht darin, eine Klassifizierungsstruktur für jedes Detail festzulegen, sondern die Grundlage für ein anpassbares System zu schaffen.

Ähnlich wie bei den bisher vorgestellten Prozess- und Produktklassifizierungen sieht eine Verwendung in der Praxis zunächst nur die Klassifizierung auf hohen Strukturstufen vor. Erst bei Erreichen einer kritischen Menge an Beispielen wird die Gliederung dann durch weitere Stufen präzisiert (Siehe dazu Abschnitt 5.9.1). Durch die hohe Vielfalt der Funktionseinheiten und die schwierige Abgrenzung der zu klassifizierenden Elemente in einer mehrstufigen hierarchischen Baustruktur wird auch hier das Prinzip der Betrachtung *interessanter* Aspekte angewendet. Teilweise wurden die Gliederungspunkte mit Hinblick auf die Identifikation von Standardisierungspotential vorgeschlagen. Darauf wird im Kapitel 7 (*„Standardisierung"*) näher eingegangen.

Eine Station oder Anlage wird einem Gliederungspunkt zugeordnet, wenn sie ein passendes Element *enthält*. Eine Station kann damit mehreren Punkten zugeordnet werden. Nicht jede Baugruppe muss einem Punkt zugeordnet werden.

Die vorgestellte Struktur ordnet Komponenten entsprechend Ihrer *Funktion*. Überschneidungen wurden (zumindest auf den hohen Strukturstufen) auf ein Minimum beschränkt, konnten aber nicht vollständig ausgeschlossen werden. (Eine Ausnahme stellen zum Beispiel elektrische Antriebe dar, die in fast allen anderen Einheiten vorkommen.)

Weiterhin wurden bewusst keine Lieferanten oder Produktbezeichnungen zur Klassifizierung verwendet. Diese Informationen sind in den meisten Unternehmen bereits über softwarebasierte Bestellsysteme einfach abrufbar.

Außerdem wurden Dopplungen mit den bereits existierenden Prozess- und Produktklassifizierungen vermieden. Z.B. existieren keine Gliederungspunkte für Schraubeinheiten und Messgeräte. Hintergrund ist die Reduzierung des Klassifizierungsaufwandes. Diese Funktionseinheiten sind anhand der damit realisierten Produktionsverfahren auffindbar.

5.6 Klassifizierung nach Gestaltungsgesichtspunkten

5.6.1 Grundprinzip

Die vierte und letzte Möglichkeit der Gliederung von Sachwissen zur Montageanlagenentwicklung stellen sogenannte *Gestaltungsgesichtspunkte* dar. Damit kann beschrieben werden, mit welchen Mitteln, Prinzipien und Werkzeugen bestimmte Arten von Anforderungen erfüllt werden können. In der einschlägigen Literatur zur Konstruktionsmethodik und Montagetechnik finden sich Richtlinien zur anforderungsgerechten Gestaltung für ausgewählte Aspekte. Tabelle 24 listet sie auf und kommentiert kurz die Bedeutung für die Entwicklung von Montageanlagen feinwerktechnischer Produkte.

Im Anhang E.4 – *„Gestaltungsgesichtspunkte"* ist exemplarisch eine Wissensgliederung für das wichtige Gebiet der Maschinensicherheit dargestellt. Strategien zur flexiblen Gestaltung werden im folgenden Abschnitt beschrieben. Andere Gesichtspunkte wurden im Rahmen dieser Arbeit nicht näher betrachtet. Grundsätzlich lässt sich jedoch jeder Gesichtspunkt anhand der Anforderungen und anhand der Lösungsprinzipien systematisieren.

Tabelle 24 – Gestaltungsgesichtspunkte bei der Montageanlagenentwicklung

Gestaltungsgesichtspunkt	Quelle	Relevanz für Montageanlagenbau
Ausdehnungsverhalten	/PAH-06/	Relevant
Kriech- und Relaxationsverhalten	/PAH-06/	Durch die üblichen Temperaturen und eingesetzten Materialien nicht relevant
Alterung (Korrosion, Verschleiß, Haltbarkeit, Formänderung, Stabilität)	/PAH-06/	Relevant, siehe Spezialisierung *Material und Oberflächen* in Anhang D.2 (deckt Thema aber nur teilweise ab)
Ergonomie	/PAH-06/	Relevant
Formgebung, Ästhetik, Design	/PAH-06/	Relevant
Herstellung (Fertigung, Montage)	/PAH-06, LIN-11/	Relevant, siehe Spezialisierung *kostengünstige Konstruktion* in Anhang D.2 (deckt Thema aber nur teilweise ab)
Instandhaltung und Wartung	/PAH-06/	Relevant
Recycling, Nachhaltigkeit	/PAH-06, LIN-11/	Relevant, siehe u.a. Kapitel zur *Wandlungsfähigkeit*
Risiko, Gefährdung Sicherheit, Zuverlässigkeit	/PAH-06, LIN-11/	Relevant, bei der Entwicklung von Montageanlagen zwei separate Themen; *Maschinensicherheit* und *Verfügbarkeit* (Zuverlässigkeit), siehe u.a. Spezialisierung *Maschinensicherheit* in Anhang D.2
Normenerfüllung	/PAH-06/	Normen betreffen alle anderen Gestaltungsgesichtspunkte
Gewicht	/LIN-11/	Bedingt relevant (bei bewegten und Wechselteilen)
Variantenvielfalt	/LIN-11/	... des entwickelten Produktes (hier: Montageanlage). Entspricht im Sondermaschinenbau im weitesten Sinne den Themen *Wiederverwendung* und *Standardisierung*.
Flexibilität	-	Relevant. Betrifft diese Arbeit als Ganzes.
Emissionen und Immissionen	/LOT-06/	Relevant. Reinraumtauglichkeit, EMV, ESD (Spezialisierung in Anhang D.2), etc.
Hochleistungsmontage	/LOT-06/	Relevant. Montagespezifisch
Mikromontage (Präzision)	/LOT-06/	Relevant. Montagespezifisch
Qualitätsmanagement	/LOT-06/	Relevant. Montagespezifisch (Produktionsspezifisch)

Bei einigen der Gesichtspunkte könnte die Wiederverwendung von Lösungsprinzipien schon durch eine einfache Klassifizierung von Projekten nach dem Prinzip *„besondere Anforderungen an Gestaltungsgesichtspunkt [...] wurden gestellt“* gefördert werden. So sind folgende einfache Beispiele der Klassifizierung von ganzen Projekten, bzw. Montageanlagen nach Gestaltungsgesichtspunkten vorstellbar:

- Erhöhte ESD-Anforderungen (weil Produkt empfindlich)
- Reinraumklasse XY gefordert
- Geforderter Durchsatz höher als 1800 Teile/h
- Verfügbarkeit höher als 95%
- Sonderversorgungsspannung

5.6.2 Flexibilitätsstrategien

Der Schwerpunkt der Arbeit auf Montageanlagen für variantenreiche Produkte legt eine nähere Betrachtung des Gestaltungsgesichtspunktes Flexibilität nahe. Dazu wurde durch Analyse einer großen Anzahl von Montageanlagen und ergänzende theoretische Überlegungen eine Systematik der Strategien zur Gestaltung flexibler Montageanlagen erarbeitet. Sie stellt einerseits einen Gesichtspunkt für die Klassifizierung der im Wissensmanagementsystem dokumentierten Lösungsbausteine dar und unterstützt andererseits die Generierung von Alternativen bei der Entwicklung neuer Lösungen.

Tabelle 25 bietet eine Übersicht der Strategien und nennt Beispiele für die verschiedenen Strukturstufen von Montageanlagen.

Tabelle 25 – Beispiele für die Anwendung von Flexibilitätsstrategien

<table>
<tr><th>Strategie</th><th>Beschreibung</th><th>Station</th><th>Baugruppe</th><th>Teil</th></tr>
<tr><td>Passive Flexibilität</td><td>Einheit neutral gegenüber variablen Merkmalen</td><td colspan="3">Farbunabhängige Anwesenheitssensoren bei Farbvarianz
Greifen an einheitlichen geometrischen Konturen
Produkt mit variablen Maßen als Bewegungsbegrenzung</td></tr>
<tr><td>Aktive Flexibilität</td><td>Variables Verhalten, durch Software parametrierbar</td><td colspan="3">Pose oder Bewegungstrajektorie von Robotern
Auswertung von digitalen Bildaufnahmen bei kamerabasierten Kontrollverfahren
Alternativen im Programmablauf (Optionale oder alternative Aktionen)</td></tr>
<tr><td>Mehrfach-Funktionseinheiten</td><td>Alternativen fest in Anlage eingebaut, Wahl durch Software</td><td>Variantenspezifische Stationen</td><td>Mehrfache Zuführeinheiten
Revolvergreifer</td><td></td></tr>
<tr><td>Wechsel-Funktionseinheiten</td><td>Alternativen werden manuell oder automatisch ausgetauscht</td><td></td><td>Austauschbare Zuführeinheit
Wechselgreifer
Wechselwerkzeug
Wechseladapter</td><td>Wechsel-greiferfinger</td></tr>
<tr><td>Manuelle Verrichtungen</td><td>Aufgabe wird manuell durchgeführt</td><td>Manuelle Prozessschritte</td><td>Manuelle Teilezuführung</td><td></td></tr>
</table>

Ähnliche Gliederungen wurden auch schon in anderen Arbeiten vorgestellt, sie bilden jedoch nur einige der Strategien ab oder betreffen ganz spezielle Verfahren oder Anlagenkomponenten. So wird z.B. in /WAR-96/ bei der Gestaltung flexibler Montagewerkzeuge und Greifer zwischen *Mehrfachanordnungen* und *Austauschen* unterschieden. Im Forschungsprojekt PRONA wird zwischen *„Basisflexibilität"* (aktive Flexibilität) und *„Erweiterter Flexibilität"* (Wechselfunktionseinheiten) unterschieden /BAU-04/.

Die fünf genannten Strategien können grundsätzlich auf verschiedene Produktionsverfahren, bzw. Anlagenkomponenten angewendet werden. Mehrere Beispiele (Roboter, Bildverarbeitungssysteme, Lasertechnik), insbesondere für aktive Flexibilität wurden bereits im einleitenden Abschnitt 2.1.6 (*„Flexible Montageanlagen")* genannt. Die vorgestellten Mittel zur Wissensgliederung können genutzt werden, um die Identifikation und Bewertung solcher Lösungen zu erleichtern.

In den folgenden Abschnitten sollen die Strategien näher vorgestellt werden.

5.6.3 Passiv flexible Funktionseinheiten

Bei der passiven Flexibilität werden Funktionseinheiten so gestaltet, dass sie *„neutral"* gegenüber den variablen Merkmalen der verarbeiteten Produkte sind. Der Begriff *„passiv"* drückt aus, dass Verhalten und Struktur der Funktionseinheit nicht an unterschiedliche Varianten angepasst werden müssen. Beispiele:

- Auswahl von Anwesenheitssensoren, die nicht durch die Farbe des Werkstücks beeinflusst werden (induktiv statt optisch, bei Varianten mit unterschiedlicher Farbe).
- Greifen, bzw. Aufnehmen an Konturen, die einheitlich sind für mehrere Geometrie-Varianten.
- Teil in variabler Größe ist selbst Begrenzung für Bewegung von Funktionseinheiten (z.B. Greifer, Niederhalter, etc.).

Passive Flexibilität ist meist das einfachste und kostengünstigste Mittel zur Variantenbeherrschung und sollte deshalb vorzugsweise eingesetzt werden. Viele variable Merkmale lassen sich jedoch nicht oder nur mit Kompromissen berücksichtigen. So kann z.B. das Greifen an einer Einheitskontur (dem kleinsten gemeinsamen Nenner) weniger sicher sein, als an variablen Konturen.

5.6.4 Aktiv flexible Funktionseinheiten

Aktive Flexibilität bezeichnet die Fähigkeit von Funktionseinheiten, sich softwaregesteuert unterschiedlich zu *verhalten*. Das Verhalten wird dabei an unterschiedliche Ausprägungen variabler Merkmale durch Parametrierung angepasst. Beispiele:

- Frei programmierbare Pose oder Bewegungstrajektorie von Robotern oder einfacheren Handhabungseinheiten mit elektrischen Positionierantrieben.
- Frei programmierbare Auswertung von digitalen Bildaufnahmen bei kamerabasierten Inspektionsverfahren.
- Alternativen im Programmablauf einer Prozessstation (Optionale oder alternative Aktionen).
- Anzahl der Wiederholungen einer Aktion (z.B. bei der Bestückung von Kontakten).
- Unterschiedliche Werte für Prozessparameter (z.B. Einpresskraft, Sollwerte bei Prüfprozessen, Temperaturen, etc.).

Ein wichtiges Thema bei aktiver Flexibilität ist das Parametrier- und Programmierkonzept. Werden die Merkmalsausprägungen konkreter Produkte fest im Programm hinterlegt, erfordern zusätzliche Produktvarianten eine Änderung des Programms und verursachen dadurch vermeidbare Kosten, Zeitverzögerungen und das Risiko von Fehlern. Werden Verhaltensalternativen hingegen durch Parameter (oder bei hoher Komplexität durch eine Skriptsprache) abgebildet, können neue Produktvarianten ohne die genannten Nachteile integriert werden, so lange sie den vorgesehenen Flexibilitätsrahmen nicht verlassen. Für jede Produktvariante wird in diesem Fall ein Parametersatz angelegt, der vor Beginn der Produktion manuell ausgewählt wird.

Eine weitere Komfortsteigerung stellen Funktionseinheiten dar, die sich automatisch an Produktvarianten anpassen. Dabei ist wiederum zu unterscheiden in:

- Automatische Auswahl von Parametersätzen anhand von automatisch detektierten variantenspezifischen Merkmalsausprägungen.
- Automatische Anpassung an Merkmalsausprägungen ohne Parametrierung.

Die erste Möglichkeit kann insbesondere bei Produkten mit speziellen Identifizierungsmerkmalen, wie Bar- oder Matrixcodes genutzt werden. Die Kennzeichnungen enthalten häufig eine Variantenangabe, bzw. ermöglichen deren automatischen Abruf aus einer Datenbank. Ist die eindeutige Identifizierung durch ein solches Merkmal sichergestellt, reduziert sich die Aufgabe auf die Gestaltung der Steuerungssoftware.

Die zweite Möglichkeit wird in der Praxis kaum genutzt, da kein reproduzierbares Ergebnis sichergestellt werden kann. Inspektions-Prozessschritte, die bei den meisten Montageaufgaben erforderlich sind, führen einen Soll-Ist-Vergleich durch, sodass dort eine Vorgabe zwingend erforderlich ist.

Die Strategie aktiver Flexibilität kommt sowohl bei Prozessstationen, als auch bei Stationsverkettungssystemen zum Einsatz. Im letzteren Fall ist dann die Sequenz durchgeführter Prozessschritte variabel. Je nach Art des Verkettungsprinzips können Stationen nur übersprungen werden (Rundschalttisch, lineares Gurtbandtransfersystem) oder ihre Reihenfolge ist ohne Einschränkungen frei konfigurierbar (Roboter als Zentralhandling).

Aktive Flexibilität erfordert intelligente, bzw. programmier- oder parametrierbare und damit kostenintensive Funktionseinheiten. Häufig wird deshalb geprüft, ob die Anforderungen durch Mehrfach- oder Wechselfunktionseinheiten erfüllt werden können.

5.6.5 Mehrfach-Funktionseinheiten

Bei Mehrfach-Funktionseinheiten werden mehrere variantenspezifische Exemplare einer Funktionseinheit in die Anlage integriert, die alternativ zum Einsatz kommen[1]. Sie sind dabei alle gleichzeitig und fest eingebaut. Beispiele:

- Variantenspezifische Prozessstationen
- Variantenspezifische Greifer

Mehrfachfunktionseinheiten können nur in Kombination mit weiteren flexiblen Funktionseinheiten, die eine Auswahl des passenden Exemplars ermöglichen, eingesetzt werden. Bei den genannten Beispielen wären das ein flexibles Stationsverkettungssystem und eine flexible Handhabungseinheit, an der die Greifer befestigt sind. Der Vorteil von Mehrfachfunktionseinheiten ist die Vermeidung von Zeitverlusten durch Umrüsten.

5.6.6 Wechsel-Funktionseinheiten

Bei Wechsel-Funktionseinheiten[2] kommen in der Regel ebenfalls mehrere Exemplare einer Einheit zum Einsatz. Anders als bei Mehrfacheinheiten ist jedoch immer nur ein Exemplar in die Anlage eingebaut und es existiert eine definierte *Wechselschnittstelle*. Durch die sich daraus ergebende Mobilitätsanforderung kommt die Strategie vorrangig bei kleineren Einheiten der niedrigeren Strukturstufen zum Einsatz. Beispiele:

- Hauptbaugruppen von Stationen (z.B. mobile Zuführeinrichtungen)
- Unterbaugruppen von Stationen (z.B. Wechselwerkstückträger, Wechselgreifer, Wechselkontaktierungsadapter)
- Einzelteile (z.B. Greiferfinger, Wechselanschläge)

[1] Mehrfache Funktionseinheiten können auch zur Leistungs-, insbes. Durchsatzsteigerung zum Einsatz kommen, dann sind die Exemplare aber typischerweise identisch.

[2] In der Praxis wird dafür wird oft der Begriff *Wechselteil* verwendet, auch wenn es sich um eine Baugruppe handelt.

Zu dieser Flexibilitätsstrategie zählen auch Einheiten, die in unterschiedlicher Position oder Orientierung in die Anlage eingebaut werden können (z.B. der verstellbare Anschlag einer Säge für Stangenmaterial). Damit besteht bei den Wechsel-Funktionseinheiten eine Analogie zur Klassifizierung variabler Produktmerkmale des Typs *Struktur* (siehe Abschnitt 4.3.2 – *„Klassifizierung und Ausprägungsbereich variabler Merkmale"*). Ebenso wie diese kann die Wechseleinheit *optional*, in *variabler räumlicher Lage*, in *variabler Anzahl* oder *variablen Typs* sein.

Darüber hinaus lassen sich Wechseleinheiten nach dem Automatisierungsgrad des Umrüstprozesses klassifizieren:

1. Anlage kann Einheiten automatisch wechseln, Wechseleinheiten befinden sich in anlagenintegriertem Magazin.
2. Wechseleinheiten müssen manuell gewechselt werden, Anlage kann aber eingebautes Exemplar identifizieren und Eignung für gewählte Produktvariante prüfen.
3. Manueller Wechsel, keine Identifizierung, keine Eignungsprüfung.

Für die Wahl des Automatisierungsgrades sind Fragen des Qualitätsmanagements, der Umrüstzeit und der Kosten ausschlaggebend.

Vorteile von Wechseleinheiten gegenüber Mehrfacheinheiten sind die (typischerweise) geringeren Betriebsmittel-Kosten (*„Auswahleinheit"* entfällt, Wechselschnittstelle kommt hinzu) und die höhere Anzahl möglicher Wechselteil-Exemplare (praktisch unbegrenzt). Von Nachteil sind die Verfügbarkeitsverluste durch Rüstzeiten und das Risiko von Fehlrüstungen durch den Bediener.

Eine Möglichkeit, die Vorteile mehrerer Strategien zu vereinen, bietet deren Kombination. So erlaubt es z.B. die Ausstattung von Doppelstationen mit Schnittstellen für Wechseleinheiten, dass eine Station aktiv ist, während die andere bereits (manuell) für den Folgeproduktionsauftrag umgerüstet wird, ohne dadurch die Verfügbarkeit zu verringern.

Ein anderes Beispiel ist eine Station zur Bauteilbestückung mit automatisch wechselbaren Greifern, die jedoch weniger Magazinplätze als insgesamt verfügbare Greiferalternativen besitzt. Die Gestaltung des Magazins erlaubt einen Austausch der Greifer ohne Anlagenunterbrechung. Hier werden zwei Automatisierungsgrade des Prinzips Wechsel-Funktionseinheit kombiniert, ebenfalls mit dem Ziel, Verfügbarkeitsverluste durch Umrüsten zu verringern.

5.6.7 Manuelle Verrichtungen

Die fünfte Strategie betrifft manuell verrichtete (Montage-)Tätigkeiten. Sie sind potentiell hochflexibel und erfordern geringe Investitionen in Betriebsmittel, sind aber potentiell fehleranfällig und in der Leistung begrenzt. Sie sind der Vollständigkeit halber mit aufgeführt, werden aber im Rahmen dieser Arbeit nicht näher betrachtet. Beispiele:

- Vollständig manuell durchgeführte Prozessschritte, z.B. in hybriden Anlagen (Mischung von automatischen und manuellen Stationen)
- Manuelles Zuführen und Entnehmen von Teilen und Baugruppen (z.B. Unterscheidung nach Kopplungsart mit Anlagentakt)

5.7 Vernetzung der Wissensgliederungen

Die vier vorgestellten Systeme zur Wissensgliederung sind geeignet, Sachwissen zur Montageanlagenentwicklung geeignet zu gliedern und zu ordnen. Vereinzelt wurde bereits darauf eingegangen, dass bestimmte Informationen in verschiedene Systeme, bzw. an verschiedene Stellen eines Systems passen würden („*Kennzeichnungsverfahren nutzen Fertigungsverfahren*", „*verfahrensspezifische Funktionseinheiten*", etc.).

Um alle relevanten Beispiele zu einem Gliederungspunkt zur Verfügung zu stellen, müssten Projektunterlagen, bzw. deren Elemente mehrfach eingeordnet werden. Um diesen Aufwand zu reduzieren und die Wahrscheinlichkeit von Fehlern zu verringern, ist eine Vernetzung der Gliederungspunkte der vier vorgestellten Systeme vorgesehen. Vernetzung bedeutet, dass die Gliederungspunkte aufeinander verweisen können. Das hat den Vorteil, dass die Verknüpfungen zwischen den Gliederungspunkten der Systeme bestehen, nicht jedoch zwischen den Elementen der Beispielprojekte. Dadurch müssen Sie nicht mehrfach für jedes Projekt, sondern nur einmalig angelegt und selten geändert werden.

Die Projekte müssen dadurch deutlich weniger Gliederungspunkten zugeordnet werden. In einigen Fällen wurden Regeln aufgestellt, welcher Gliederungspunkt vorzugsweise zu verwenden ist. So werden z.B. Kennzeichnungs-Prozessschritte keinem Fertigungsverfahren zugeordnet, da eine allgemeine Verknüpfung zwischen den Kennzeichnungsverfahren und den genutzten Fertigungsverfahren besteht. Tabelle 26 nennt weitere Beispiele für Querverbindungen.

Tabelle 26 – Beispiele für die Vernetzung von Wissens-Gliederungspunkten

Verknüpfte Gliederungspunkte	Beispiel
Kennzeichnungsverfahren Fertigungsverfahren	*Laserkennzeichnen* ist mit Fertigungsverfahren *Stoffeigenschaft ändern* verknüpft.
Art der Ein- und Ausgabe Fertigungsverfahren	*Heißversiegelter Blistergurt* ist mit Fertigungsverfahren *Kunststoffschweißen* verknüpft.
Produkteigenschaft Art der Ein- und Ausgabe	*Heißversiegelter Blistergurt* ist mit Produkteigenschaft *Transparenz* verknüpft, da teilweise transparente Kunststoffblistergurte eingesetzt werden.
Produktionsverfahren Anlagenkomponente	Anlagenkomponenten zum *Aufbringen hoher Kräfte* sind mit den Fertigungsverfahren *An- und Einpressen, Umformen, Biegen, Zerteilen* und *Scherschneiden/Stanzen* verknüpft.
Gestaltungsgesichtspunkt Produktionsverfahren	Das Fertigungsverfahren *Umspritzen* ist mit dem Gestaltungsgesichtspunkt *Sicherheitstechnik – Integration von Fremdkomponenten* verknüpft, meist muss eine Spritzgussmaschine be- und/oder entladen werden, wobei eine sicherheitstechnische Verknüpfung der Spritzgussmaschine und der Montageanlage notwendig ist.

5.8 Beurteilung der Allgemeingültigkeit

Die vorgestellten Gliederungssysteme für die Klassifizierung von Prozessschritten und Montageobjekten wurden anhand ausgewählter Entwicklungsprojekte erarbeitet. Um die Übertragbarkeit auf weitere Projekte zu beurteilen, wurden sie auf die Projekte des Referenzunternehmens im Jahr 2011 angewendet (Anhang A). Für jedes Projekt wurden folgende Kriterien überprüft:

1. Die vollständige Zerlegung des Produktes in Montageobjekte soll möglich sein.
2. Alle ein- und ausgehenden Montageobjekte lassen sich einer der aufgeführten Arten der Ein- und Ausgabe zuordnen.
3. Die Zerlegung der Montageaufgabe in Prozessschritte ist möglich.
4. Jeder Prozessschritt kann entsprechend der Regeln in Anhang F genau einem Produktionsverfahren zugeordnet werden.

Die aufgeführten Kriterien konnten bei jedem der analysierten Projekte vollständig erfüllt werden.

Um die Unabhängigkeit von unternehmensspezifischen Randbedingungen zu bewerten, wurde die Methode darüber hinaus auf ein Entwicklungsprojekt der Firma Phoenix Contact angewendet und konnte ebenfalls ohne Anpassungen erfolgreich genutzt werden (Anhang B.2).

Eine weitergehende Übertragbarkeit wird im abschließenden Kapitel 9.3 („*Übertragbarkeit*") bewertet.

5.9 Integration in den Entwicklungsprozess

Zur sinnvollen Einordnung der vorgestellten methodischen Verbesserungen zum Management von Technologiewissen wird die Prozesslandkarte des bestehenden Entwicklungsprozesses erweitert. Folgende Prozesse werden hinzugefügt:

- Prüfung vorhandenen Wissens
- Klassifizierung von Anforderungen
- Dokumentation der Entwicklungsergebnisse
- Klassifizierung der Entwicklungsergebnisse

Abbildung 40 zeigt deren Einordnung in drei der Hauptprozesse mit Entwicklungsanteil.

Durch den iterativen Charakter der Entwicklung wiederholen sich mit steigender Präzisierung des Entwicklungsergebnisses und auch bei dem Wechsel der Entwicklungsdisziplin die Schritte *Prüfung vorhandenen Wissens* und *Dokumentation der Entwicklungsergebnisse* mehrfach. In diesem Zusammenhang ist die Abbildung auch nur als Prinzipdarstellung aufzufassen. In der Praxis wiederholen sich die Schritte für unterschiedliche Teile der Anlage, werden von mehreren Personen parallel bearbeitet und Schritte oder ganze Abschnitte werden iterativ durchlaufen oder übersprungen.

Die Einordnung in den nicht dargestellten Hauptprozessen *Elektroprojektierung* und *Softwareentwicklung* erfolgt analog der mechanischen Konstruktion. Während der Inbetriebnahme ergeben sich durch den Prototypcharakter der Montageanlagen typischerweise Änderungen, die alle drei Entwicklungsdisziplinen betreffen und eine abschließende Aktualisierung aller Entwicklungsunterlagen und der entsprechenden Abschnitte im Wissensmanagementsystem erfordern.

Die Prozesse zur Klassifizierung und Nutzung der Beispielprojekte werden in den folgenden Abschnitten beschrieben.

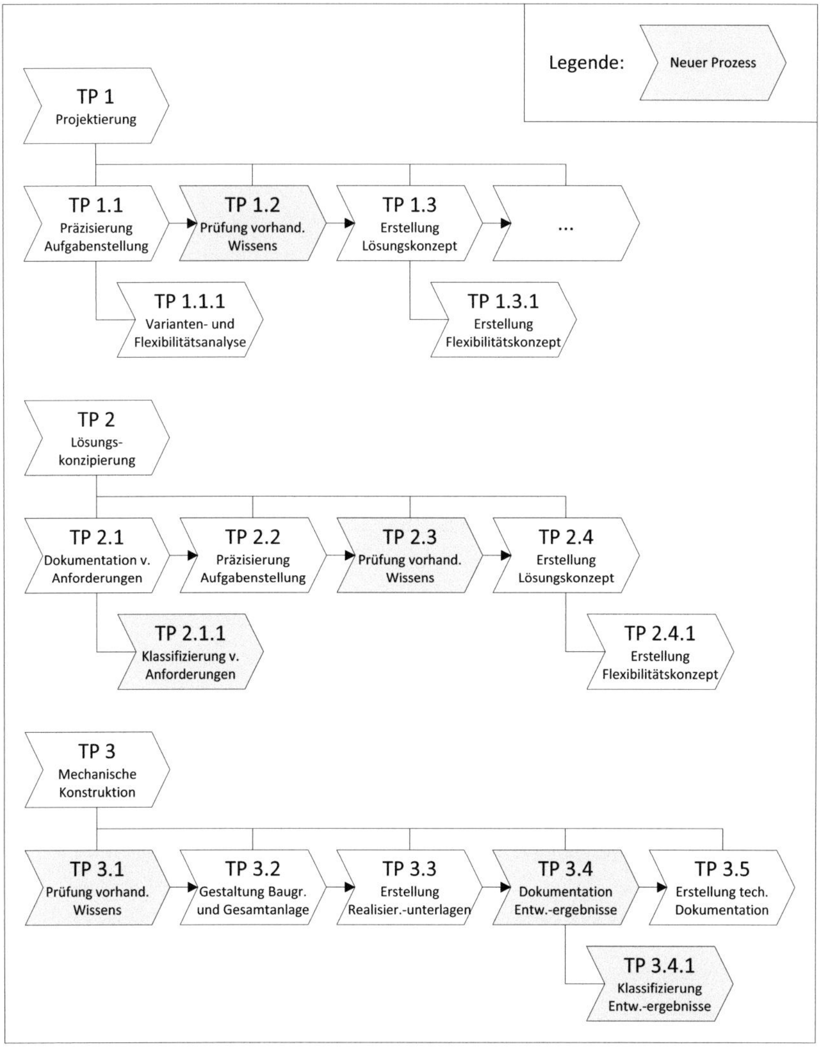

Abbildung 40 – Einordnung neuer Teilprozesse in den Kernprozess *Entwicklung Montageanlage*

5.9.1 Klassifizierung von Anforderungen und Entwicklungsergebnissen

Bei der Klassifizierung der Entwicklungsprojekte nach den vorgestellten Gliederungssystemen kann unterschieden werden, wie gut der Klassifizierungsvorgang formalisierbar (und damit reproduzierbar) ist. Das betrifft zwei unterschiedliche Aspekte:

1. Wie eindeutig sind die zu klassifizierenden Elemente (Montageobjekte, Prozessschritte, Funktionseinheiten, etc.) identifizierbar und voneinander abgrenzbar?
2. Wie eindeutig sind die zu klassifizierenden Elemente den Punkten eines Gliederungssystems zuzuordnen?

Aus den vorangegangenen Abschnitten geht hervor, dass die Antwort auf diese Fragen für die vier Gliederungssysteme unterschiedlich ausfällt (Tabelle 27).

Tabelle 27 – Reproduzierbarkeit der Klassifizierung der vier Gliederungssysteme

Gliederungssysteme	Identifizierung der Elemente	Klassifizierung der Elemente
Prozessmodell	+	+
Produktmodell	+	0
Anlagenmodell	0	0
Gestaltungsgesichtspunkte	-	-
Reproduzierbarkeit: + gut, 0 neutral, - schlecht		

Bei der Organisation der Projektklassifizierung müssen diese Unterschiede berücksichtigt werden. Zunächst lassen sich drei Arten beteiligter Personen, bzw. Rollen definieren:

1. Die **Projektbearbeiter** bilden das disziplinübergreifende Projektteam, das das zu klassifizierende Entwicklungsprojekt bearbeitet. Die Klassifizierung durch die Projektteams nutzt den Vorteil der detaillierten Projektkenntnis und den Umstand, dass sich die Arbeit auf viele Schultern verteilt. Für eine konsistente Klassifizierung müssen die Regeln jedoch sehr eindeutig sein.
2. Die **Wissensredaktion** ist eine Gruppe aus leitenden Mitarbeitern der Entwicklungsabteilungen, die die Gliederungssysteme pflegt und eine konsistente Anwendung durch Beratung und Prüfung sicherstellt. Die Klassifizierung durch eine kleine Gruppe von Personen stellt eine einheitliche Vorgehensweise auch bei schlecht definierbaren Gliederungspunkten sicher.
3. **Spezialisten** sind Mitarbeiter, die für einen ausgewählten Gliederungspunkt einer der Systeme verantwortlich sind. Spezialisten haben bei der Klassifizierung den Vorteil der Kenntnis ähnlicher Anwendungsfälle und detaillierten Wissens zu dem betrachteten Gesichtspunkt.

Darüber hinaus lassen sich zwei Vorgehensweisen bei der Projektklassifizierung unterscheiden:

1. Bei der **projektorientierten Vorgehensweise** werden die Projekte zu bestimmten Zeitpunkten des Entwicklungsprozesses unter den vier vorgestellten Gesichtspunkten betrachtet und entsprechend klassifiziert.
2. Bei der **themenorientierten Vorgehensweise** werden nachträglich ausgewählte Projekte anhand bereits erfolgter Klassifizierungen erneut betrachtet und unter neuen oder ergänzenden Gesichtspunkten präziser eingeordnet, bzw. mit zusätzlichen Zugriffsmerkmalen versehen.

Basierend auf diesen Überlegungen wurde eine Methodik zur Klassifizierung erarbeitet, die die Vorteile der unterschiedlichen Personen und Vorgehensweisen vereint. Tabelle 28 fasst die einzelnen Tätigkeiten zusammen. Eine detailliertere Beschreibung der projektorientierten Vorgehensweise findet sich in Anhang F – *„Vorgehensweise zur Projektklassifizierung"*.

Tabelle 28 – Tätigkeiten der Wissenklassifizierung

Tätigkeit	Wer	Wann
Projektorientierte Klassifizierung		
Klassifizierung von Anforderungen	Projektteam	Entwicklungsbeginn
Ergänzung der Anforderungsklassifizierung	Wissensredaktion	Entwicklungsbeginn
Klassifizierung des Entwicklungsergebnisses	Wissensredaktion	Entwicklungsabschluss
Themenorientierte Klassifizierung		
Erweiterung in der Breite	Wissensredaktion	Bei Bedarf
Erweiterung in der Tiefe	Spezialisten	Bei Bedarf

Dabei werden die Anforderungen zunächst durch das Projektteam, insbesondere durch den Vertriebsmitarbeiter, nach genau definierten Regeln klassifiziert. Zweifelsfälle und Gesichtspunkte, die stärker dem Ermessen unterliegen, ergänzt dann die Wissensredaktion. Die Entwicklungsergebnisse werden zunächst ausschließlich durch die Wissensredaktion klassifiziert, da sowohl Identifikation, als auch Klassifizierung der Elemente stärker der Ermessensfrage unterliegen. Ggf. lässt sich mit zunehmender Erfahrung auch diese Tätigkeit präziser beschreiben und den Projektteams übergeben.

Die themenorientierte Klassifizierung findet unabhängig von Projektterminen statt. Geht es darum, die Gliederungssysteme in der Breite zu erweitern, z.B. weil neue Arten von Produkten dazukommen, ist dafür die Wissensredaktion verantwortlich. Müssen bestehende Themen präziser unterteilt werden, sind dafür die Spezialisten verantwortlich. Beide Fälle können dazu führen, dass durch Änderungen in den Gliederungssystemen die Klassifizierung bereits abgeschlossener Projekte überarbeitet werden muss. Durch die bereits bestehende Klassifizierung kann die zu betrachtende Menge dabei jedoch eingeschränkt und so der Aufwand verringert werden.

5.9.2 Nutzung des dokumentierten Wissens

Ziel bei der Lösungssuche ist die Identifizierung möglichst umfangreicher und konkreter Entwicklungsergebnisse. In Abbildung 41 ist das Vorgehen in Form eines Flussdiagramms dargestellt. Die Anordnung der Symbole in drei Spalten spiegelt dabei die iterative Suche bezüglich des Funktionsumfangs wieder. So wird schrittweise überprüft, ob eventuell eine bereits realisierte vollständige Anlage die Anforderungen erfüllt, ob einzelne Stationen oder nur Baugruppen und Einzelteile wiederverwendet werden können. Innerhalb dieser Stufen sinkenden Funktionsumfangs wird wiederum versucht, zunächst möglichst konkrete Lösungen zu identifizieren und nur, wenn dies nicht zum Erfolg führt, auf abstraktere Wissensformen auszuweichen. Dies ist jedoch nur als grobe Zuordnung aufzufassen. So ist es vorstellbar, dass die Prüfung bereits realisierter Stationen keine unmittelbar wiederverwendbare Lösung aufzeigt, aber im Zuge einer Verwendung durch Anpassung oder durch Nutzung des Lösungsprinzips einzelne Baugruppen und Teile genutzt werden.

Abbildung 41 – Prüfung vorhandenen Wissens

Die Anforderungsspezifikationen werden für ein *indirektes* Auffinden von Entwicklungsergebnissen z.B. in der Lösungskonzeptphase verwendet. Die Suche erfolgt dabei in drei Schritten:

1. Analyse der Anforderungen des aktuellen Projektes.
2. Suchen nach abgeschlossenen Projekten mit ähnlichen Anforderungen.
3. Beurteilung der Entwicklungsergebnisse der gefundenen Projekte auf Nutzbarkeit.

Die Entwicklungsdokumentationen erlauben ein *direktes* Auffinden von Entwicklungsergebnissen, wozu jedoch ein erstes grobes Lösungskonzept Voraussetzung ist:

1. Analyse der Anforderungen des aktuellen Projektes.
2. Definition von Merkmalen notwendiger Lösungsbausteine.
3. Suchen nach abgeschlossenen Projekten mit entsprechenden Entwicklungsergebnissen.
4. Beurteilung der Entwicklungsergebnisse auf Nutzbarkeit.

5.9.3 Erweiterung des Wissensmodells

Die vorgestellten vier Gliederungssysteme bilden den Bereich *Sachwissen* des Wissensmodells ab (Abbildung 42). Das vorgestellte Anlagenmodell ist Grundlage für die projektspezifische Dokumentation der Entwicklungsergebnisse und ergänzt den Bereich *Situationswissen*.

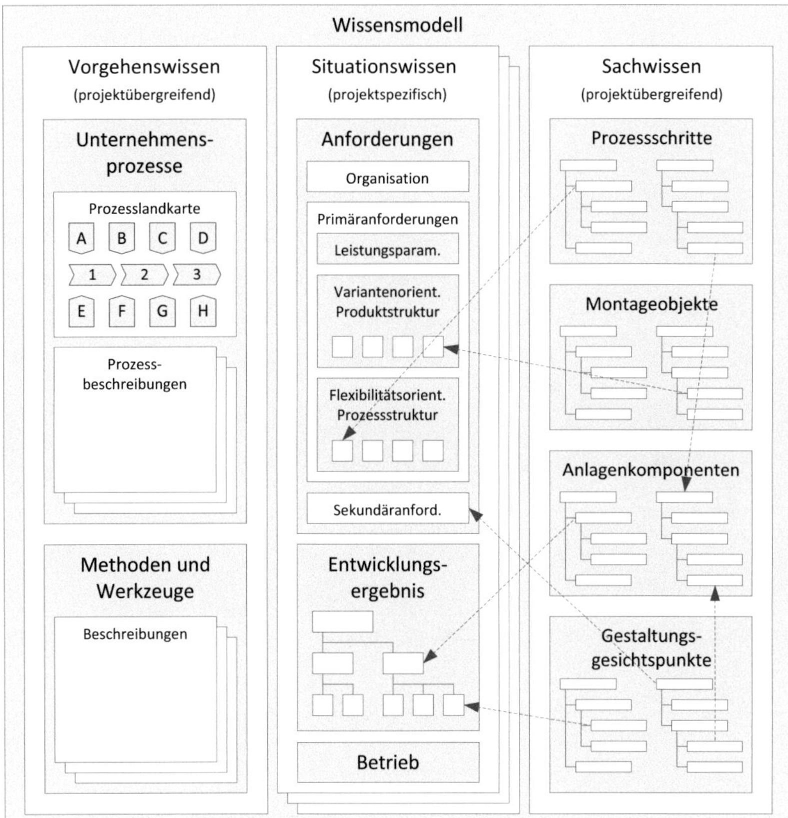

Abbildung 42 – Ergänzung des Wissensmodells durch Management von Technologiewissen

In den folgenden Kapiteln 6 und 7 wird nun dargestellt, wie die erarbeiteten Modelle und Methoden für weitere Optimierungen des Montageanlagen-Entwicklungsprozesses genutzt werden können.

6 Wandlung und Wandlungsfähigkeit

Wie im einleitenden Kapitel 1 beschrieben, besteht zunehmend der Bedarf, dass Montageanlagen, die während der Entwicklungsphase für ein definiertes Produktsortiment bestimmt waren, für weitere Produktvarianten oder höhere Stückzahlen angepasst werden müssen. Daraus ergeben sich zwei Fragestellungen bei der Entwicklung von Montageanlagen:

1. Wie können die nachträglichen Anpassungen bei der Erstentwicklung vorbereitet werden? Oder: Wie können Montageablagen *wandlungsfähig* gestaltet werden?
2. Wie können die nachträglichen Anpassungen (bzw. *Wandlungen*) effektiv durchgeführt werden?

Die speziellen Umstände bei der Vorbereitung und Nutzung von Wandlungsfähigkeit machen eine Erweiterung des klassischen Entwicklungsmodells notwendig. Im traditionellen Modell ist der Entwicklungsprozess durch die Eingangsgröße *Anforderungen* und die Ausgangsgröße *Entwicklungsergebnis* gekennzeichnet. Dieses wird nun ergänzt um *„unsichere"* Angaben zu zukünftig erwarteten Anforderungsänderungen. Außerdem muss das Ergebnis der vorangegangenen Entwicklungsiteration als Eingangsgröße in der folgenden Entwicklungsiteration berücksichtigt werden. Der Prozess der Wandlung kann dabei prinzipiell beliebig oft wiederholt werden und baut dann jeweils auf dem Ergebnis der vorangegangenen Wandlung auf (Abbildung 43).

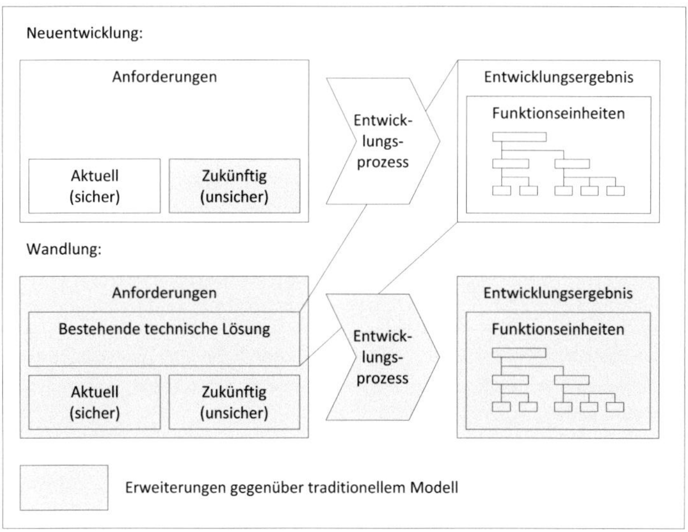

Abbildung 43 – Entwicklungsprozess für wandlungsfähige Montageanlagen

Ein wichtiger Beitrag zum Umgang mit Wandlungsfähigkeit kann durch ein angepasstes Anforderungsmanagement erbracht werden. Die folgenden zwei Abschnitte zeigen, wie die in Kapitel 4 vorgestellte Methodik des flexiblen Anforderungsmanagements dafür erweitert und genutzt werden kann. Abschnitt 6.3 *„Wandlungsstrategien"* zeigt, wie die in Abschnitt 5.6.2 vorgestellten Flexibilitätsstrategien für Wandlungsfähigkeit genutzt werden können und wo ihre Grenzen liegen.

6.1 Spezifikation von Wandlungen und Wandlungsfähigkeit

6.1.1 Arten von Wandlungen

Wandlung einer Anlage kann auch formuliert werden als *Anpassen an neue Anforderungen*. Mit Hilfe dieser Definition lassen sich Wandlungen nach der Art der geänderten Anforderung klassifizieren. In Anlehnung an die Anforderungsklassifizierung aus Kapitel 4 ergeben sich folgenden Arten:

1. **Änderung der Leistungsparameter:** Häufigster Fall ist eine Erhöhung des Durchsatzes, also eine Stückzahlskalierung der Anlage. Änderungen anderer Leistungsparameter, wie Schlechtteilrate und Verfügbarkeit sind untypisch. Nachträgliche Maßnahmen zur Verbesserung dieser Werte dienen meist zum (Wieder-)Erreichen der ursprünglich geforderten Parameter.
2. **Änderung des Produktspektrums:** Änderungen am Sortiment der zu verarbeitenden Produkte lassen sich mithilfe der variantenorientierten Produktstruktur aus Kapitel 4 entsprechend ihres Auswirkungsgrades ordnen:
    1. Neue Kombinationen bestehender Ausprägungen variabler Merkmale.
    2. Neue Ausprägungen variabler Merkmale innerhalb des bestehenden Bereiches.
    3. Neue Ausprägungen variabler Merkmale außerhalb des bestehenden Bereiches.
    4. Zusätzliche variable Merkmale.
    5. Zusätzliche Montageobjekte.
3. **Änderung der Prozessschritte:** Änderungen am Produktspektrum gehen mit Änderungen der Anforderungen an die Prozessschritte einher. Zusätzliche Montageobjekte und teilweise auch neue Qualitätsanforderungen erfordern zusätzliche Prozessschritte. Es können auch Fälle auftreten, bei denen Änderungen an den Prozessen nicht durch neue Produktvarianten, sondern durch einen Revisionssprung des ganzen Produktspektrums verursacht werden (z.B. weil ein Zukaufteil nicht mehr verfügbar ist, oder ein Fehler korrigiert werden musste).
4. **Änderung der Umgebungsbedingungen:** Ursache dieser Änderungen sind häufig Verlagerungen an andere Standorte, die z.B. mit neuen Daten- und Fernwartungsschnittstellen, anderen Transportmitteln, sowie geänderten Aufstellbedingungen (z.B. Fläche) und Versorgungsspannungen einhergehen können.
5. **Änderung der Anforderungen an Betrieb und Instandhaltung:** In diesen Bereich fallen z.B. Anpassungen der Sprache bei Verlagerungen an andere Standorte. Außerdem dienen viele Anpassungen im Sinne des technischen Fortschrittes, sogenannte *Retrofits* einer vereinfachten Bedienung und Instandhaltung.

Die vorgestellte Gliederung kann zur Strukturierung des Gestaltungsgesichtspunkts *Wandlungsfähigkeit* und entsprechender Klassifizierung von Beispielprojekten entsprechend des Konzeptes aus Kapitel 5 verwendet werden. Sie ist geeignet, konkrete Anforderungen zum Zeitpunkt der Wandlung zu klassifizieren.

Deutlich schwieriger ist es, Anforderungen an die Wandlungs*fähigkeit* zum Zeitpunkt der Erstentwicklung zu formulieren. Bezüglich des Produktspektrums und der Prozessschritte besteht die Schwierigkeit darin, dass die Anforderungen nicht vollständig durch zum Beauftragungszeitpunkt existierende Produkte definiert werden können. Außer bei noch nicht entwickelten Produkten, die erst in Zukunft auf der Montageanlage verarbeitet werden sollen, trifft das auch auf Fälle zu, bei denen die Anzahl der Produkte so groß ist, dass eine explizite Berücksichtigung jedes einzelnen zu aufwändig wäre. Im folgenden Abschnitt wird ein Lösungsansatz vorgestellt.

6.1.2 Produkt- und Prozessanforderungen

Die Problematik *unvollständiger Produktspektren* lässt sich durch eine Trennung der Anforderungen in *Produktanforderungen* und *Prozessanforderungen* klarer beschreiben (Abbildung 44). Produktanforderungen beschreiben die gewünschten Eigenschaften der zu verarbeitenden Produktvarianten. Prozessanforderungen beschreiben, was die Prozessschritte erfüllen müssen, um die genannten Varianten und deren Bestandteile zu verarbeiten. Abbildung 44 veranschaulicht den Unterschied am Beispiel einer Siegeleinheit zum Verbinden von Kunststoffblistergurten mit einer Deckfolie durch Kunststoffschweißen.

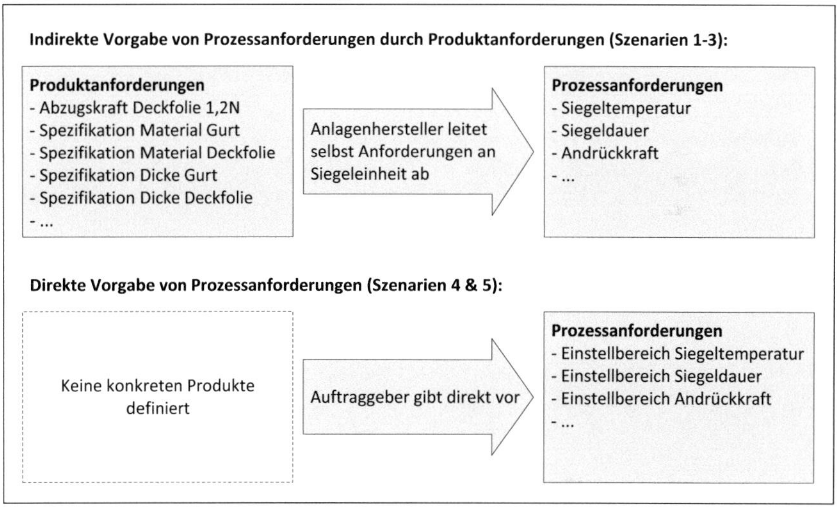

Abbildung 44 – Produkt- und Prozessanforderungen einer Siegeleinheit für Blistergurte

Durch diese Trennung lassen sich unterschiedliche Szenarien sowohl der Anforderungserhebung, als auch des Anforderungsnachweises darstellen (Tabelle 29):

1. **Einzelprodukt:** Im einfachsten Fall einer Montageanlage für genau ein Produkt ergeben sich die Prozessanforderungen direkt aus den Produktanforderungen. Die Produktanforderungen werden generell durch den Auftraggeber vorgegeben, das Ableiten der Prozessforderungen erfolgt entweder vollständig durch den Auftraggeber (selten), vollständig durch den Anlagenhersteller oder gemeinsam, wobei der jeweilige Anteil sehr unterschiedlich sein kann. Inbetriebnahme und Funktionsnachweis werden mithilfe des einzigen Produktes durchgeführt. Das heißt, mit dem Nachweis der Erfüllung der Produktanforderungen wird implizit auch die Erfüllung der Prozessanforderungen nachgewiesen /HEN-07/.
2. **Geringe Variantenanzahl:** Bei einer geringen Anzahl von Produktvarianten, die zum Beauftragungszeitpunkt schon bekannt sind, lässt sich die Vorgehensweise aus Szenario 1 skalieren. Das Ableiten der Prozessanforderungen aus den Produktanforderungen, die Inbetriebnahme, und der Funktionsnachweis werden für jede Produktvariante einzeln ausgeführt. Dabei kann der Aufwand für die genannten Entwicklungsschritte proportional und teilweise sogar überproportional zur Variantenanzahl sein /HEN-07/.

3. **Hohe Variantenanzahl:** In Szenario 3 wird ebenfalls davon ausgegangen, dass alle Produktvarianten zum Beauftragungszeitpunkt bekannt sind. Die Anzahl ist jedoch so hoch, dass ein Vorgehen wie in Szenario 2 wirtschaftlich nicht sinnvoll ist. Für die Ermittlung der Prozessanforderungen müssen ebenfalls alle Produktvarianten berücksichtigt werden. Inbetriebnahme und Funktionsnachweis können nicht einzeln für jede Variante durchgeführt werden. Es bieten sich unterschiedliche Lösungswege an, die darauf zielen, entweder direkt die Prozessanforderungen oder die Produktanforderungen nur stichprobenartig nachzuweisen /HEN-07/.
4. **Variantenbereich:** Szenario 4 beschreibt den Fall, dass zum Beauftragungszeitpunkt nicht alle Produktvarianten feststehen oder ihr Umfang zu groß für eine explizite Betrachtung ist. In diesem Fall können die Prozessanforderungen nicht vollständig aus den Produktanforderungen hergeleitet werden. Sie müssen durch den Auftraggeber zumindest teilweise direkt vorgegeben werden. Ein direkter Nachweis der Produktanforderungen ist dann ebenfalls nicht möglich und ähnliche Inbetriebnahme- und Nachweisverfahren wie in Szenario 3 müssen angewendet werden /HEN-07/.
5. **Variantenprognose:** In Szenario 5 existieren wie in Szenario 4 Produktvarianten, die zum Beauftragungszeitpunkt noch nicht feststehen. Die Fähigkeit der Anlage, diese zu verarbeiten muss jedoch nicht von Anfang an bestehen, sondern es ist *„nur"* eine spätere Anpassbarkeit der Anlage (*Wandlungsfähigkeit*) vorzusehen.

Tabelle 29 – Szenarien der Anforderungserhebung und des -nachweises

<table>
<tr><th colspan="2">Szenarien</th><th>Variantenanzahl</th><th>Spezifikation Prozessanforderungen</th><th>Anforderungserfüllung</th></tr>
<tr><td>1</td><td>Einzelprodukt</td><td>Eins</td><td rowspan="3">Indirekt
(aus Produkteigenschaften)</td><td rowspan="4">Sofort</td></tr>
<tr><td>2</td><td>Geringe Variantenanzahl</td><td>Gering</td></tr>
<tr><td>3</td><td>Hohe Variantenanzahl</td><td rowspan="3">Hoch</td></tr>
<tr><td>4</td><td>Variantenbereich</td><td rowspan="2">Direkt</td></tr>
<tr><td>5</td><td>Variantenprognose</td><td>Später</td></tr>
</table>

6.1.3 Methoden der Spezifikation

Die Aufstellung zeigt, dass der Verweis auf einen Satz Produktspezifikationen in Form von technischen Zeichnungen in Fällen besonders hoher Variantenvielfalt oder noch unbekannter Produktvarianten nicht geeignet ist, eine Montageanlage vollständig zu spezifizieren. Zur Lösung dieses Problems bieten sich zwei Wege an:

- Angabe von Produktparameter*bereichen* durch verbale Ergänzung von technischen Zeichnungen.
- Direkte Angabe von Prozessanforderungen.

Eine Prüfung der Methodik zur flexibilitätsorientierten Anforderungsspezifikation (Kapitel 4) zeigt, dass beide Fälle schon vorbereitet sind und mit geringem Aufwand integriert werden können.

Produktparameterbereiche entsprechen variablen Merkmalen und werden wie diese für jedes Montageobjekt tabellarisch aufgeführt und klassifiziert. Der Unterschied besteht darin, dass die zugehörige Variantentabelle weniger umfangreich ausfällt und nicht vollständig ist. Die Bedeutung der verbalen Angabe von Abhängigkeiten zwischen den Merkmalsausprägungen nimmt in diesem Fall zu, da sie aus unvollständigen Variantentabellen nicht abgelesen werden können.

Die direkte Angabe von Prozessforderungen wird unterstützt durch die Gliederung der Montageaufgabe in Prozessschritte und den entsprechenden Abschnitt der Anforderungsspezifikation. Der Umfang dieses Abschnitts nimmt in diesen Fällen entsprechend zu.

Die Angabe von Anforderungen an die Wandlungsfähigkeit (Szenario 5) stellt ein noch nicht zufriedenstellend gelöstes Problem dar. So ist es zwar denkbar, bei jeder Anforderung potentielle zukünftige Änderungen mit anzugeben oder eigenständige erst in Zukunft zu erfüllende Anforderungen aufzustellen, aktuell sind jedoch keine Methoden bekannt, wie die Fähigkeit der Anlage, diese Anforderungen in Zukunft zu erfüllen, *überprüft und nachgewiesen* werden kann.

6.2 Beeinflussung der Produktentwicklung

In der einleitenden Beschreibung des Standes der Technik (Abschnitt 2.1) wurde erläutert, dass ein wesentliches Potential zur Beherrschung der Variantenvielfalt in der Gestaltung des Produktes selbst liegt. Darüber hinaus werden die Nutzung von Anlagen über mehrere Produktgenerationen und die parallele Entwicklung von Produkt und Produktionsanlage gefordert. Optimierungspotential bietet sich hier insbesondere bei der nachträglichen Erweiterung des Produktspektrums.

Alle drei Ansätze erfordern eine enge Zusammenarbeit zwischen Produkt- und Montageanlagenentwicklern. Wesentliche Aufgabe der Entwickler von Montageanlagen ist dabei die Beurteilung der Montierbarkeit des neuen Produktes. Die Analyse wird dabei in bis zu drei Schritten vorgenommen:

1. Lässt sich das Produkt überhaupt (automatisch) produzieren? Sind dazu ggf. Änderungen am Produkt notwendig?
2. Lässt sich das neue Produkt auf der vorhandenen Produktionsanlage verarbeiten? Sind dazu ggf. Änderungen am Produkt notwendig?
3. Lässt sich das neue Produkt auf der vorhandenen Produktionsanlage nach einer Wandlung dieser verarbeiten? Sind dazu ggf. Änderungen am Produkt notwendig? Wie aufwändig wäre die notwendige Anlagenwandlung?

Die Anlagenentwickler nutzen dabei wieder die Ergebnisse der Varianten- und Flexibilitätsanalyse der Vorgängerprodukte und erweitern diese für die neuen Produktvorschläge. Sie greifen auf die Dokumentation der vorhandenen Anlage (insbesondere das Flexibilitätskonzept), sowie auf projektunabhängige Wissenssammlungen zu Wandlungs- und Flexibilitätsprinzipien zurück.

Ein alternatives Vorgehen besteht darin, keine Produktentwürfe zu prüfen, sondern durch Umkehr des Entwicklungsprozesses den Produktentwicklern mitzuteilen, welche Anforderungen die vorhandene Anlage erfüllen kann oder durch bestimmte Änderungen erfüllen könnte. Dieses Vorgehen nutzt die Tatsache, dass die entwickelte Montageanlage niemals ausschließlich die ursprünglichen Anforderungen erfüllt, sondern in bestimmten Aspekten immer über diese hinausgeht. Ergebnis dieser Aufgabe ist eine erweiterte, auf dem ursprünglichen Stand aufbauende Anforderungsspezifikation, die bereits durch die Anlage erfüllt ist oder durch definierte Anpassungen erfüllt werden könnte (Abbildung 45).

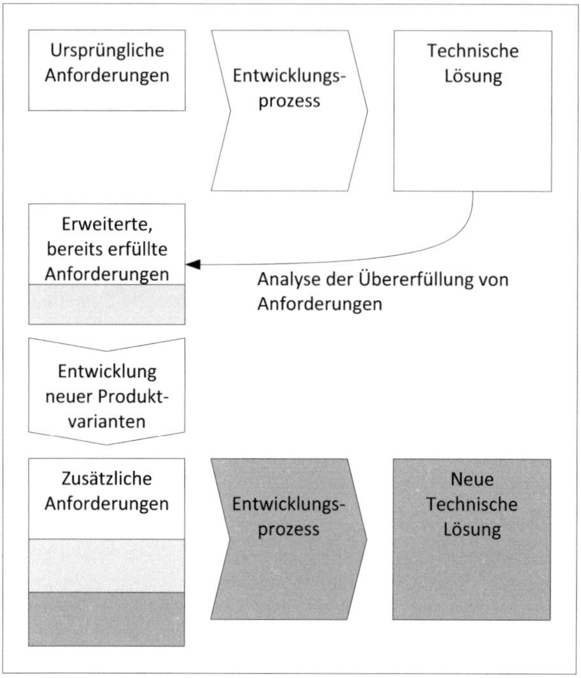

Abbildung 45 – Rückwirkende Anpassung der Anforderungsspezifikation

Ähnlich wie bei anderen Aspekten der systematischen Entwicklung technischer Erzeugnisse, stellen die beiden vorgestellten Vorgehensweisen keine starren Vorschriften dar, sondern sind als flexibel einsetzbare Methoden zu verstehen. So können beide in Kombination und auch in mehreren Iterationen des Austauschs mit den Produktentwicklern eingesetzt werden.

6.3 Wandlungsstrategien

Die beiden häufigsten Wandlungsarten, *Integration neuer Produktvarianten* und *Stückzahlskalierung* können bei der Erstentwicklung durch geeignete Maßnahmen vorbereitet werden.

Neue Produktvarianten führen zur Änderung des Produktspektrums und erfordern eine Überarbeitung des Flexibilitätskonzeptes der Montageanlage. Im Folgenden werden die vorgestellten Flexibilitätsstrategien auf Ihre Eignung für wandlungsfähige Montageanlagen geprüft.

1. Bei der Strategie **passiver Flexibilität** gilt es, während der Erstentwicklung abzuschätzen, ob die genutzten Gemeinsamkeiten der Produkte zufällig sind oder sich durch Grundprinzipien des Produktes, bzw. der Produktfamilie begründen lassen. Davon kann abgeleitet werden, ob die Gemeinsamkeiten auch bei zukünftigen Änderungen im Produktspektrum bestehen bleiben werden.
2. **Aktive Flexibilität** kann Anlagenwandlungen bei ausgewählten Änderungen in der Variantenstruktur komplett unnötig machen. Ergeben sich die neuen Varianten nur aus neuen Ausprägungen variabler Merkmale innerhalb des bestehenden Bereiches, können Sie durch Ausnutzung

vorhandener Flexibilität in Form von neuen Parametersätzen integriert werden. Befinden sich die neuen Merkmalsausprägungen außerhalb des berücksichtigten Bereiches, muss die Anlage modifiziert werden. Ein Entwicklungsziel bei aktiver Flexibilität besteht darin, den notwendigen Wandlungsspielraum bei der Erstentwicklung abzuschätzen und zu berücksichtigen.

3. Bei **Mehrfacheinheiten** hängt der Grad der Wandlungsfähigkeit davon ab, wie gut zusätzliche Exemplare der Funktionseinheit integrierbar sind. Bei Mehrfachstationen ist das bei geeigneter Gestaltung des Verkettungssystems unbegrenzt möglich. In anderen Fällen müssen typischerweise Leerplätze vorgehalten werden. Günstig für Mehrfacheinheiten ist der Austausch von Funktionseinheiten, wenn eine alte Variante vollständig durch eine neue ersetzt wird.
4. Das Prinzip von **Wechseleinheiten** ist sehr wandlungsfähig. Die Fähigkeiten einer bestehenden Montageanlage können sehr leicht durch zusätzliche Exemplare einer Wechseleinheit an neue Produktvarianten angepasst werden. Eine weitere Kostenreduktion kann durch Anpassung nicht mehr benötigter Wechseleinheiten von ausgelaufenen Produktvarianten erreicht werden (z.B. Werkstückträgersätze).

Die bisher genannten Punkte beschreiben, wie mit Flexibilitätsstrategien auf Anforderungsänderungen in Form neuer Varianten reagiert werden kann. Mit diesen Mitteln kann jedoch nur auf die beiden auswirkungsärmsten Wandlungsarten reagiert werden (6.1.1 – *„Arten von Wandlungen"*):

1. Neue Kombinationen bestehender Ausprägungen variabler Merkmale.
2. Neue Ausprägungen variabler Merkmale innerhalb des bestehenden Bereiches.

Wandlungsarten mit stärkeren Auswirkungen erfordern einen Umbau der Montageanlage:

3. Neue Ausprägungen variabler Merkmale außerhalb des bestehenden Bereiches.
4. Zusätzliche variable Merkmale.
5. Zusätzliche Montageobjekte.

Der Umbau einer Montageanlage dauert länger als Umrüstvorgänge, aber weniger lang als ein *„Neubau"* (Tabelle 30). Die *„vorbereitende"* Entwicklungszeit ist für diesen Vergleich nicht relevant.

Tabelle 30 – Zeitliche Größenordnung bei Strukturänderungen von Montageanlagen

Strukturänderung	Zeitliche Größenordnung
Umrüsten	Sekunden bis Minuten
Umbauen, Wandeln	Stunden bis Tage
Neubau	Wochen bis Monate

Die Auslegung des optimalen Grades an Wandlungsfähigkeit muss einen Kompromiss finden zwischen verschiedenen Optimierungszielen:

- Minimierung der Umbauzeit (= Produktionsunterbrechung) bei Wandlungen
- Minimierung der Zusatzkosten für Wandlungsfähigkeit bei der Erstentwicklung
- Minimierung der Gesamtkosten im Wandlungsfall

Schlüssel für die Entwicklung wandlungsfähiger Montageanlagen ist die Gestaltung geeigneter *Wandlungsschnittstellen*. Durch das unterschiedliche Anforderungsprofil (seltenere Koppelvorgänge, größere Anzahl, höherer Kostendruck, geringere Koppelzeit-Anforderungen) können bestehende Prinzipien von *Wechselschnittstellen* nur bedingt und nach genauer Prüfung übernommen werden.

Neben der Gestaltung der Schnittstellen selbst ist auch die Wahl einer geeigneten Modulstruktur von Bedeutung. Dabei ist nicht nur die Umbauzeit unter idealen Bedingungen zu berücksichtigen, sondern auch das Risiko von unbeabsichtigten Auswirkungen auf nicht betroffene Nachbarfunktionseinheiten.

Mit Hilfe des zusätzlichen Gestaltungsgesichtspunkts *Anlagenwandlung* können geeignete Lösungsprinzipien und typische Anforderungsszenarien in das Wissensmanagementsystem integriert und zur Klassifizierung von Beispiellösungen verwendet werden.

6.4 Integration in den Entwicklungsprozess

Zur Einordnung der methodischen Verbesserungen bei der Vorbereitung und Durchführung von Anlagenwandlungen wird die Prozesslandkarte des bestehenden Entwicklungsprozesses erweitert. Anders als bei den bisherigen Ergänzungen betrifft dies nicht den Kernprozess *Neuentwicklung Montageanlage*, sondern die Prozesslandkarte wird durch zwei zusätzliche alternative Kernprozesse ergänzt (Abbildung 46). Entsprechend der Definition von Kernprozessen *„beginnen"* und *„enden"* sie beim Kunden.

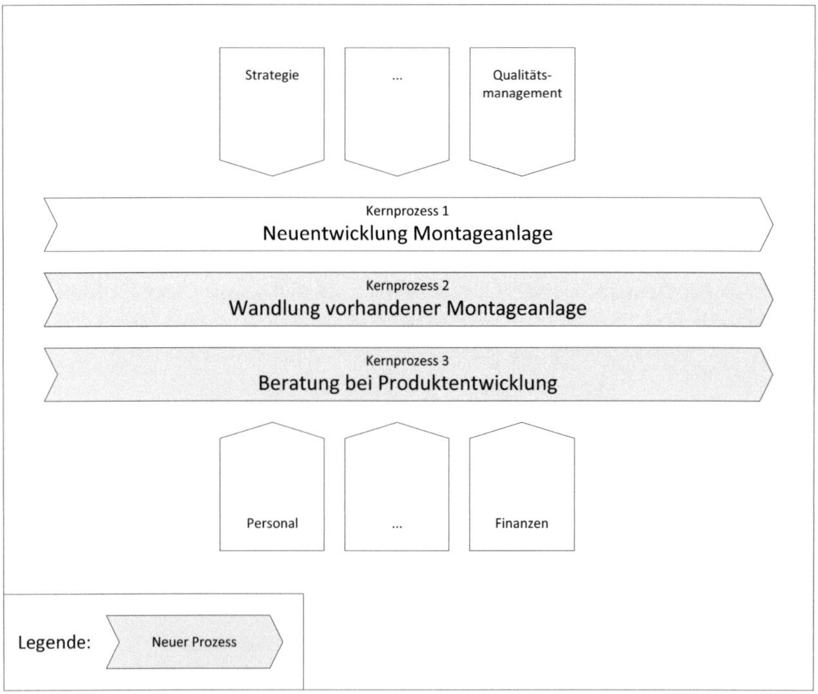

Abbildung 46 – Erweiterung der Prozesslandkarte für Anlagenwandlungen

Der neue Kernprozess *Beratung bei Produktentwicklung* erlaubt die Organisation der Tätigkeiten entsprechend Abschnitt 6.2.

Der neue Kernprozess *Wandlung einer vorhandenen Anlage* dient dazu, bereits existierende Montageanlagen an neue Anforderungen anzupassen. Die Auftragsbearbeitung erfolgt dabei in den gleichen Phasen wie die ursprüngliche Neuentwicklung. Die wesentlichen Unterschiede betreffen zwei Punkte:

- In allen Entwicklungsphasen muss der Istzustand der Anlage berücksichtigt werden.
- Da die zu wandelnde Anlage meist in der laufenden Produktion genutzt wird, müssen Realisierung und Inbetriebnahme unter der Prämisse einer minimalen Produktionsunterbrechung gestaltet werden.

Die Berücksichtigung des Istzustandes wird durch die Dokumentation der Ursprungsentwicklung und ggf. bereits durchgeführter Wandlungen im Wissensmanagementsystem vereinfacht. Darüber hinaus wird der Wandlungsprozess durch die vorausschauende Berücksichtigung sowohl bei der Anforderungsanalyse, als auch bei der Erstellung des Flexibilitätskonzeptes in den vorangegangenen Entwicklungsiterationen erleichtert.

Die Dokumentation der Entwicklungsergebnisse im Wandlungsprozess wird durch Aktualisierung und Erweiterung der Dokumentation des Istzustandes vorgenommen, was einerseits Zeit spart und andererseits zur Übersicht beiträgt.

Die hier vorgestellten Methoden zur Anlagenwandlung nutzen die zuvor erarbeiteten Methoden zur Anforderungsanalyse und Wissenssammlung. Im Detail werden die drei Wissensbereiche geringfügig erweitert:

- **Vorgehenswissen:** Definition neuer Kernprozesse.
- **Situationswissen:** unvollständig spezifizierte Produktfamilien.
- **Sachwissen:** Ergänzung des Gestaltungsgesichtspunkts *Anlagenwandlung* (Anhang E.4).

Der Schwerpunkt des folgenden Kapitels zur Standardisierung liegt ebenfalls auf der Nutzung der erarbeiteten Methoden zur Anforderungsanalyse und Wissenssammlung und nimmt nur geringfügige Ergänzungen des Prozess- und Wissensmodells vor.

7 Standardisierung

Der vierte Ansatz zur Optimierung des Entwicklungsprozesses betrifft das Thema Standardisierung. Im Rahmen der Arbeit wird dabei folgende Definition verwendet:

Ein Standard ist ein Entwicklungsergebnis, das für mehr als einen Anwendungsfall verwendet wird und bewusst für diesen Zweck entwickelt wurde[1].

Wie alle anderen Entwicklungsergebnisse auch, können Standards unterschiedlich komplex sein, verschiedene Entwicklungsdisziplinen betreffen (siehe Abschnitt 2.2.4 – *„Standardisierung“*) und unterschiedlichen Abstraktionsstufen zugeordnet werden (siehe Kapitel 5 – *„Management von Technologiewissen“*).

Im Vergleich zu Ergebnissen, die in Anwendungsprojekten entstehen und im Wesentlichen ohne Zusatzaufwand für die Wiederverwendung zur Verfügung stehen, ist für Standards zusätzlicher Entwicklungsaufwand nötig, der sich durch Einsparungen bei der Nutzung des Standards amortisieren muss.

Entsprechend lassen sich zwei Situationen der Standardisierung unterscheiden:

- Entwicklung
- Anwendung

Im weiteren Verlauf des Kapitels soll in einem knappen Überblick gezeigt werden, wie sich beide Situationen durch die Mittel des Wissensmanagements aus Kapitel 5 unterstützen lassen.

7.1 Entwicklung

Der Entwicklungsprozess eines Standards lässt sich von der allgemeinen Vorgehensweise bei der Entwicklung technischer Erzeugnisse in der VDI-Richtlinie 2221 *„Methodik zum Entwickeln und Konstruieren technischer Systeme und Produkte“* ableiten /VDI-2221, WIE-78/. Der wesentliche Unterschied betrifft folgenden Aspekt:

Der eigentlichen Entwicklung muss die Formulierung der Aufgabe vorangehen. Anders als bei der normalen Auftragsbearbeitung im Investitionsgütergeschäft existiert kein Lastenheft eines Auftraggebers, sondern das Unternehmen muss selbst die Aufgabe definieren. Dabei wechseln sich in mehreren Iterationen die Phasen *Identifikation von Optimierungspotential* und *Bewertung Aufwand-Nutzen-Verhältnis* ab /HES-82/.

Eine wichtige Voraussetzung für eine wirtschaftlich erfolgreiche Standardisierung ist eine ausreichende Anzahl potentieller Anwendungsfälle. Obwohl die universelle Verwendbarkeit einer standardisierten technischen Lösung maßgeblich durch die Detailgestaltung während der Entwicklung beeinflusst wird, ist es daher notwendig, schon bei der Formulierung einer Standardisierungsaufgabe eine hohe Anwendungswahrscheinlichkeit sicherzustellen /JES-97/.

Ein wichtiger Anhaltspunkt dafür ist die Anwendungshäufigkeit in Entwicklungsprojekten der Vergangenheit. Durch Abgleich mit allgemeinen Markttrends, technischen Entwicklungen und der Unternehmensstrategie kann daraus eine Zukunftsprognose erstellt werden.

[1] Die Möglichkeit, ein Entwicklungsergebnis aus einem Anwendungsprojekt einfach zum Standard zu erklären, erscheint dem Autor für die betrachtete Branche als irrelevant, da solche Entwicklungsergebnisse üblicherweise nicht universell genug sind. Es würde ein Standard ohne Einsatzfälle entstehen.

Die systematische Dokumentation und Klassifizierung bereits durchgeführter Anwendungsprojekte nach der Methodik aus Kapitel 5 erleichtert deren Analyse wesentlich, bzw. macht sie in vielen Fällen überhaupt erst möglich. In diesem Zusammenhang können grobe Klassifizierungen, die obligatorisch während der Projektbearbeitung vorgenommen wurden, im Rahmen von Standardisierungsprojekten weiter präzisiert werden.

Ein Beispiel: Im Gliederungssystem *Anlagenkomponenten* existiert der Punkt *Dosiertechnik*. Regulär werden Stationen einer Anlage nur darauf überprüft, ob sie diesem Punkt zugeordnet werden oder nicht. Im Rahmen eines Standardisierungsprojektes zur Entwicklung einer Standardbaugruppe werden nun alle Stationen mit dieser Zuordnung untersucht und z.B. entsprechend des Funktionsprinzips eingesetzter Dosierventile weiter geordnet. Für das häufigste Prinzip wird (ggf. unter Verwendung von Kaufteilen) ein Baukasten entwickelt. Als Zusatznutzen entsteht *auch* eine präzisere Einordnung der realisierten Projekte entsprechend des Dosierventilprinzips.

7.2 Anwendung

Neben der Nutzung bei der Identifikation von Standardisierungspotential und der Entwicklung von Standards unterstützen die erarbeiteten Gliederungssysteme auch die *Anwendung* der Standards.

In Analogie zu den Entwicklungsergebnissen der Anwendungsprojekte werden sie ebenfalls nach den Systemen klassifiziert und im Wissensmanagementsystem dokumentiert. Durch ihre angestrebte häufige Nutzung rechnet sich dabei eine deutlich detailliertere Dokumentation von Funktionsprinzip und Leistungsparametern.

Darüber hinaus erlaubt die systematische Dokumentation und Klassifizierung der Anwendungsprojekte, Einsatzhindernisse und Verbesserungspotential bestehender Standards festzuhalten. Ihre regelmäßige Evaluation und Überarbeitung wird dadurch unterstützt.

7.3 Einordnung in den Entwicklungsprozess

Die Entwicklung und Vorbereitung von Standards ist im betrachteten Unternehmen bisher nicht formal organisiert. Oft ist das Vorgehen rein intuitiv, in ausgewählten Fällen wird wie im Kernprozess *Neuentwicklung Montageanlage* vorgegangen. Häufig ist die testweise praktische Realisierung an ein parallel laufendes Kundenprojekt gebunden, um Material-, Fertigungs- und Montagekosten zu sparen.

Als Grundlage weiterer Optimierungen auf diesem Gebiet wurde die Prozesslandkarte durch zusätzliche Prozesse ergänzt (Abbildung 47):

- **Führungsprozess :** Identifikation von Standardisierungspotential.
- **Unterstützungsprozess:** Entwicklung einer Standardlösung.

Bei der *Identifikation von Standardisierungspotential* handelt es sich um einen Prozess, der unabhängig von laufenden Anwendungsprojekten durch die Leiter der Entwicklungsabteilungen kontinuierlich durchgeführt wird. Ergebnis ist eine Aufgabenstellung für den ebenfalls neuen Prozess *Entwicklung einer Standardlösung*. Dieser wird zunächst wie der Prozess *Neuentwicklung Montageanlage* organisiert und kann mit zunehmender Erfahrung weiter präzisiert werden.

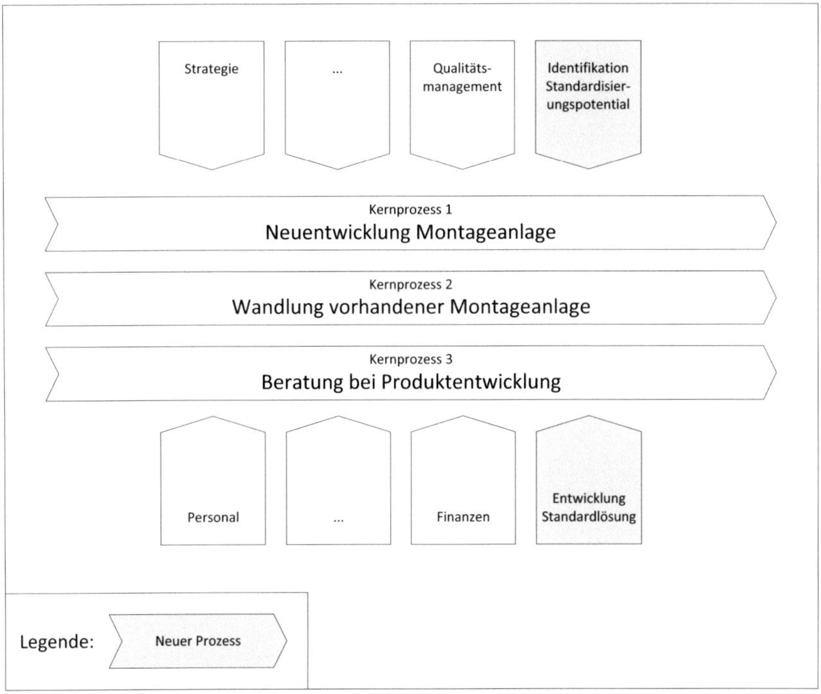

Abbildung 47 – Erweiterung der Prozesslandkarte für Standardisierung

8 Technische Realisierung eines Wissensmanagementsystems

Die bisher vorgestellten Methoden betreffen zu einem großen Teil die systematische Analyse, Dokumentation und Gliederung von Informationen. Das in Stufen erarbeitete Wissensmodell teilt sie in die Bereiche Vorgehens-, Situations- und Sachwissen. Der Bereich Vorgehenswissen erlaubt dem Modell die Integration seiner eigenen *„Bedienungsanleitung"*.

Zur praktischen Erprobung und Nutzung wird nun ein geeignetes technisches Mittel zur Implementierung des Wissensmodells benötigt. Dazu werden im folgenden Abschnitt mehrere Varianten verglichen und die Besonderheiten des Favoriten im Detail beschrieben. Im Anschluss werden die Umsetzung des Wissensmodells und seine schrittweise Einführung im Referenzunternehmen erläutert.

8.1 Stand der Wissenschaft und Technik

8.1.1 Vergleich technischer Mittel

Neben der klassischen papierbasierten Methode können unterschiedliche Prinzipien der digitalen Informationsspeicherung unterschieden werden. Tabelle 31 stellt mehrere Verfahren gegenüber und vergleicht sie unter verschiedenen Gesichtspunkten.

Das Konzept von *Dateien*, die durch eine baumartige Verzeichnisstruktur und ggf. ihren Dateinamen geordnet werden können, gehört heute zur Allgemeinbildung. Es bietet durch die Vielfalt ausgereifter und für unterschiedliche Zwecke spezialisierter Programme und Formate den größten Komfort beim Beschreiben komplexer Zusammenhänge. Durch die einfache Möglichkeit des Kopierens sind die Informationen auch leicht überall verfügbar zu machen.

Datenbanken speichern größere Datenmengen in Form von verknüpften Tabellen, eignen sich besonders für streng strukturierte Daten und lassen sich komfortabel durchsuchen. Die starre Struktur erschwert allerdings das Eintragen neuer Informationen und das flexible Beschreiben komplexer Zusammenhänge durch Texte und Grafiken.

Mit statischen *HTML-Seiten* werden Informationen durch eine genormte Beschreibungssprache in Form von Text-Dateien strukturiert und durch einen zentralen Web-Server in einem Netzwerk zur Verfügung gestellt. Benutzer können die Seiten mit Hilfe eines Web-Browsers anzeigen, jedoch nicht ändern.

Content-Management-Systeme (CM-Systeme) sind Erweiterungen für Web-Server, die Struktur und Layout der Webseiten getrennt von den dargestellten Informationen verwalten. Dadurch kann eine Redaktion Informationen auf Webseiten schneller und mit geringerem Aufwand aktualisieren.

Einen Schritt weiter gehen *Wiki-Systeme*, die zusätzlich zum Konzept der CM-Systeme das Editieren der angezeigten Seiten direkt im Web-Browser ermöglichen.

Alle drei webbasierten Ansätze zeichnen sich durch die gute Vernetzbarkeit von Informationen mit Hyperlinks, sowie durch den einfachen Zugriff mit einem Webbrowser aus. Die einfache Editierbarkeit von Informationen direkt im Browser macht Wiki-Systeme besonders geeignet für ein Wissensmanagementsystem, dass durch die kooperative Beteiligung aller Mitarbeiter eines Unternehmens aufgebaut und gepflegt werden soll.

Tabelle 31 – Vergleichkriterien unterschiedlicher Verfahren der Informationsspeicherung

Verfahren	Erstellungskomfort	Möglichkeiten der Strukturierung	Querverweise	Editierbarkeit durch Benutzer	Zugriffskomfort	Durchsuchbarkeit	Offlineverfügbarkeit
Papier	+	-	--	--	--	--	+
Dateien	++	-	--	++	-	-	++
Datenbanken	--	++	+	--	--	++	-
HTML-Seiten	-	-	++	--	++	+	-
CM-Systeme	0	-	++	--	++	+	-
Wikis	0	+	++	++	++	+	-
Legende: ++ sehr gut, + gut, 0 neutral, - schlecht, -- sehr schlecht							

8.1.2 Eigenschaften von Wiki-Systemen

Seit der Popularisierung des Wiki-Konzeptes ab 2001 ist eine große Zahl unterschiedlicher Wiki-Software entstanden. Das bekannteste Wiki-System, *Wikipedia*, basiert auf der kostenlos verfügbaren Software *MediaWiki*. Im betrachteten Referenzunternehmen ist die ebenfalls freie Software *TikiWiki* im Einsatz, die sich durch die Integration umfangreicher Zusatzfunktionen, wie z.B. Diskussionsforen auszeichnet. Die folgende Beschreibung der Eigenschaften von Wiki-Systemen bezieht sich auf diese Software, ist aber repräsentativ für Wikis im Allgemeinen /LEU-01/.

Das charakteristische Merkmal von Wiki-Systemen ist die Möglichkeit, dass Benutzer die Seiten direkt im Web-Browser ändern können. Dazu hat jede Seite einen Link oder Button, um in den Bearbeitungsmodus zu wechseln (Abbildung 48).

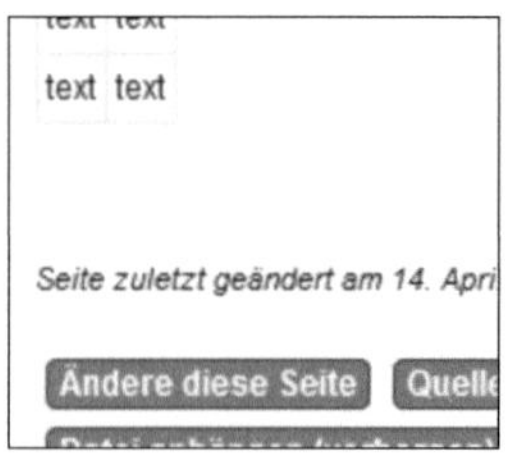

Abbildung 48 – Screenshot Schaltfläche zum Bearbeiten einer Wiki-Seite

Im ursprünglichen Wiki-Konzept wird der Seiteninhalt mit einer vereinfachten Markup-Sprache, dem Wikitext beschrieben (Abbildung 49). Die Gestaltungsmöglichkeiten für Layout und Design sind dabei zugunsten einer einfachen Erlernbarkeit eingeschränkt. Tabelle 32 zeigt eine Auswahl der wichtigsten Funktionen der Beschreibungssprache. Neben einfachen Möglichkeiten der Formatierung von Text können u.a. auch Bilder und Tabellen integriert werden.

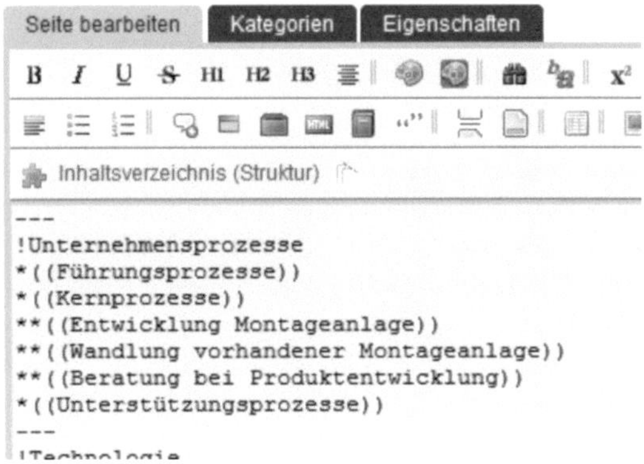

Abbildung 49 – Screenshot Wiki-Seite im Bearbeitungsmodus

Tabelle 32 – Funktionen der Beschreibungssprache von TikiWiki (Auswahl)

<table>
<tr><th>Formatierung</th><th>Syntax</th><th>Ergebnis</th></tr>
<tr><td>Kursiver Text,
fetter Text</td><td>''text''
__text__</td><td>*text*
text</td></tr>
<tr><td>Überschriften-
ebenen</td><td>!text
!!text
!!!text</td><td>text
text
text</td></tr>
<tr><td>Aufzählung,
Nummerierung</td><td>*text
*text
#text
#text</td><td>• text
• text
1. text
2. text</td></tr>
<tr><td>Tabelle</td><td>||text|text
text|text||</td><td>text text
text text</td></tr>
</table>

Die meisten Wiki-Systeme bieten heute auch sogenannte WYSIWYG[1]-Editoren an, bei denen die Wiki-Seiten bei der Bearbeitung schon in ihrer endgültigen Form dargestellt werden. Der WYSIWYG-Editor des verwendeten *TikiWiki* befindet sich jedoch noch im Erprobungsstadium.

Das zweite wichtige Merkmal haben Wiki-Seiten mit allen Arten von Webseiten gemeinsam, die Möglichkeit der Verknüpfung durch Hyperlinks. Dabei gelangt der Leser durch Anklicken eines Textes,

[1] *„What you see is what you get"*, dt.: *„Was du siehst, ist [das,] was du bekommst."*

einzelnen Wortes, Bildes oder eines anderen Elementes zu einer neuen Seite. Die Besonderheit bei Wikis ist, dass Seiten nicht logisch in einer Verzeichnisstruktur geordnet werden, sodass jede Seite zur Identifizierung einen (innerhalb eines Wiki-Systems) eindeutigen Namen haben muss, im Idealfall genau ein Wort. Diese Einschränkung erlaubt ein sehr einfaches Anlegen von Links, indem ein Wort oder Textabschnitt in Doppelklammern gesetzt wird:

```
Typische Teilaufgabe beim Löten ist das ((Dosieren)) von ((Flussmittel)).
```

Eine weitere Besonderheit von Wikis ist die Möglichkeit, neue Seiten durch leere Links zu erzeugen. Existiert z.B. die Seite *Dosieren* noch nicht, würde ein Klick auf den oben dargestellten Link die Seite erzeugen und im Bearbeitungsmodus öffnen. Typischerweise werden leere Links anders (z.B. durch eine andere Farbe) dargestellt, um sie von Links auf existierende Seiten zu unterscheiden.

Viele Wiki-Systeme enthalten eine Versionsverwaltung der Seiten. Bei Änderungen wird der ursprüngliche Stand nicht gelöscht, sondern eine neue Revision angelegt. Alte Stände bleiben verfügbar, sodass Fehler oder gar mutwillige Manipulationen von Seiten leicht korrigiert werden können.

Obwohl das ursprüngliche Prinzip von Wikis freien Schreib- und Lesezugriff für alle Benutzer vorsieht, bieten heute die meisten Wiki-Systeme Möglichkeiten der Zugriffssteuerung. Dies ist besonders beim Einsatz in Unternehmen wichtig. Grundlage für die Zugriffssteuerung ist eine Benutzerverwaltung, die es auch erlaubt, Seitenänderungen Autoren zuzuordnen. Durch eine abgestufte Vergabe von Zugriffsrechten können das Manipulationsrisiko und die Gefahr unerwünschter Wissensweitergabe, z.B. an Konkurrenten, verringert werden.

8.1.3 Strukturierungsmittel in Wiki-Systemen

Besonders wichtig für den Einsatz als Wissensmanagementsystem ist die Fähigkeit von Wikis, Seiten zu ordnen. Neben der Möglichkeit der manuellen Strukturierung durch Übersichtsseiten und einfache Links, bietet *TikiWiki* folgende Techniken /SAP-11/:

1. **Tags** sind eine Möglichkeit, Seiten mit Schlagworten zu versehen. Schlagworte stehen in keiner Beziehung zueinander und können frei vergeben werden. Schlagworte können als Suchkriterien für Seiten verwendet werden.

2. Mit **Namespaces** können in einem Wiki mehrere Bereiche (Namensräume) festgelegt werden. Seiten müssen dann nur innerhalb dieses Bereiches einen eindeutigen Namen haben. Links verweisen im Normalfall auf eine Seite innerhalb des Namensraums, können aber durch Zusatzangaben auch auf Seiten andere Namensräume verweisen.

3. Mit **Strukturen** können Wiki-Seiten hierarchisch in einer Baumstruktur geordnet werden. Es können mehrere Strukturen angelegt werden, innerhalb einer Struktur kann eine Seite aber nur an einer Stelle eingeordnet werden.

4. Ein sehr flexibles Mittel sind **Kategorien.** Kategorien werden an zentraler Stelle festgelegt. Beim Editieren können Wiki-Seiten einer beliebigen Anzahl von Kategorien zugeordnet werden. Durch die Zuordnung von Unterkategorien zu einer Oberkategorie entsteht eine Baumstruktur. Wird eine Seite einer Unterkategorie zugeordnet, gehört sie automatisch auch zu allen Oberkategorien. Durch die Zuordnung kann das Wiki-System alle Seiten einer Kategorie automatisch auflisten, sowohl auf speziellen Kategorie-Seiten, als auch eingebettet in eine editierbare Standard-Wiki-Seite. Durch die Möglichkeit, Seiten mehreren Kategorien zuzuordnen, können unterschiedliche Klassifizierungsgesichtspunkte parallel berücksichtigt werden.

8.1.4 Einsatz von Wiki-Systemen in Unternehmen

Der Einsatz des noch recht jungen Wiki-Konzeptes für Wissensmanagementsysteme in Unternehmen wurde bereits in mehreren Projekten erforscht. Einige Beispiele:

1. An der TU Graz wurde untersucht, wie die Software *Semantic MediaWiki* an die Anforderungen eines Unternehmens angepasst und für die Wissensreifung eingesetzt werden kann /WEB-11/.
2. Am Zentrum für Produktionstechnik und Organisation (CIMTT) der TU Dresden wurde im Rahmen eines Forschungsprojektes ein firmenübergreifendes Wissensmanagementsystem für metallverarbeitende Unternehmen bis 50 Mitarbeiter entwickelt /WIM-12/.
3. Im Rahmen des Forschungsprojektes *StratEWiss* (ebenfalls CIMTT) wurde in einem Unternehmen, das Serienprodukte herstellt, ein Wissensmanagementsystem aufgebaut, das die Vorteile von zwei Softwaresystemen kombiniert. Für allgemeine Informationen und Links wird ein Wiki verwendet, stärker strukturierte Daten werden in Datenbanken abgelegt /STR-12/.
4. An der RWTH Aachen wurde das spezialisierte Wiki *Q.Wiki* als Plattform für interaktives Qualitätsmanagement entwickelt und bei mehreren Unternehmen implementiert /SCHN-10/.

Es sind jedoch keine Fälle dokumentiert, bei denen ein Wiki-System zur Wissensdokumentation durch Klassifizierung von Beispielen in Unternehmen des Sondermaschinenbaus eingesetzt wird.

8.2 Konzept der technischen Realisierung

8.2.1 Grundprinzip

Bei der praktischen Umsetzung des Wissensmodells mit einem Wiki-System werden die Elemente des Systems (Projekte, Unternehmensprozesse, Technologien) durch Wiki-Seiten dargestellt. Die Einteilung in drei Bereiche wird dabei übernommen. Abbildung 50 stellt die Übersichtsseite mit Erläuterungen dar. Für die drei Bereiche *Unternehmensprozesse*, *Technologie* und *Projekte* wurden auf Grundlage der theoretisch erarbeiteten Wissensgliederungen Richtlinien sowohl zur Gestaltung der Seiten selbst, als auch zu deren Verknüpfung miteinander erarbeitet /LEU-11/. Die folgenden Abschnitte beschreiben die Ergebnisse.

8.2.2 Situationswissen

Bei der Dokumentation von Projekten wurde wegen der bestehenden Nachteile zunächst darauf verzichtet, Anforderungsspezifikation und Entwicklungsdokumentation vollständig in Form von Wiki-Seiten zu realisieren. Diese Dokumente werden in Form von Office-Dateien auf einem Dateiserver abgelegt. Im Wiki wird nur eine kurze Zusammenfassung der wichtigsten Projektinformationen abgelegt. Nach einer Phase der Erprobung ist eine Neubewertung der Integration vorgesehen.

Wie in Abbildung 50 dargestellt, werden die Projekte entsprechend des Auftragsjahres geordnet und für jedes Jahr eine Seite mit Links auf die Projekte des Jahres erstellt. Jedes Projekt wird dabei durch vier Wiki-Seiten beschrieben, die der Gliederung des Wissensmodells entsprechen:

- Projektseite: *XYZ*
    - Anforderungen: *Anforderungen XYZ*
    - Entwicklungsergebnis: *Entwicklung XYZ*
    - Betrieb: *Betrieb XYZ*

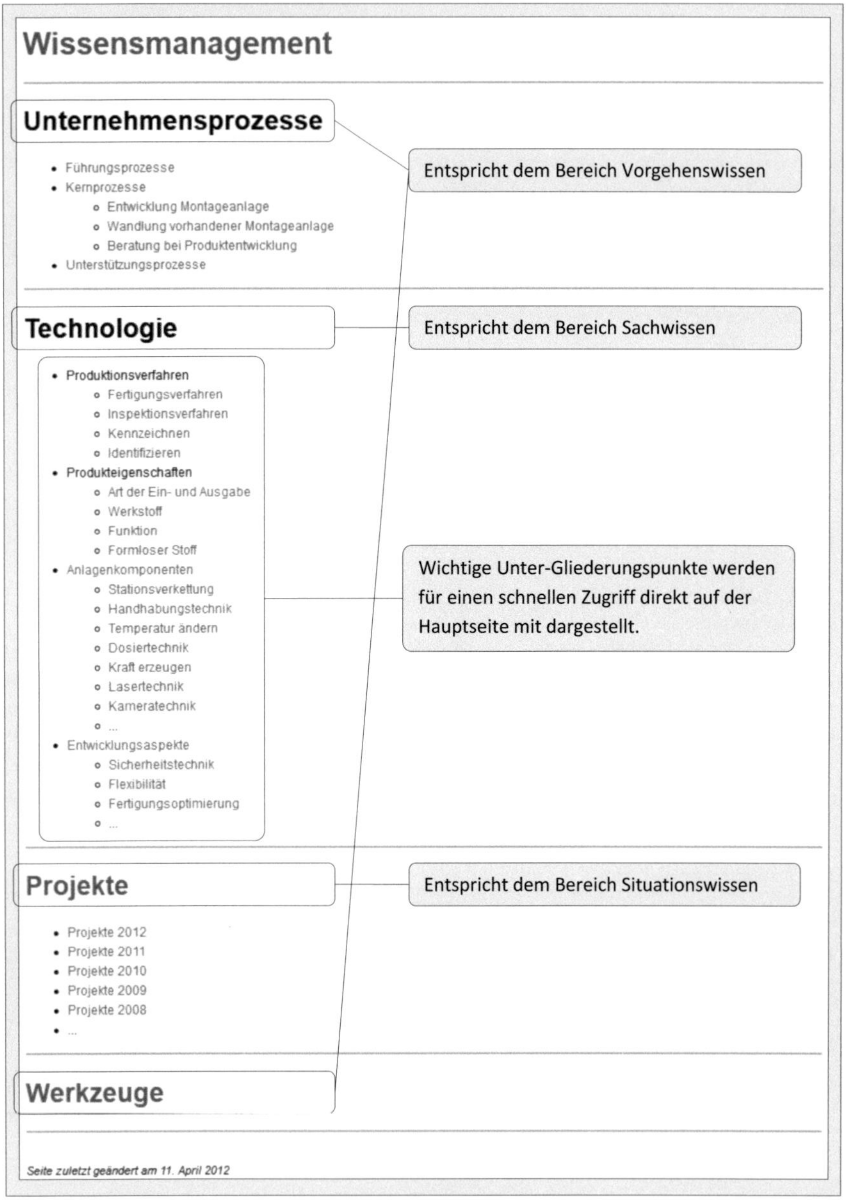

Abbildung 50 – Screenshot Wiki-Übersichtsseite

Wegen der Pflicht zu systemweit eindeutigen Seitennamen wird bei der Benennung der Unter-Seiten immer die Projektabkürzung integriert.

Bei der Festlegung des Informationsumfangs wurden folgende Ziele berücksichtigt:

- Integration von Direktlinks auf weiterführende Dokumente (u.a. Anforderungsspezifikation und Entwicklungsdokumentation).
- Minimierung von redundanten Informationen.
- Verweis auf die Bearbeiter des Projektes.
- Schaffung eines Elements, das mit Kategorien klassifiziert werden kann (siehe Abschnitt 8.2.4).
- Ermöglichen einer ersten Prüfung der Wiederverwendungseignung, ohne die verlinkten Projektdokumente öffnen zu müssen.

Abbildung 51 und Abbildung 52 zeigen zwei Beispiel-Seiten für die Montage des bereits vorgestellten fiktiven Steckverbinders.

8.2.3 Sachwissen

Der Aufbau des Bereiches Sachwissen orientiert sich an den vorgestellten vier Gliederungssystemen. Jeder Gliederungspunkt wird durch eine Wiki-Seite repräsentiert. Seiten einer höheren Strukturstufe enthalten Links auf die Seiten der unmittelbar darunter liegenden Strukturstufe. Die im Kapitel 5 vorgestellte Vernetzung wird ebenfalls mit Hilfe von Links realisiert, die unabhängig von der Hierarchie der Gliederungssysteme frei zwischen den Seiten verweisen können.

Die redaktionelle Verantwortung für eine Technologieseite liegt bei dem entsprechenden Spezialisten, Beiträge anderer Mitarbeiter sind jedoch erlaubt und erwünscht. Da der Spezialist durch das System über Änderungen an *„seiner"* Seite automatisch informiert wird, kann er Anpassungen kontrollieren und die Qualität sicherstellen. Darüber hinaus gibt das System Auskunft über den Autor eines Eintrags, sodass eine Beurteilung der Verlässlichkeit und eine gegenseitige Kontrolle im Sinne der Schwarmintelligenz möglich sind.

Der Aufbau der Seiten hängt stark von ihrem Inhalt ab. So enthalten Seiten hoher Strukturstufen, wie *Fertigungsverfahren* und *Art der Ein- und Ausgabe* vor allem Informationen zur Unterscheidung der Seiten der darunter liegenden Strukturstufe (Abbildung 53), während tiefer liegende Seiten Informationen zu Spezialisten, Beispielen, Literatur, etc. enthalten (Abbildung 54). Seiten besonders häufiger Themen verweisen auf Standards, Lösungsprinzipien oder spezielle Werkzeuge. Die Seite *Fügen* ist in größerer Ansicht und ohne Kommentare noch einmal in Anhang G – *„Screenshots Wiki-Seiten"* abgebildet.

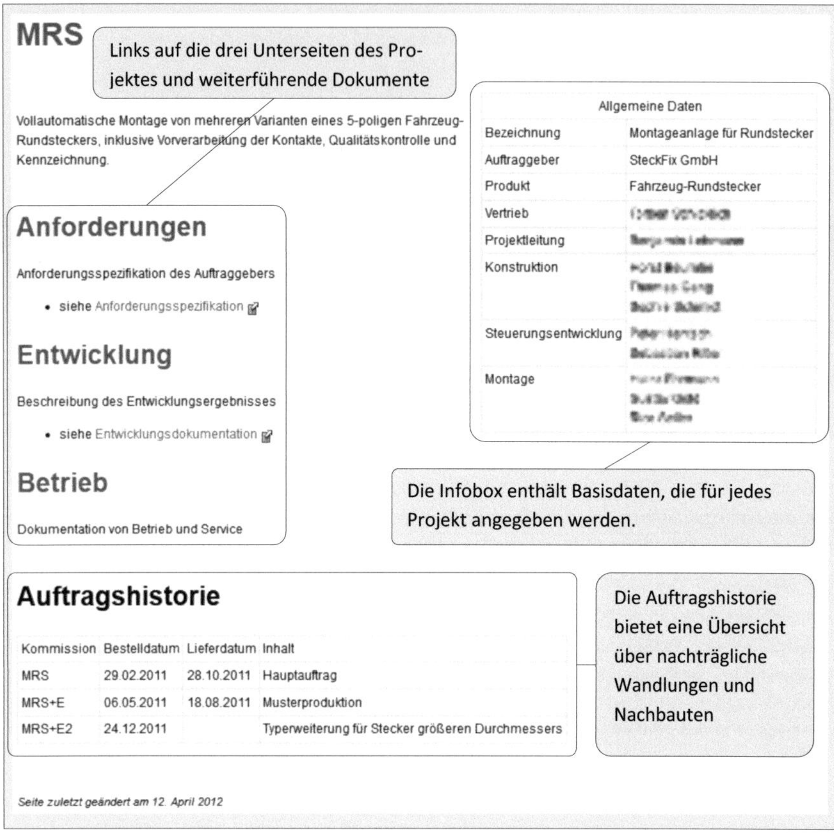

Abbildung 51 – Screenshot Projekt-Wiki-Seite *Projekt MRS*

Abbildung 52 – Screenshot Wiki-Seite *Anforderungen MRS*

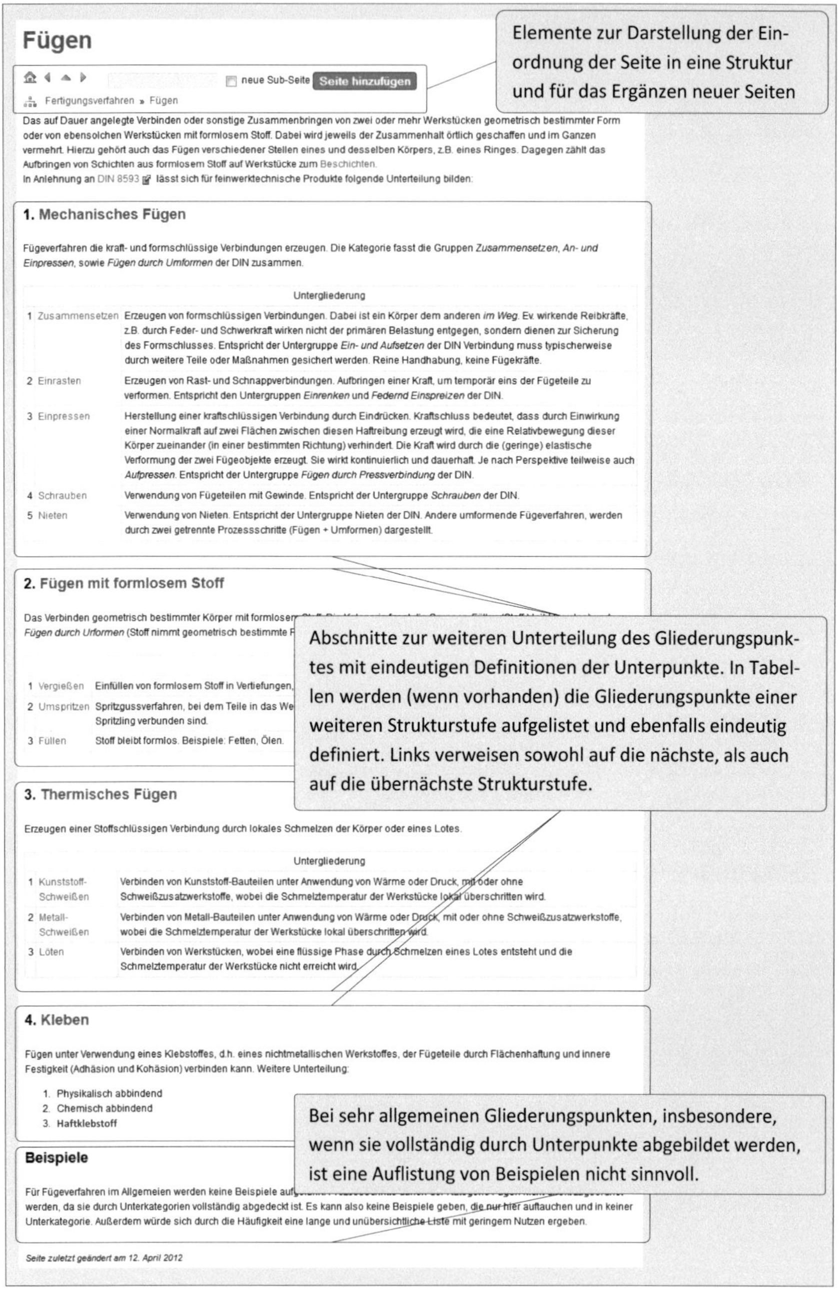

Abbildung 53 – Screenshot Technologie-Wiki-Seite *Fügen*

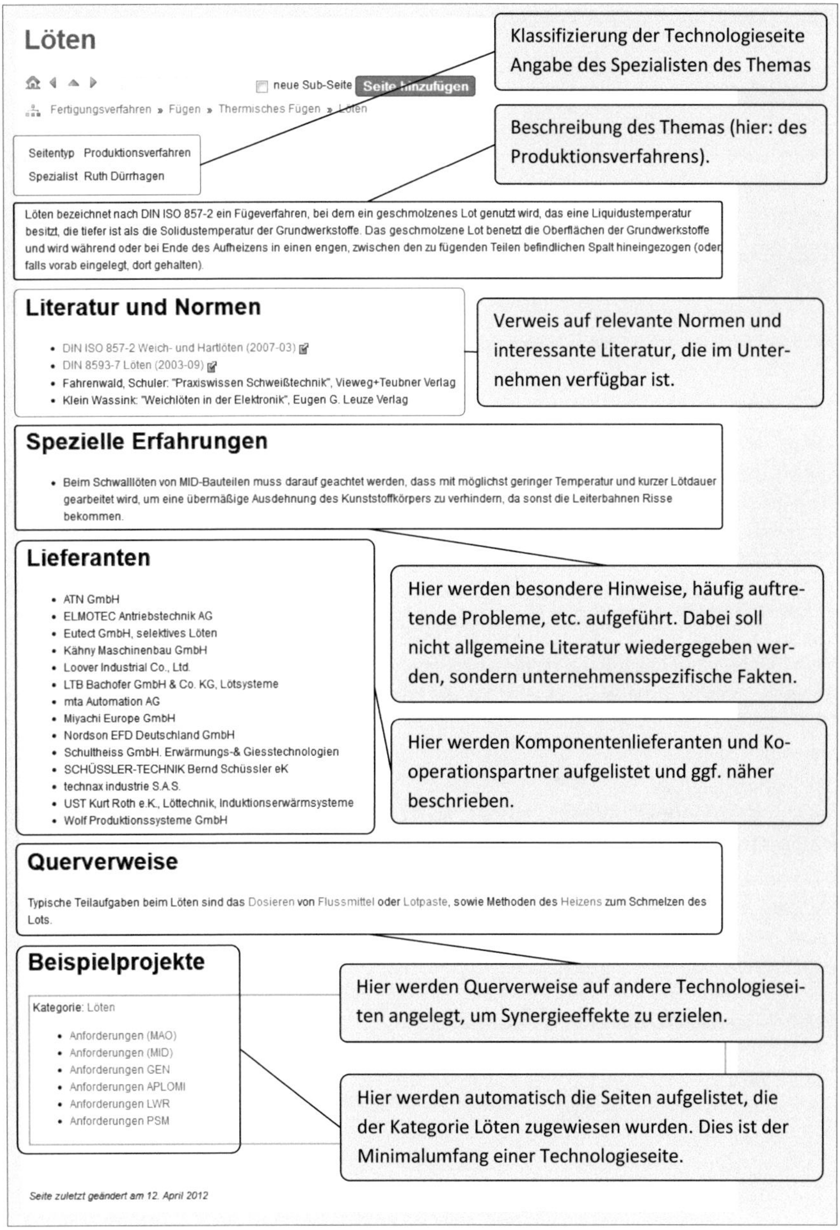

Abbildung 54 – Screenshot Technologie-Wiki-Seite *Löten*

8.2.4 Verknüpfung über Kategorien

Zentrales Element des Wissensmanagements durch Klassifizierung von Beispielen ist die Verknüpfung der Projektseiten mit den Technologieseiten. Dazu wird das in Abschnitt 8.1.3 vorgestellte Mittel der Kategorien verwendet. Die in Kapitel 5 erarbeiteten Gliederungssysteme werden im Wiki-System als *Kategorienbäume* abgebildet (Abbildung 55). Nach ihrer Erstellung werden die Projektseiten nach den vorgegebenen Regeln klassifiziert, indem sie einer beliebigen Anzahl Wiki-Kategorien zugeordnet werden (Abbildung 56, Abbildung 57).

Da die Gliederungssysteme auch die Grundlage für den Bereich Technologie sind, existiert zu jeder Kategorie eine passende (Technologie-)Wiki-Seite. Die Möglichkeit, alle Seiten einer Kategorie automatisch innerhalb anderer Wiki-Seiten aufzulisten, wird genutzt, um die kategorisierten Beispielprojekte auf den entsprechenden Technologieseiten anzuzeigen. Die Auflistung besteht aus Links, sodass ein schneller Wechsel zur Projektseite des Beispiels möglich ist. Eine automatische Auflistung kategorisierter Seiten ist im unteren Bereich von Abbildung 54 zu sehen.

Leider bietet das verwendete System nur die Möglichkeit, ganze Seiten, nicht jedoch Seitenabschnitte oder Seitenelemente zu kategorisieren. Deshalb verweisen Links nur auf die Projektseite statt auf die entsprechenden Seitenabschnitte der Prozessschritte, Montageobjekte oder Stationen. Der Lösungsansatz, all diese Elemente durch einzelne kategorisierbare Seiten zu beschreiben, musste wegen des hohen Erstellungsaufwandes verworfen werden.

8.2.5 Vorgehenswissen

Vorgehenswissen wird durch die Bereiche *Unternehmensprozesse* und *Werkzeuge* dokumentiert. Der Bereich Unternehmensprozesse bildet dabei das Prozessmodell ab, indem jeder Prozess durch eine Wiki-Seite repräsentiert wird. Seiten einer höheren Strukturstufe enthalten Links auf die Seiten der unmittelbar darunter liegenden Strukturstufe. Darüber hinaus verlinken die Seiten auf Vor- und Nachfolgeprozesse, auf zu verwendende Werkzeuge und auf weiterführende Dokumente. Die redaktionelle Verantwortung für eine Prozessseite liegt bei dem entsprechenden *Prozesseigner*. Anders als bei Technologien und Projekten dürfen nur sie Änderungen vornehmen.

Die Prozesse können als Text, tabellarisch, in Form von Diagrammen oder durch Kombination mehrerer Mittel beschrieben werden. Allen Seiten gemeinsam sind Standardangaben zu Verpflichtungscharakter (Pflicht oder Richtlinie), Nummer, Entwurfsstatus, Ausgabestand, Ein- und Ausgaben, Schnittstellen, Prozesseigner, sowie Startzeitpunkt oder -ereignis.

8.3 Vorgehensweise zur Einführung

Das Konzept von Wiki-Systemen basiert auf der freiwilligen Mitarbeit der Nutzer. Deshalb ist eine Einführungsstrategie wichtig, die sehr schnell den Nutzen des Systems offenbart und so zur eigenen Beteiligung motiviert. Für die Freigabe des Systems für die allgemeine Nutzung wurden deshalb folgende Anforderungen formuliert:

- Die Grundstruktur soll ausreichend detailliert sein, um den Großteil der zu klassifizierenden Elemente abzudecken.
- Die Organisation der Ergänzung neuer Projekte muss ausreichend detailliert beschrieben sein.
- Ein Mindestumfang an Beispielen soll integriert sein.

Zur leichteren Organisation der notwendigen Aufgaben wurden verschiedene Einführungsstufen definiert. Tabelle 33 stellt die Zuordnung der Aufgaben zu den Einführungsstufen und Wissensbereichen dar. Die Aufgaben der Stufe 1 wurden im Rahmen der Arbeit abgeschlossen.

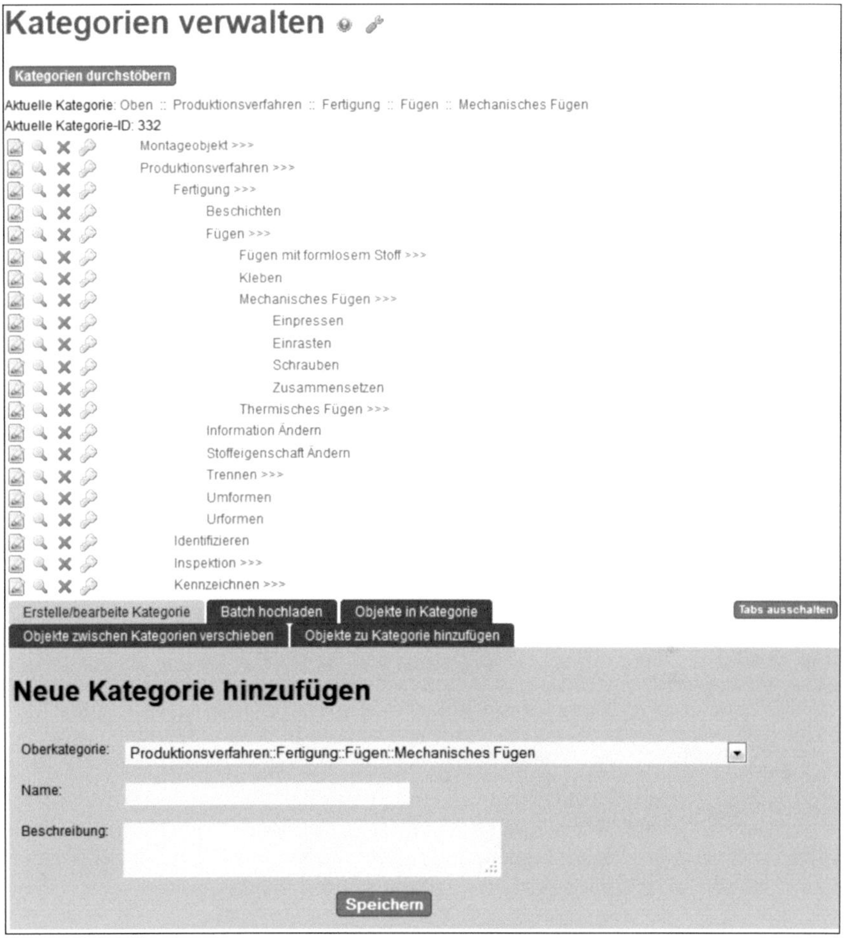

Abbildung 55 – Screenshot Wiki-Seite *Kategorien verwalten*

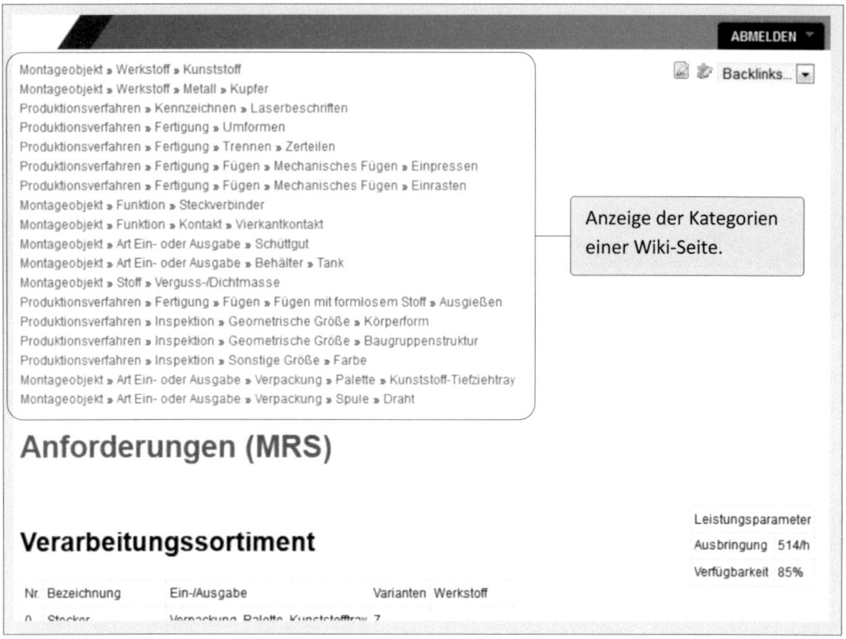

Abbildung 56 – Screenshot Wiki-Seite: Kategorien der Anforderungen des Projektes MRS

Abbildung 57 – Screenshot Kategorien-Editor Wiki-Seite

Tabelle 33 – Einführungsstrategie Wissensmanagementsystem

Nr.	Schritt	Einführungsstufe
Projekte		
	Definition von Inhalt und Form einer Projektseitenstruktur (Steckbrief-Umfang).	**Stufe 1**
	Integration der Projekte des vergangenen Jahres.	**Stufe 1**
	Laufende Dokumentation und Klassifizierung neuer Projekte durch Wissensredaktion.	**Stufe 1**
	Integration der Projekte der vergangenen drei Jahre.	Stufe 2
	Integration von interessanten Projekten, die älter als 3 Jahre sind, durch Wissensredaktion. Minimal-Klassifizierung nur nach der interessanten Technologie.	Stufe 2
	Start der regulären Dokumentation und Klassifizierung von Projekten im Wiki-System durch Projektteams.	Stufe 2
	Integration von älteren Vorgänger-Projekten bei Nachbauten, Wandlungen oder umfangreicheren Serviceeinsätzen.	laufend
	Integration älterer Projekte, die Beispiele für ein bestimmtes Thema enthalten, anlässlich von Forschungsprojekten oder speziellen Recherchen.	laufend
	Direkte Integration der Entwicklungsdokumentation (nicht rückwirkend).	Stufe 3
	Direkte Integration der Anforderungsdokumentation (nicht rückwirkend).	*Stufe 4*
	Integration der Servicedokumentation.	*Stufe 4*
	Verbesserung von Suchfunktion und Automatisierung.	*Stufe 4*
Technologie		
	Definition der Kategorien und Anlegen im Wiki.	**Stufe 1**
	Definition von Inhalt und Form einer Technologieseite.	**Stufe 1**
	Anlegen der entsprechenden Technologieseiten mit Beispieltabellen, Definitionen und Links auf Unterkategorien.	**Stufe 1**
	Schulung der Wiki-Benutzung.	Stufe 2
	Festlegung der Spezialisten/Redakteure und Freigabe der Bearbeitung.	Stufe 2
	Füllen der Technologieseiten mit Informationen.	laufend
	Integration vorhandener Standards durch Verweis auf entsprechende Dokumente.	Stufe 3
	Dokumentation der Standards direkt im Wiki.	Stufe 3
Unternehmensprozesse		
	Definition des Inhalts einer Unternehmensprozessbeschreibung.	Stufe 2
	Grobe Beschreibung des Entwicklungsprozesses.	Stufe 2
	Beschreibung der Prozesse zur Dokumentation und Klassifizierung von Projekten.	Stufe 2
	Übertragung vorhandener Prozessbeschreibungen in Form von Arbeitsanweisungen, internen Pflichtenheften, etc. in das Wiki-System (direkt oder als Verweis)	Stufe 3
Werkzeuge		
	Grundstruktur anlegen anhand vorhandener Beschreibungen und Spezialisierungen.	Stufe 3
	Benutzung freigeben.	Stufe 3

9 Zusammenfassung und Ausblick

9.1 Zusammenfassung

Im Rahmen der Arbeit wurden Methoden erarbeitet, um flexible Montageanlagen variantenreicher feinwerktechnischer Produkte trotz steigender Anforderungen in höherer Qualität, kürzerer Zeit und zu geringeren Kosten als bisher zu entwickeln. Der Schwerpunkt lag dabei auf der Optimierung der Entwicklung individueller produktspezifischer Einzelexemplare mit hohem Entwicklungsanteil an den Gesamtkosten.

Die Analyse des Standes der Technik in der Fachliteratur und in einem exemplarisch betrachteten Industrieunternehmen des Montageanlagenbaus zeigte eine Vielzahl bereits bestehender Strategien zur Optimierung des Entwicklungsprozesses aber auch Potential für weitere Verbesserungen. Die verfolgten Ansätze konzentrieren sich auf vier Schwerpunkte:

1. Unterstützung der konsequenten Berücksichtigung von Anforderungen.
2. Erhöhung des Wiederverwendungsgrades bereits existierender Entwicklungsergebnisse.
3. Anpassung des Entwicklungsprozesses an die Wandlung von Anlagen und an deren Vorbereitung.
4. Erleichterung der Standardisierung von Lösungsbausteinen.

Zur Einordnung der erarbeiteten Methoden wurden zunächst ein Prozess- und ein Wissensmodell für Unternehmen des Montageanlagenbaus entwickelt. Das Prozessmodell gliedert den Entwicklungsprozess in mehrere vernetzte, eine Hierarchie bildende Unternehmensprozesse. Das Wissensmodell teilt das Unternehmenswissen in *Vorgehenswissen* (Organisation), *Situationswissen* (Projekte) und *Sachwissen*.

Erster Entwicklungsschwerpunkt war das Management von Anforderungen. Für die Dokumentation von Projektanforderungen in einem einheitlichen Format wurde eine Gliederung in die sechs Abschnitte *Leistungsparameter*, *Produkt*, *Prozessschritte*, *Umgebungsbedingungen*, *Betrieb und Instandhaltung*, sowie *Organisation* erarbeitet, die folgende Vorteile bietet:

- Identifizierbarkeit der Anforderungsquelle (Kunde oder Lieferant).
- Reduzierung bestimmter Anforderungsarten auf die Abweichung von einem Standard.
- Erhöhung des Lösungsspielraums durch Trennung von Anforderungen und (vorläufigem) Lösungskonzept.
- Vereinfachung des kontinuierlichen Abgleichs des Entwicklungsergebnisses.
- Erleichterung der Beurteilung der Wiederverwendbarkeit bei Nachfolgeprojekten.

Darüber hinaus wurde eine Methode entwickelt, um die Unterschiede zwischen den zu montierenden Produktvarianten bei der Entwicklung vollständig zu berücksichtigen. Dazu wird das Produkt entsprechend seiner Baustruktur in Montageobjekte zerlegt und die Unterschiede ihrer Varianten durch variable Merkmale der Klassen *(Bau-)Struktur*, *Geometrie*, *Werkstoff*, *Oberfläche* und *Information* beschrieben. Durch die Zerlegung der Montageaufgabe in Prozessschritte und deren Charakterisierung durch ein- und ausgehende Montageobjekte kann für jeden Prozessschritt dargestellt werden, welche variablen Merkmale berücksichtigt werden müssen. Die Gesamtaufgabe wird dadurch in besser überschaubare Teilaufgaben geringerer Komplexität zerlegt.

Der zweite Schwerpunkt betrifft die Erhöhung des Wiederverwendungsgrades. Dafür wurde eine Methode entwickelt, die abgeschlossene Projekte durch strukturierte Dokumentation und geeignete Klassifizierung als Beispiele für Folgeprojekte verfügbar macht. Durch die Klassifizierung entstehen

Zugriffsschlüssel, die das Auffinden der geeigneten Beispielprojekte ermöglichen. Der Grad der Wiederverwendung kann dabei unterschiedlich intensiv sein, sowohl bezüglich des Umfangs (Teile, Baugruppen oder ganze Stationen), als auch bezüglich des Abstraktionsgrades (Lösungen, Prinzipien oder Vorgehen). Der Umstand der Vielfalt verarbeiteter Produkte, genutzter Technologien und eingesetzter Anlagenkomponenten bei der Entwicklung produktspezifischer Montageanlagen führt dabei nach kurzer Zeit zu einer umfangreichen Wissenssammlung.

Als wichtige Voraussetzung wurden vier Gliederungssysteme zur Klassifizierung von Prozessschritten, Montageobjekten, Anlagenkomponenten und Lösungsprinzipien erarbeitet. Prozessschritte werden z.B. nach dem eingesetzten Produktionsverfahren klassifiziert, wobei die aus der Literatur bekannten Ordnungsstrukturen an die Anforderungen der betrachteten Branche angepasst wurden. Ein besonderer Synergieeffekt wird durch die Vernetzung der Elemente der Gliederungssysteme erreicht. Das Thema wird abgeschlossen durch eine detaillierte Beschreibung der Vorgehensweise zur Klassifizierung der Projektdokumentation.

Im dritten Schwerpunkt wird gezeigt, wie die zuvor erarbeiteten Methoden genutzt werden können, um die nachträgliche Anpassung von Montageanlagen (Wandlungen) an sich ändernde Anforderungen (z.B. höhere Stückzahlen oder neue Varianten) zu vereinfachen. Die Methoden des Anforderungsmanagements können genutzt werden, um die unsicheren für die Zukunft prognostizierten Anforderungsänderungen zu formulieren und darüber hinaus die Zusammenarbeit zwischen Produkt- und Montageanlagenentwicklern zu fördern. Die Methodik zur Klassifizierung von Lösungsprinzipien wurde um Gesichtspunkte der Wandlung und Wandlungsfähigkeit erweitert.

Im vierten Schwerpunkt wurde die systematische Dokumentation und Klassifizierung von abgeschlossenen Projekten genutzt, um firmeninternes Standardisierungspotential zu identifizieren und existierende Standards leichter verfügbar zu machen.

Abschließend wurde das erarbeitete Wissensmodell mit der Software *TikiWiki* als Teil eines Unternehmens-Intranets praktisch umgesetzt. Dabei wird das Wissen durch verlinkte *Wiki-Seiten* dargestellt, einer speziellen Form von Web-Seiten, die Benutzer direkt im Web-Browser bearbeiten können. Für jeden der drei Bereiche des Wissensmodells wurden Richtlinien sowohl zur Gestaltung der Seiten selbst, als auch zu deren Verknüpfung miteinander erarbeitet. Besonders hervorzuheben ist die Abbildung der geschaffenen Gliederungssysteme für Sachwissen durch Wiki-Kategorien. Diese spezielle Funktion von Wiki-Systemen erlaubt es, Seiten unter mehreren Gesichtspunkten zu klassifizieren und auf anderen Seiten automatisch Listen der Seiten einer Kategorie anzuzeigen. Auf diese Weise konnte das vorgestellte Prinzip des Wissensmanagements durch Klassifizierung von Beispielprojekten effektiv umgesetzt werden. Durch die Klassifizierung und Analyse ausgewählter Projekte wurde die reguläre Einführung des Systems in dem betrachteten Industrieunternehmen vorbereitet und die praktische Umsetzbarkeit des Konzeptes nachgewiesen.

9.2 Ausblick

Da die Arbeit in einem Industrieunternehmen entstand und ganz konkrete Probleme der Praxis adressiert, ist eine Übertragung der beschriebenen Methoden in betriebliche Abläufe vorgesehen. Die vorgestellten Ansätze wurden in dem Unternehmen erprobt und zum Teil bereits in den regulären Entwicklungsprozess integriert. Für eine weitere Ausweitung des Einsatzes sind u.a. Mitarbeiterschulungen geplant.

Eine besondere Bedeutung kommt der Einführung des wiki-basierten Wissensmanagementsystems zu. Der erste Schritt einer stufenweisen Einführungsstrategie wurde im Referenzunternehmen im Rahmen der Arbeit bereits abgeschlossen. Dazu wurden Verknüpfung und Gestaltung von Wiki-Seiten an ausgewählten Beispielen erarbeitet. Die Verlinkung oder Integration bestehender Wissensquellen, sowie die nachträgliche Klassifizierung von Projekten der Vergangenheit stellt trotzt der optimierten Vorgehensweise einen erheblichen Aufwand dar, der den Rahmen der Arbeit gesprengt hätte. Diese Aufgabe wird einen längeren Zeitraum in Anspruch nehmen und erfordert die Beteiligung mehrerer Mitarbeiter. Es ist zu erwarten, dass durch die dabei gewonnenen Erfahrungen auch Änderungen an den Elementen des Systems notwendig werden.

In Stufe vier sind technische Verbesserungen bei der praktischen Umsetzung mit dem Wiki-System angedeutet, deren genauer Umfang aber noch näher untersucht werden muss. Durch die Nutzung weiterer Fähigkeiten der Software, bzw. durch deren Erweiterung werden verschiedene Verbesserungen erwartet:

1. Möglichkeiten zur ansprechenden grafischen Gestaltung der Seiten wurde nur grob untersucht, die Software bietet dazu jedoch umfangreiche Möglichkeiten. Durch Verbesserungen an dieser Stelle können Übersicht und Attraktivität der Wissenspräsentation erhöht werden.
2. Das Wiki-System kann sehr flexibel durch aktive Komponenten, die sich in Wiki-Seiten einbinden lassen, angepasst werden. Dadurch könnten z.B. sogenannte *Infoboxen*[1] ihren Inhalt automatisch aus anderen Datenquellen übernehmen und so den Erstellungsaufwand weiter reduzieren.
3. Durch die Verwendung von Skripten kann die regelmäßig wiederkehrende Erstellung von Projekt-Seitenstrukturen automatisiert werden. Eine weitere Anwendung wäre die automatische Vergabe von Kategorien aufgrund der Angaben innerhalb der Seiten (z.B. in Tabellen).
4. Außerdem bietet sich eine Verbesserung der Suchfunktion an. Mit der aktuell verwendeten Technik kann immer nur unter einem Gesichtspunkt gesucht werden. Es wäre sehr nützlich, wenn für die Suche nach Beispielprojekten mehrere Kriterien herangezogen werden könnten, wie z.B.: *„Projekte mit dem Verfahren Löten, einem Durchsatz von mehr als 1000 Teilen/Stunde, für den US-amerikanischen Markt“*. Einen Ansatz dafür bieten sogenannte *Semantische Wikis*, die deutlich erweiterte Möglichkeiten der Klassifizierung von Daten als Wiki-Kategorien bieten und die Vorteile von Datenbanken und Wiki-Systemen vereinen /HIT-08/.

[1] Knappe tabellenförmige Darstellung von Standardeigenschaften des durch eine Seite beschriebenen Elementes.

9.3 Übertragbarkeit

Die Ergebnisse der Dissertation sind auf andere Anwendungsfälle und Unternehmen übertragbar. Durch die Allgemeingültigkeit der Ergebnisse lassen sie sich zumindest in Unternehmen der gleichen Branche (produktspezifischer Montageanlagenbau) anwenden. Für die Übertragung der Methoden über diesen Bereich hinaus sind bestimmte Voraussetzungen zu prüfen.

Das Prinzip der Anforderungsgliederung durch Prozessschritte und Montageobjekte ist durch die Art der Gliederungselemente sehr auf den Montageanlagenbau zugeschnitten, jedoch auch für andere als feinwerktechnische Produkte anwendbar. Die Klassifizierung der variablen Merkmale eignet sich besonders für Produkte, die im Wesentlichen aus Einzelteilen zusammengesetzt werden. Komplexere Produkte aus bereits aggregierten Baugruppen benötigen ggf. andere Klassifizierungsgesichtspunkte.

Das Konzept des Wissensmanagements durch Klassifizierung von Beispielen ist vor allem in Unternehmen sinnvoll, die individuelle Produkte in Stückzahl Eins entwickeln. Es ist jedoch zu erwarten, dass die Anpassung des Detailgrades der Gliederungssysteme je nach Schwerpunkt des Unternehmens individuell neu zu bestimmen ist.

Die erfolgreiche exemplarische Anwendung der Methoden auf ein Projekt der Phoenix Contact GmbH belegt die Übertragbarkeit des Lösungsprinzips auf ähnliche Anwendungsfälle.

Diese Übertragbarkeit auf andere Anwendungsfälle und der unmittelbare Nutzen für das betrachtete Referenzunternehmen stellen einen wertvollen Beitrag zur kontinuierlichen Optimierung der Entwicklungsmethodik technischer Erzeugnisse dar.

Quellenverzeichnis

/ALT-86/ Altschuller, G.: Erfinden: Wege zur Lösung technischer Probleme. Berlin: Verlag Technik, 1986

/BAU-04/ Bauch, W.; Flemming, V.; Kühlfluck, E.; Weise, M.: Strategien zur Entwicklung von Produktionsanlagen unter dem Gesichtspunkt der nachhaltigen Nutzung. Forschungsbericht, Chemnitz: 2004

/BEK-08/ Becker, J.; Kugeler, M.; Rosemann, M.: Prozessmanagement. Ein Leitfaden zur prozessorientierten Organisationsgestaltung. Berlin: Springer Verlag, 2008

/BIR-92/ Birkhofer, H.: Erfolgreiche Produktentwicklung mit Zulieferkomponenten. In: Praxiserprobte Methoden erfolgreicher Produktentwicklung. Düsseldorf: VDI-Verlag, 1992

/BIR-99/ Birkhofer, H.; Keutgen, I.: Vom Konstruktionskatalog zum agentengestützten Online-Informationssystem. In: Franke, H.; Krusche, T.; Mette, M. (Hrsg.): Konstruktionsmethodik – Quo vadis?. Aachen: Shaker Verlag, 1999

/BRU-10/ Brunner, F.; Wagner, K.: Qualitätsmanagement: Leitfaden für Studium und Praxis. München: Hanser Verlag, 2010

/BSW-03/ Bayerisches Staatsministerium für Wirtschaft, Infrastruktur, Verkehr und Technologie: Integriertes Managementsystem. Qualität. Umwelt. Arbeitsschutz. Ein Leitfaden für kleine und mittlere Unternehmen. München: Bayerisches Staatsministerium für Wirtschaft, Infrastruktur, Verkehr und Technologie, 2003

/CRO-79/ Crosby, B.: Quality is free: the art of making quality certain. New York: McGraw-Hill, 1979.

/DEM-11/ Demant, C.; Streicher-Abel, B.; Springhoff, A.: Industrielle Bildverarbeitung. Wie optische Qualitätskontrolle wirklich funktioniert. Berlin: Springer Verlag, 2011

/DIN-199/ Norm DIN 199 März 2002. Technische Produktdokumentation; CAD-Modell, Zeichnungen und Stücklisten.

/DIN-55405/ Norm DIN 55405 November 2006. Verpackung – Terminologie - Begriffe.

/DIN-8580/ Norm DIN 8580 September 2003. Fertigungsverfahren – Begriffe, Einteilung.

/DIN-8593/ Norm DIN 8593 September 2003. Fertigungsverfahren Fügen.

/DIN-66001/ Norm DIN 66001 Dezember 1983. Informationsverarbeitung; Sinnbilder und ihre Anwendung.

/DIN-69901-5/ Norm DIN 69901-5 Januar 2009. Projektmanagement – Projektmanagementsysteme – Teil 5: Begriffe

/EHR-99/ Ehrlenspiel, K.: Praktiker minimieren ihren Konstruktionsaufwand mit unbewußt erlernten Methoden. In: Franke, H.; Krusche, T.; Mette, M. (Hrsg.): Konstruktionsmethodik – Quo vadis?. Aachen: Shaker Verlag, 1999

/EN-60204/ Norm DIN EN 60204-1 Juni 2007. Sicherheit von Maschinen - Elektrische Ausrüstung von Maschinen - Teil 1: Allgemeine Anforderungen.

/ERS-99/ Ersoy, M.: Konstruktionsmethodik für Automobilindustrie. In: Franke, H.; Krusche, T.; Mette, M. (Hrsg.): Konstruktionsmethodik – Quo vadis?. Aachen: Shaker Verlag, 1999

/FIC-09/ Fichtner, U.: Analyse und Systematisierung von Sondermaschinen aus Sicht der Realisierung von Variantenmontagen. Dresden, Technische Universität, Diplom, 2009

/FLE-10/ Flemming, V.: Montagetechnik und –steuerung, Einleitung, Vorlesungsskript. TU Dresden, 2010

/FUE-01/ Füssel, U.: Fügetechnik und Montage - Einheit von Konstruktion, Werkstoff und Prozess. In TU Dresden, Professur Fügetechnik und Montage: Fachkolloquium 2001. Dresden: Technische Universität, 2001

/FUE-05/ Füssel, U.: Prozesskette Fügen – von der Schraubenverbindung bis zur Montageplanung. In TU Dresden, Professur Fügetechnik und Montage: Dresdner Fügetechnisches Kolloquium 2005. Dresden: Technische Universität, 2005

/FRA-99/ Franke, H.; Krusche, T.; Mette, M.: Konstruktionsmethodik – Quo vadis?. Aachen: Shaker Verlag, 1999

/FRA-99a/ Franke, H.: Ungelöste Probleme der Konstruktionsmethodik. In: Franke, H.; Krusche, T.; Mette, M. (Hrsg.): Konstruktionsmethodik – Quo vadis?. Aachen: Shaker Verlag, 1999

/FRE-08/ Freitag, H.; Wagner, S.: Praxisbericht XENON. In: Nyhuis, P.; Nickel, R.; Tullius, K.: Globales Variantenproduktionssystem. Globalisierung mit System. Garbsen: PZH Produktionstechnisches Zentrum GmbH, 2008.

/GAI-83/ Gaitanides, M.: Prozessorganisation. Entwicklung, Ansätze und Programme prozessorientierter Organisationsgestaltung. München: Vahlen Verlag, 1983

/GLÖ-11/ Glöß, S.: Identifizierung von Standardisierungspotential für Baugruppen produktspezifischer Montageanlagen. Dresden, Technische Universität, Diplom, 2011

/GÖT-91/ Götz, R.: Strukturierte Planung flexibel automatisierter Montagesysteme für flächige Bauteile. Dissertation. iwb Forschungsberichte, Band 39. Berlin: Springer Verlag, 1991

/GRA-99/ Grabowski, H.: Die Bedeutung von Konstruktionskatalogen für wissensbasierte Konstruktionssysteme. In: Franke, H.; Krusche, T.; Mette, M. (Hrsg.): Konstruktionsmethodik – Quo vadis?. Aachen: Shaker Verlag, 1999

/HAU-07/ Hauser, M.: Profit Centers - Center-Controlling. Offenburg: Verlag für ControllingWissen AG, 2011

/HIL-05/ Hildebrand, T.: PLUG+PRODUCE. Gestaltungsstrategien für die wandlungsfähige Fabrik. Chemnitz: IBF (Institut für Betriebswissenschaften und Fabriksysteme), 2005

/HIT-08/ Hitzler, P.; Krötzsch, M.; Rudolph, S.; Sure, Y.: Semantic Web. Grundlagen. Berlin: Springer Verlag, 2008

/HEN-07/ Hentsch, P.; Freitag, H.: Montageautomatisierung in der Variantenproduktion. In TU Dresden, Professur Fügetechnik und Montage: Dresdner Fügetechnisches Kolloquium 2008. Ganzheitliche Montage – Von der Schraubenverbindung über die Handhabungstechnik bis zur Montageplanung. Dresden: Technische Universität, 2008

/HES-82/ Hessler, W.; Hüllenkremer, M.; Viehmann, K.: Kostenreduzierung durch Standardisierung und Normung. Düsseldorf: VDI-Z 124, 1982

/HES-06/ Hesse, S.: Grundlagen der Handhabungstechnik. München: Carl Hanser Verlag, 2010

/HES-10/ Hesse, S.; Malisa, V.: Taschenbuch Robotik – Montage - Handhabung. München: Carl Hanser Verlag, 2010

/IEEE-830/ Norm IEEE Std 830-1998. IEEE Recommended Practice for Software Requirements Specifications.

/IFC-11/ IFC Intelligent Feeding Components GmbH: IPC Flexfeeder (Produktbroschüre). Oedheim: IFC Intelligent Feeding Components GmbH, 2011

/ISO-5807/ Norm ISO 5807 Februar 1985. Informationsverarbeitung; Dokumentationssymbole und -konventionen für Daten, für Programm- und Systemabläufe, für Pläne von Programmnetzen und Systemhilfsquellen.

/ISO-9000/ Norm DIN EN ISO 9000; 2005. Qualitätsmanagementsysteme - Grundlagen und Begriffe.

/ISO-9001/ Norm DIN EN ISO 9001; 2008. Qualitätsmanagementsysteme - Anforderungen.

/ISO-10006/ Norm ISO 10006; 2003. Leitfaden Qualitätsmanagement in Projekten.

/ISO-12100/ Norm DIN EN ISO 12100 März 2011. Sicherheit von Maschinen - Grundbegriffe, allgemeine Gestaltungsleitsätze.

/ISO-80000/ Norm ISO 80000 November 2009. Größen und Einheiten.

/JÄG-90/ Jäger, A.: Systematische Planung komplexer Produktionssysteme. Dissertation. iwb Forschungsberichte, Band 31. Berlin: Springer Verlag, 1990

/JES-97/ Jeschke, A.: Beitrag zur wirtschaftlichen Bewertung von Standardisierungsmaßnahmen in der Einzel- und Kleinserienfertigung durch die Konstruktion. Dissertation. Braunschweig: TU Braunschweig. Fakultät für Maschinenbau und Elektrotechnik. 1997.

/KOC-08/ Koch, A.: OEE für das Produktionsteam. Das vollständige OEE-Benutzerhandbuch - oder wie Sie die verborgene Maschine entdecken. Ansbach: CETPM Publishing, 2008

/KON-03/ Konold, P.; Reger, H.: Praxis der Montagetechnik. Produktdesign, Planung, Systemgestaltung. Wiesbaden: Vieweg Verlag, 2003

/KOS-11/ Kossiakoff, A.; Sweet, W.; Seymour, S.; Biemer, M.: Systems Engineering. Principles and Practice. Hoboken: John Wiley & Sons, Inc., 2011

/KRA-04/ Krause, W.: Konstruktionselemente der Feinmechanik. München: Hanser Fachbuchverlag, 2004

/LÄS-05/ Lässig, J.: Gestaltungslösung für die Dienstleistungsfabrik Montage. Dissertation. Chemnitz, Technische Universität, 2010

/LEU-01/ Leuf, B.; Cunningham, W.: The Wiki Way – Quick Collaboration on the Web. Harlow/München: Addison-Wesley 2001

/LEU-11/ Leuckert, J.: Erarbeitung eines aufwandsoptimalen Vorgehens zur Dokumentation der Entwicklung von produktspezifischen Montageanlagen in einem Wiki-System. Dresden, Technische Universität, Großer Beleg, 2011

/LIN-94/ Lingnau, V.: Variantenmanagement: Produktionsplanung im Rahmen einer Produktdifferenzierungsstrategie. Dissertation. Universität Mannheim (1994). Berlin: Erich Schmidt 1994. (Betriebswirtschaftliche Studien 58).

/LIN-05/ Lindemann, U.: Methodische Entwicklung technischer Produkte. Berlin: Springer Verlag, 2005

/LIN-06/ Lindemann, U.; Reichwald R.; Zäh, M.: Individualisierte Produkte. Komplexität beherrschen in Entwicklung und Produktion. Berlin: Springer Verlag, 2006.

/LOT-92/ Lotter, B.: Wirtschaftliche Montage. Ein Handbuch für Elektrogerätebau und Feinwerktechnik. Düsseldorf: VDI Verlag, 1992.

/LOT-06/ Lotter, B.; Wiendahl, H.: Montage in der industriellen Produktion. Ein Handbuch für die Praxis. Berlin: Springer Verlag, 2008

/MOT-11/ Messekatalog Motek 2011, P.E. Schall GmbH & Co. KG, Frickenhausen, 2011

/MÜL-90/ Müller, J.: Arbeitsmethoden der Technikwissenschaften: Systematik, Heuristik, Kreativität. Berlin: Springer Verlag, 1990

/NIE-02/ Niebuhr, J.; Lindner, G.: Physikalische Meßtechnik mit Sensoren. München: Oldenbourg-Industrieverlag 2002.

/NIST-93/ Department of Commerce, National Institute of Standards and Technology (NIST): Integration Definition for Function Modeling (IDEF0) Dezember 1993. Gaithersburg, MD, USA: Department of Commerce, National Institute of Standards and Technology, 2011

/NYH-02/ Nyhuis, P.; Wiendahl, H.: Logistische Kennlinien. Grundlagen, Werkzeuge und Anwendungen. Berlin: Springer Verlag, 2002.

/NYH-08a/ Nyhuis, P.; Reinhart, G.; Abele, E.: Wandlungsfähige Produktionssysteme. Heute die Industrie von morgen gestalten. Garbsen: PZH Produktionstechnisches Zentrum GmbH, 2008.

/NYH-08b/ Nyhuis, P.; Nickel, R.; Tullius, K.: Globales Variantenproduktionssystem. Globalisierung mit System. Garbsen: PZH Produktionstechnisches Zentrum GmbH, 2008.

/OMG-10/ Object Management Group: OMG Unified Modeling Language (OMG UML) Version 2.3. Needham, MA, USA: Object Management Group, Inc., 2010

/OMG-11/ Object Management Group: Business Process Model and Notation (BPMN) Version 2.0. Needham, MA, USA: Object Management Group, Inc., 2011

/PAH-03/ Pahl, G.; Beitz, W.; Feldhusen, J.; Grote, K.: Konstruktionslehre. Grundlagen erfolgreicher Produktentwicklung. Methoden und Anwendung. Berlin: Springer Verlag, 2003

/PFM-08/ TU Dresden, Professur Fügetechnik und Montage: Dresdner Fügetechnisches Kolloquium 2008. Ganzheitliche Montage – Von der Schraubenverbindung über die Handhabungstechnik bis zur Montageplanung. Dresden: Technische Universität, 2008

/POP-05/ Poprawe, R.: Lasertechnik für die Fertigung: Grundlagen, Perspektiven und Beispiele für den innovativen Ingenieur. Berlin: Springer Verlag, 2005

/PUL-04/ Pulm, U.: Eine systemtheoretische Betrachtung der Produktentwicklung. Dissertation. TU München. 2004

/REI-98/ Reinhart, G., Cuiper, R.: Kooperative Entwicklung von Produkt und Montageanlage. In: Reinhart, G.; Milberg, J. (Hrsg.): Moderne Methoden zur Montageplanung. München: Herbert Utz Wissenschaft, 1998.

/REI-98b/ Reiter, R.: Integrierte Gestaltung automatischer Prüfmittel für die flexible Montage. Dissertation. Düsseldorf: VDI Verlag, 1998

/ROT-00/ Roth, K.: Konstruieren mit Konstruktionskatalogen. Berlin: Springer Verlag, 2000

/ROT-10/ Rothlauf, J.: Total Quality Management in Theorie und Praxis: Zum ganzheitlichen Unternehmensverständnis. München: Oldenbourg Wissenschaftsverlag, 2010

/RUP-09/ Rupp, C.: Requirements-Engineering und -Management: Professionelle, iterative Anforderungsanalyse für die Praxis. München: Hanser Verlag, 2009

/SAP-11/ Sapir, R.: Tiki for Smarties. A beginners guide to Tiki Wiki CMS Groupware. Raleigh, NC, USA: lulu.com, 2011

/SCHE-01/ Scheer, A.: ARIS – Modellierungsmethoden, Metamodelle, Anwendungen. Berlin: Springer Verlag, 2001

/SCHN-10/ Schnitt, R.; Behrens, C.: Interaktiv mit Wiki. In: MQ Management und Qualität 12/2010

/SCHM-05/ Schmieder, M.; Thomas, S.: Plattformstrategien und Modularisierung in der Automobilentwicklung. Aachen: Shaker Verlag, 2005

/SCHU-88/ Schuh, G.: Gestaltung und Bewertung von Produktvarianten. Aachen: TH, Diss. 1988

/SCHU-01/ Schulte, G.: Material- und Logistikmanagement. München: Oldenbourg Wissenschaftsverlag, 2001

/SCHU-05/ Schuh, G.: Produktkomplexität managen. Strategien, Methoden, Tools. München: Hanser Verlag, 2005

/SIT-10/ SITEC Industrietechnologie GmbH: Wachstumsfördernde Dienstleistungen zur nachhaltigen Nutzung von hochwertigen Sondermaschinen. Ein Leitfaden für Betreiber und Hersteller von Sondermaschinen. Chemnitz: SITEC Industrietechnologie GmbH, 2010

/STR-12/ STRATEWISS - Entwicklung innovativer Strategien zur Ermittlung und Systematisierung betrieblicher Wissensressourcen. CIMTT Zentrum für Produktionstechnik und Organisation, TU Dresden, http://tu-dresden.de/die_tu_dresden/fakultaeten/fakultaet_ maschinenwesen/cimtt/projekte/stratewiss, Stand 14.4.2012

/TAK-09/ Takeda, H.: Das synchrone Produktionssystem: Just-in-time für das ganze Unternehmen. München: mi-Wirtschaftsbuch, 2009.

/VDI-2206/ Norm VDI 2206 Juni 2004. Entwicklungsmethodik für mechatronische Systeme.

/VDI-2221/ Norm VDI 2221 Mai 1993. Methodik zum Entwickeln und Konstruieren technischer Systeme und Produkte.

/VDI-2222a/ Norm VDI 2222 Blatt 1 Juni 1997. Konstruktionsmethodik - Methodisches Entwickeln von Lösungsprinzipien.

/VDI-2222b/ Norm VDI 2222 Blatt 2 Februar 1982. Konstruktionsmethodik - Erstellung und Anwendung von Konstruktionskatalogen.

/VDI-2223/ Norm VDI 2223 Januar 2004. Methodisches Entwerfen technischer Produkte.

/VDI-2247/ Norm VDI 2247 (Entwurf) März 1994. Qualitätsmanagement in der Produktentwicklung.

/VDI-2422/ Norm VDI/VDE 2422 Februar 1994. Entwicklungsmethodik für Geräte mit Steuerung durch Mikroelektronik.

/VDI-2519/ Norm VDI 2519 Blatt 1 Dezember 2001. Vorgehensweise bei der Erstellung von Lasten-/Pflichtenheften.

/VDI-2860/ Norm VDI 2860 Mai 1990. Montage- und Handhabungstechnik; Handhabungsfunktionen, Handhabungseinrichtungen; Begriffe, Definitionen, Symbole

/VDI-3694/ Norm VDI/VDE 3694 Januar 2008. Lastenheft/Pflichtenheft für den Einsatz von Automatisierungssystemen.

/VDI-4505/ Norm VDI/VDE 4505 März 1997. Auftragsabwicklung - Methodische Abwicklung von Aufträgen im Investitionsgütergeschäft.

/VDI-5610/ Norm VDI 5610 März 2009. Wissensmanagement im Ingenieurwesen; Grundlagen, Konzepte, Vorgehen.

/WAR-96/ Warnecke, H.: Die Montage im flexiblen Produktionsbetrieb. Technik, Organisation, Betriebswirtschaft. Berlin: Springer Verlag, 1996

/WEB-11/ Weber, N.; Frühstück, G.; Ley, T.: Unterstützung des Wissensreifungsprozesses durch Einsatz von Web 2.0 in Unternehmen. TU-Graz Institut für Wissensmanagement. 2011

/WIE-78/ Wiendahl, H.: Funktionale Standardisierung - ein Konzept zum Rationalisieren in der Maschinenbau-Einzelfertigung. Konstruktion 30, 1978

/WIE-04/ Wiendahl, H.; Gerst D.; Keuneke, L.: Variantenbeherrschung in der Montage. Konzept und Praxis der flexiblen Produktionsendstufe. Berlin: Springer Verlag, 2004

/WIM-12/ WIM - Wissensnetzwerk innovativer Metallverarbeitung. CIMTT Zentrum für Produktionstechnik und Organisation, TU Dresden, http://tu-dresden.de/die_tu_dresden/fakultaeten/fakultaet_maschinenwesen/cimtt/projekte/wim_index, Stand 14.4.2012

/WOL-04/ Wolf, A.; Steinmann R.: Greifer in Bewegung. Faszination der Automatisierung von Handhabungsaufgaben. München: Hanser Verlag, 2004

/XEN-10/ XENON Automatisierungstechnik GmbH: Verfahrensanweisung 03. Stand März 2010. Bearbeitung von Entwicklungsaufträgen.

/XEN-11/ XENON Automatisierungstechnik GmbH: Vorlage projektbegleitendes Pflichtenheft. Stand November 2011.

/XEN-11a/ XENON Automatisierungstechnik GmbH: Verfahrensanweisung 01. Stand März 2011. Organigramm.

/XEN-12/ http://www.xenon-dresden.de/index.php?ILNK=kompetenzen, XENON Automatisierungstechnik GmbH, Stand 16.3.2012

Verzeichnis Anhänge

Anhang A Statistische Projektanalyse im Referenzunternehmen

Zur Verifizierung der grundlegenden Annahmen und vorgeschlagenen Methoden zur Entwicklungsprozessoptimierung wurden die im Jahr 2011 im Referenzunternehmen beauftragten Projekte unter ausgewählten Gesichtpunkten der Arbeit analysiert (Tabelle 34, Abbildung 58, Abbildung 59).

Die Auswertung berücksichtigt 31 unterschiedliche Projekte. Nachbauten und Mehrfachexemplare wurden nicht berücksichtigt.

Anhang A.1 Variantenvielfalt

Es zeigt sich, dass ca. ein Drittel der Anlagen nur ein Montageobjekt (jedoch ggf. in Varianten) verarbeiten. Dabei handelt es sich um Prüf- und Verpackungsanlagen, sowie um Zuführmodule.

Es zeigt sich außerdem, dass nur ein geringer Anteil der Anlagen (16%) nicht von Varianten betroffen ist. Einen Anteil von 26% haben sehr flexible Anlagen, die mehr als 10 Varianten, bzw. ein nicht durch konkrete Varianten spezifiziertes Produktspektrum verarbeiten. Die Anzahl der Endproduktvarianten sagt jedoch nur wenig über die Komplexität der Montageaufgabe aus, da diese darüber hinaus durch zusätzliche Faktoren wie Anzahl der betroffenen Montageobjekte, Anzahl der betroffenen Prozessschritte, sowie Art und Menge der variablen Merkmale bestimmt wird.

Tabelle 34 – Analyse der Variantenvielfalt

Projekt	Typ	Anzahl unterschiedliche eingehende Montageobjekte	Anzahl Produktvarianten	Methode kompatibel
1	Verpacken/Zuführen	1	u	X
2	Montage	8	1	X
3	Montage	2	4	X
4	Montage	2	u	X
5	Montage	5	25	X
6	Montage	16	6	X
7	Montage	4	45	X
8	Montage	4	2	X
9	Montage	2	2	X
10	Verpacken/Zuführen	1	u	X
11	Prüfen	1	11	X
12	Montage	2	5	X
13	Montage	4	19	X
14	Prüfen	1	2	X
15	Montage	1	1	X
16	Montage	4	20	X
17	Verpacken/Zuführen	1	9	X
18	Montage	3	3	X
19	Montage	3	3	X
20	Montage	3	3	X
21	Prüfen	1	11	X
22	Montage	1	1	X
23	Montage	2	2	X
24	Montage	4	9	X
25	Montage	3	2	X
26	Montage	5	4	X
27	Montage	8	8	X
28	Montage	2	1	X
29	Prüfen	1	2	X
30	Verpacken/Zuführen	1	u	X
31	Montage	5	1	X

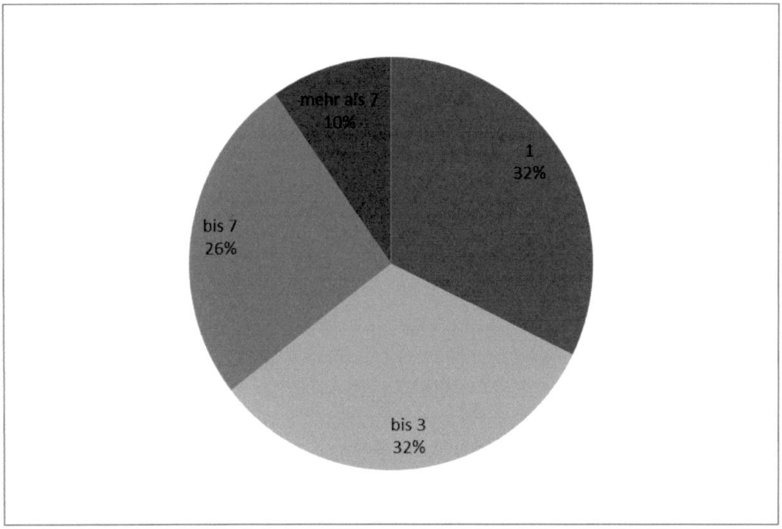

Abbildung 58 – Projektklassifizierung nach Anzahl der eingegebenen Montageobjekte

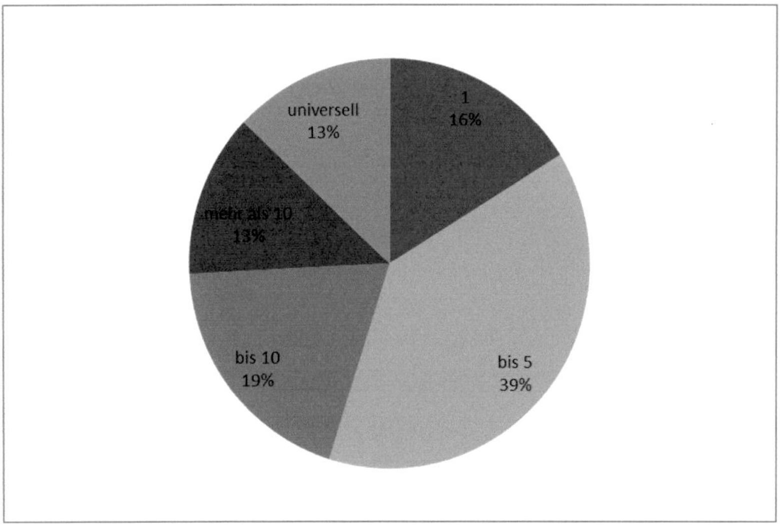

Abbildung 59 – Projektklassifizierung nach Anzahl der Endproduktvarianten

Anhang A.2 Fertigungsverfahren

Die 2011 beauftragten Projekte enthalten insgesamt 133 unterschiedliche Fertigungs- und Kennzeichnungsprozessschritte (Tabelle 35). Abbildung 60 zeigt deren Aufteilung auf Haupt-Gliederungspunkte. Die für die Montage charakteristischen Fügeverfahren haben nur einen Anteil von 50%. Zweithäufigster Gliederungspunkt sind Trennverfahren, insbesondere durch die Zuführung noch nicht vereinzelter Bauteile, z.B. Kontakte als Stanzbänder. Urformen tritt nicht auf, Beschichten und Ändern der Stoffeigenschaft vor allem in Form von Kennzeichnungsverfahren, Ändern von Informationen (zufällig) im Jahr 2011 nur einmal (unter Sonstiges).

Die detailliertere Klassifizierung nach Unter-Gliederungspunkten (Abbildung 61) zeigt:

1. Häufigste Verfahren sind nicht überraschend Scherschneiden, Einrasten und Einpressen, da diese Verfahren einfach und kostengünstig automatisierbar sind.
2. Das thermische Fügen betrifft ausschließlich Schweißverfahren, sowohl für Kunststoffe, als auch für Metalle. Kunststoffschweißprozesse bei der Verpackung (Blistergurte, Schlauchbeutel) sind nicht berücksichtigt. Prozesse des Lötens wurden (zufällig) im Jahr 2011 nicht beauftragt.
3. Das Kleben betrifft sowohl die Applikation selbstklebender etikettenartiger Bauelemente, als auch komplexere Anwendungen mit Kleberdosierung und –abbindung.
4. Entsprechend betreffen die Zerlegeprozesse größtenteils das Ablösen der selbstklebenden Bauelemente von einem Trägerband.
5. Das Fügen mit formlosem Stoff betrifft die Verfahren Ausgießen, Umspritzen und Füllen.
6. 50% der Kennzeichnungsprozessschritte nutzen das Verfahren Laserbeschriften.

Tabelle 35 – Analyse von Fertigungs- und Kennzeichnungsprozessschritten

Projekte		1	2	3	4	5	6	7	8	9	10	11	12	13	14	15	16	17	18	19	20	21	22	23	24	25	26	27	28	29	30	31
1.1. Urformen																																
1.2. Umformen	3		1													2																
1.2.1. Biegen	10								2											5			1		1					1		
1.3. Trennen																																
1.3.1. Zerteilen	5		1								1		1																			2
1.3.1.1. Scherschneiden/Stanzen	17										2									7		1	1		1		2				1	2
1.3.2. Spanen	3																	3														
1.3.2.1. Bohren	0																															
1.3.2.2. Sägen	0																															
1.3.3. Abtragen	0																															
1.3.4. Zerlegen	1																									1						
1.3.4.1. Klebeverbindungen	6								1										1				1	1								2
1.3.5. Reinigen	1								1																							
1.3.5.1. Bürsten	0																															
1.3.5.2. Abblasen	2												1					1														
1.3.5.3. Absaugen	4			1	1								1																			1
1.4. Fügen																																
1.4.1. Mechanisches Fügen																																
1.4.1.1. Zusammensetzen	7			3			1															1									2	
1.4.1.2. Einrasten	21			11		1								2	2		1											1		1	2	
1.4.1.3. Schrauben	1																				1											
1.4.1.4. Einpressen	16		1		2	1	1		1				1	1	1										1	1	2	1		2		
1.4.1.5. Nieten	0																															
1.4.2. Fügen mit formlosem Stoff																																
1.4.2.1. Ausgießen	1								1																							
1.4.2.2. Umspritzen	2																			1						1						
1.4.2.3. Füllen	1			1																												
1.4.3. Schweißen																																
1.4.3.1. Kunststoff	2								1																					1		
1.4.3.2. Metall	8								2							3				2				1								
1.4.4. Löten	0																															
1.4.5. Kleben	8								2				1						1													4
1.5. Beschichten	0																															
1.6. Stoffeigenschaft Ändern	1								1																							
1.7. Information Ändern	1								1																							
3.1. Bedrucken	1																								1							
3.2. Etikettieren	0																															
3.3. Gravieren/Prägen																																
3.3.1. Punkt	3					1	1								1																	
3.3.2. Fläche	2			1																							1					
3.4. Laserbeschriften	6				1				2											1								1			1	

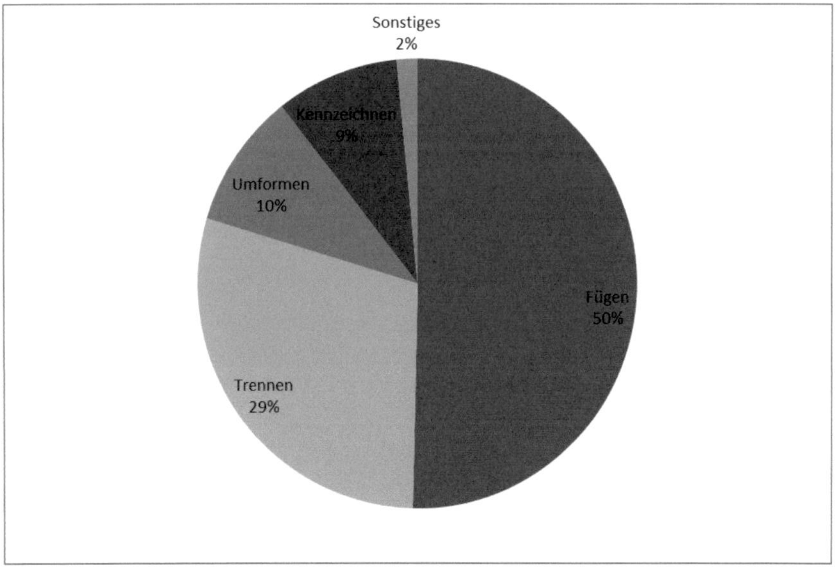

Abbildung 60 – Verteilung von Fertigungsprozessschritten nach Haupt-Gliederungspunkten

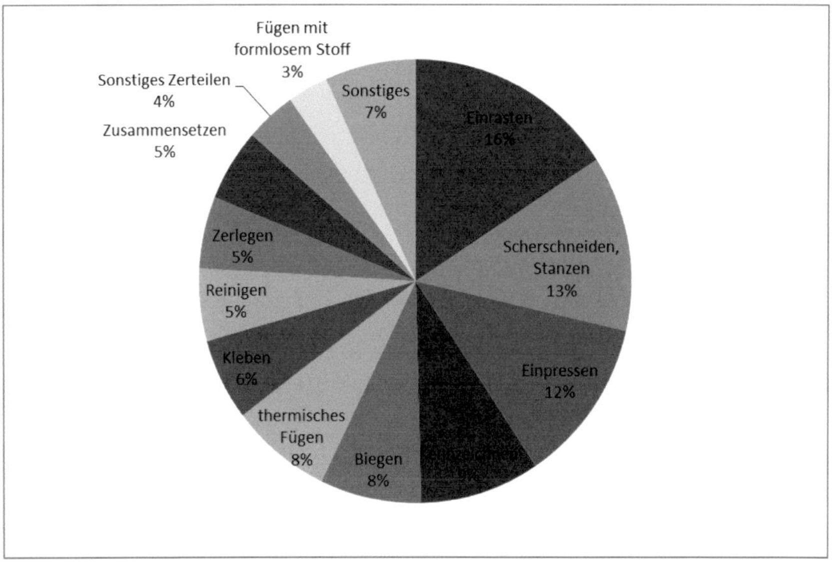

Abbildung 61 – Verteilung von Fertigungsprozessschritten nach Unter-Gliederungspunkten

Anhang A.3 Inspektionsverfahren

Die Analyse der 109 im Jahr 2011 beauftragten Identifikations- und Inspektionsprozessschritte zeigt:

1. Die Inspektion geometrischer Merkmale (Baugruppenstruktur, Körperform und Flächenmerkmale) dominiert mit 56%.
2. 22% entfallen auf die Inspektion von Identifikationsmerkmalen (Barcodes und DMCs).
3. Alle anderen Aufgaben machen weniger als 25% aus.
4. Unter Sonstiges sind Inspektionen der physikalischen Größen Kraft, Drehmoment, Druck, Masse und Temperatur zusammengefasst.

Tabelle 36 – Analyse von Inspektions- und Identifikationsprozessschritten

Projekte		1	2	3	4	5	6	7	8	9	10	11	12	13	14	15	16	17	18	19	20	21	22	23	24	25	26	27	28	29	30	31
2.1. Produkteigenschaft																																
2.1.1. Geometrie/Form	20	1				2	2		3		2			1	1	2	1							1	1						3	
2.1.2. Stoffeigenschaft	1								1																							
2.1.2.1. Widerstand	2	1																		1												
2.1.2.2. Masse	0																															
2.1.3. Oberfläche	1								1																							
2.1.3.1. Farbe (Helligkeit)	7					1	1		1					1			1														2	
2.1.3.2. Form (Flächenmerkmal)	9								2		1				1					1										1		3
2.1.4. Struktur	30			4	2	1	1		2				2	3	3	3									1		2	1		2	3	
2.1.5. Unbekannt (Kundenverantwortung)	0																															
2.2. Produktfunktion	0																															
2.2.1. Kraft	1			1																												
2.2.2. Weg	1			1																												
2.2.3. Temperatur	1								1																							
2.2.4. Druck	2								2																							
2.2.5. Widerstand	0																															
2.2.6. Drehmoment	1																				1											
2.2.7. Elektrisches Signal	2			1					1																							
2.2.8. Unbekannt (Kundenverantwortung)	4									2	1	1																				
2.3. Prozessüberwachung	0																															
2.3.1. Kraft	1												1																			
2.3.2. Weg	0																															
2.3.3. Temperatur	0																															
2.3.4. Druck	0																															
2.3.5. Drehmoment	1																				1											
2.3.6. Räumliche Anordnung	0																															
2.3.7. Masse	2								1				1																			
2.3.8. Durchfluss	0																															
2.3.9. Volumen	0																															
4. Identifizieren	0																															
4.1. Barcode	14	1							6		1													1								5
4.2. DMC	10								6	1			1							1					1							
4.3. Elektronisch	0																															

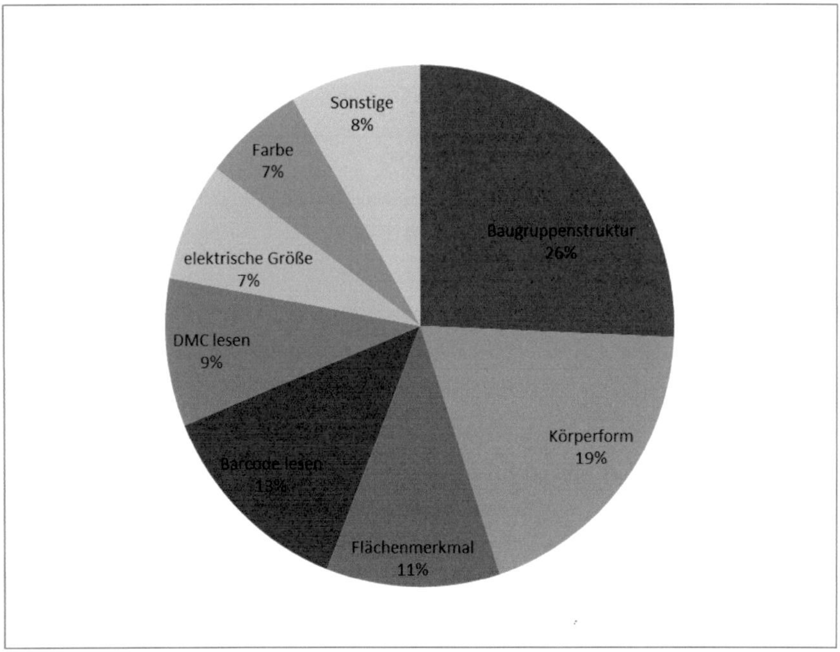

Abbildung 62 – Verteilung von Inspektions- und Identifikationsprozessschritten

Anhang A.4 Ein- und Ausgabe

Die Analyse der Ein- und Ausgabearten berücksichtigt die 140 in den Aufträgen des Jahres 2011 auftretenden Fälle. Die aufgeführten Klassen berücksichtigen (wenn es der gewählte Begriff nicht genauer spezifiziert) sowohl Ein- als auch Ausgaben:

1. Den größten Einzelanteil (31%) macht die Zuführung von Schüttgut aus.
2. Weitere große Anteile ergeben sich durch die Zusammenfassung manueller Ein- und Ausgaben (19%) und der Zuführung von Material auf Spulen (20%).
3. Unter *sonstige Spulen* sind u.a. Drahtzuführungen, Etikettenträgerbänder, Blistergurte und Bauelementegurte zusammengefasst.
4. Die Ausgabe in Kisten erfolgt meist ungeordnet als Schüttgut.
5. Bei den Paletten handelt es sich zu über 65% um Kunststoff-Tiefziehtrays.
6. Unter sonstige Verpackungen sind u.a. Tubes, Beutel, Magazine und Nutzen zusammengefasst.

Tabelle 37 – Analyse der Arten der Ein- und Ausgabe

Projekt		1	2	3	4	5	6	7	8	9	10	11	12	13	14	15	16	17	18	19	20	21	22	23	24	25	26	27	28	29	30	31
1.1. Manuell																																
1.1.1. Direkt	14	2							4								2			1	2				2							1
1.1.2. Gepuffert	5								1								1						1	2								
1.1.2.1. Förderband	4											2											1			1						
1.1.2.2. Stapel	0																															
1.1.2.3. Flächenmagazin	3																					2		1								
1.2. Schnittstelle	7							2								2			1										1	1		
1.3. Schüttgut	44		1	15		3	3							4	4					1						1	1	3		4	4	
1.4. Verpackung	4				1				1														1	1								
1.4.1. Palette	4															2		2														
1.4.1.1. Kunststoff-Tiefzieh-Tray	8				1					2			3			1															1	
1.4.2. Spule	2																															2
1.4.2.1. Stanzband	13				2															7		1			1		1				1	
1.4.2.2. Bauelementegurt	0																															
1.4.2.3. Blistergurt	6							2	1		1																1		1			
1.4.2.4. Etikettenträgerband	4																		1											1		2
1.4.2.5. Draht	3		1						1				1																			
1.4.3. Kiste	0																															
1.4.3.1. Geordnet	1															1																
1.4.3.2. Ungeordnet	5		1	1										1	1													1				
1.4.4. Tube	1										1																					
1.4.5. Beutel	2					1	1																									
1.4.6. Magazin (keine Palette)	1										1																					
1.5. Behälter	1																			1												
1.5.1. Kartusche	1																															1
1.5.2. Tank (Hobbok)	6			1					2				1												2							
1.6. Nutzen (als Verbund hergestellt)	1										1																					

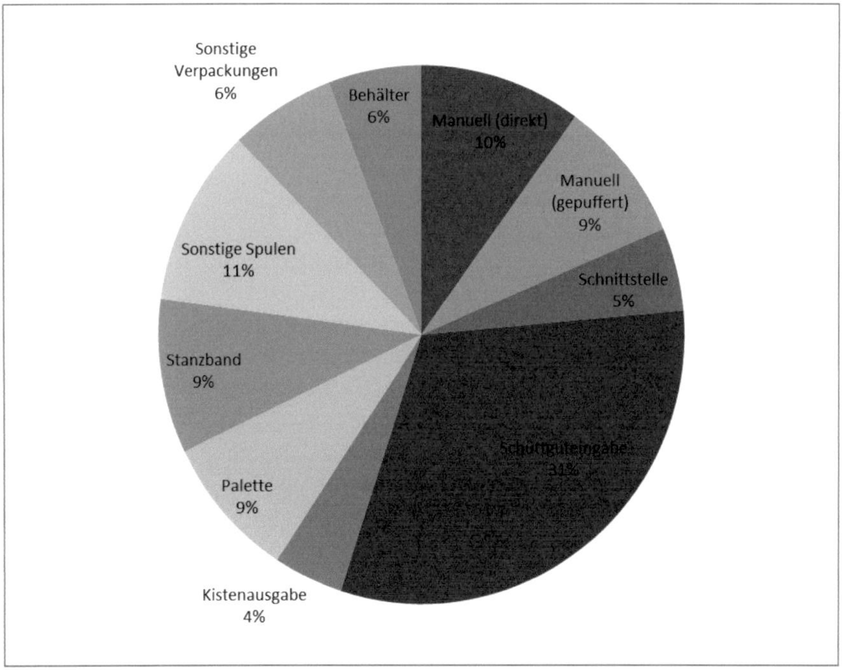

Abbildung 63 – Verteilung von Arten der Ein- und Ausgabe

Anhang B Analyse Entwicklungsprojekt Phoenix Contact

Anhang B.1 Varianten- und Flexibilitätsanalyse

Bei dem analysierten Produktspektrum handelt es sich um Reihenklemmen für die Elektroinstallation in Schaltschränken der Industrie oder der Gebäudeinstallation. Die Klemmen werden aneinander gereiht auf eine Hutschiene aufgerastet und besitzen mehrere Klemmstellen, um verschiedene Leiter miteinander zu verbinden. Bei der untersuchten Montageaufgabe der Firma *Phoenix Contact* sollten 56 Varianten des noch deutlich größeren Produktspektrums der Reihe *Clipline complete Push-In-Anschlussklemmen PT* berücksichtigt werden.

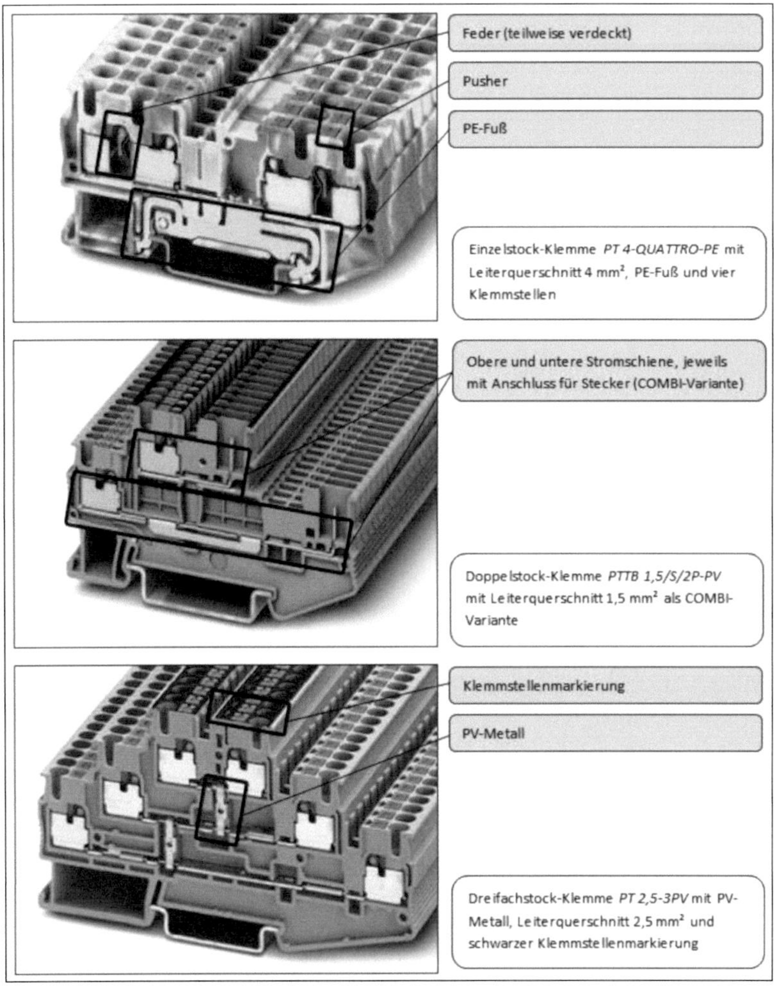

Abbildung 64 – Reihenklemme *Clipline complete Push-In-Anschlussklemmen PT* [Quelle: PxC]

Eine Klemme besteht aus folgenden Einzelteilen:

1. Ein Kunststoff-*Gehäuse* trägt die weiteren Einzelteile, bildet den Isolator zwischen den spannungsführenden Einzelteilen und ist optisch so gestaltet, dass die Konfiguration der Klemme leicht ersichtlich ist.
2. Zur optischen Unterscheidung bestimmter Varianten besitzen einige Gehäusevarianten eine aufgedruckte farbige Klemmstellenmarkierung.
3. Ein bis drei *Strombalken* aus beschichtetem Kupferblech bilden zwei oder mehr Klemmstellen und verbinden diese stromleitend miteinander.
4. Ein *PE-Fuß* verbindet den unteren Stromleiter bei bestimmten Klemmenvarianten mit der geerdeten Hutschiene, um eine Schutzleiterverbindung herzustellen.
5. Je eine *Feder* pro Klemmstelle fixiert den angeschlossenen Leiter.
6. Je ein *Pusher* pro Klemmstelle erleichtert das Lösen und Klemmen der Leiter.
7. Sogenannte *PV-Metalle* können bei Klemmen mit mehreren Strombalken diese elektrisch leitend verbinden.

Die einzelnen Klemmen-Varianten unterscheiden sich durch folgende Merkmale:

1. Das betrachtete Spektrum enthält Klemmen für drei Leiterquerschnitte: 1,5 mm^2, 2,5 mm^2 und 4 mm^2.
2. Es existieren Klemmen in drei Bauhöhen: Einzel-, Doppel- und Dreifachstock-Klemmen. Dem entspricht die Anzahl der Strombalken. Die Montage des dritten Strombalkens der Dreifachstockklemme, inkl. aller daran angeschlossenen weiteren Einzelteile ist jedoch nicht Teil der Montageaufgabe.
3. Einigen Klemmenvarianten bieten die Möglichkeit, statt eines Leiters einen Stecker anzuschließen. Bei diesen sogenannten COMBI-Varianten ist ein Teil der Klemmstellen anders gestaltet und Feder sowie Pusher entfallen.
4. Eine weitere Option ist der PE-Fuß. Gehäuse und unterer Strombalken existieren für diese Option in Sondervarianten.
5. Die Varianten mit PV-Metall erfordern teilweise ebenfalls Anpassungen am unteren Strombalken. Das Konstruktionsprinzip des PV-Metalls für Klemmen mit 1,5 mm^2 Leiterquerschnitt unterscheidet sich deutlich von dem für 2,5 und 4 mm^2.
6. Die Einzelstockklemmen existieren in Varianten mit zwei, drei oder vier durch den Strombalken verbundenen Klemmstellen.
7. Das Gehäuse existiert in drei Farben: grau als Standard, blau für Neutralleiter und gelb-grün für Varianten mit PE-Fuß.
8. Bei Mehrfachstockklemmen werden teilweise einzelne Klemmstellen mit diesen Farben bedruckt, da mehrere Potentiale benutzt werden können. Klemmen mit PV-Metall sind durch eine schwarze Markierung gekennzeichnet.

Im Folgenden werden das Produktspektrum und die Produktionsprozesse entsprechend der Methodik der Varianten- und Flexibilitätsanalyse untersucht und durch tabellarische Aufstellungen der variablen Merkmale, der Varianten, sowie durch einen Produktionsgraph dokumentiert. Die tabellarische Aufstellung der Flexibilitätsanforderungen wurde exemplarisch für einen der Prozessschritte durchgeführt.

Tabelle 38 – Variable Merkmale und Struktur Reihenklemme

	Merkmal	Klasse[1]	Ausprägung	Anzahl
1	Gehäuse	ST	Typen 1 - 43	43
2	Unterer/mittlerer Strombalken	ST	Typen 1 - 25	25
3	Oberer Strombalken	SO		
		ST	Typen 1 - 7	7
4	PE-Fuß	SO		
		ST	Typ 1,5; Typ 2,5/4 E; Typ 2,5/4 D	3
5	Feder	SA	1 – 4	
		ST	Typ 1,5; Typ 2,5; Typ 4	3
6	Pusher	SA	1 – 4	
		ST	Typ 1,5; Typ 2,5/4	2
7	PV-Metall PT 1,5	SO		
8	PV-Metall PT 2,5/4	SO		
		ST	Typ 2,5 und Typ 4	2
9	Klemmstellenmarkierung	SA	0 - 2	3
		ST	YE/GN; BK; BU	3

Tabelle 39 – Variantenübersicht Reihenklemme (Teil 1)

	Name	Gehäuse	Unterer/mittlerer Strombalken	Oberer Strombalken	PE-Fuß
1	PT 1,5/S	PT 1,5/S	PT 1,5/S	-	-
2	PT 1,5/S BU	PT 1,5/S BU	PT 1,5/S	-	-
3	PT 1,5/S-PE	PT 1,5/S-PE	PT 1,5/S-PE	-	Typ 1,5
4	PT 4	PT 4	PT 4	-	-
5	PT 4 BU	PT 4 BU	PT 4	-	-
6	PT 4-PE	PT 4-PE	PT 4-PE	-	Typ 2,5/4 E
7	PT 1,5/S-TWIN	PT 1,5/S-TWIN	PT 1,5/S-TWIN	-	-
8	PT 1,5/S-TWIN BU	PT 1,5/S-TWIN BU	PT 1,5/S-TWIN	-	-
9	PT 1,5/S-TWIN-PE	PT 1,5/S-TWIN-PE	PT 1,5/S-TWIN-PE	-	Typ 1,5
10	PT 4-TWIN	PT 4-TWIN	PT 4-TWIN	-	-
11	PT 4-TWIN BU	PT 4-TWIN BU	PT 4-TWIN	-	-

[1] Erläuterung der Abkürzungen siehe Abbildung 23 – Klassifizierung variabler Merkmale

12	PT 4-TWIN-PE	PT 4-TWIN-PE	PT 4-TWIN-PE	-	Typ 2,5/4 E
13	PT 1,5/S-QUATTRO	PT 1,5/S-QUATTRO	PT 1,5/S-QUATTRO	-	-
14	PT 1,5/S-QUATTRO BU	PT 1,5/S-QUATTRO BU	PT 1,5/S-QUATTRO	-	-
15	PT 1,5/S-QUATTRO-PE	PT 1,5/S-QUATTRO-PE	PT 1,5/S-QUATTRO-PE	-	Typ 1,5
16	PT 4-QUATTRO	PT 4-QUATTRO	PT 4-QUATTRO	-	-
17	PT 4-QUATTRO BU	PT 4-QUATTRO BU	PT 4-QUATTRO	-	-
18	PT 4-QUATTRO-PE	PT 4-QUATTRO-PE	PT 4-QUATTRO-PE	-	Typ 2,5/4 E
19	PTTB 1,5/S	PTTB 1,5/S	PTTB 1,5/S	PTTB 1,5/S	-
20	PTTB 1,5/S BU	PTTB 1,5/S BU	PTTB 1,5/S	PTTB 1,5/S	-
21	PTTB 1,5/S-L/N	PTTB 1,5/S	PTTB 1,5/S	PTTB 1,5/S	-
22	PTTB 1,5/S-PE/L	PTTB 1,5/S-PE/L	PTTB 1,5/S-PE	PTTB 1,5/S	Typ 1,5
23	PTTB 1,5/S-PE/N	PTTB 1,5/S-PE/L	PTTB 1,5/S-PE	PTTB 1,5/S	Typ 1,5
24	PTTB 1,5/S-PV	PTTB 1,5/S	PTTB 1,5/S	PTTB 1,5/S	-
25	PTTB 2,5	PTTB 2,5	PTTB 2,5	PTTB 2,5	-
26	PTTB 2,5 BU	PTTB 2,5 BU	PTTB 2,5	PTTB 2,5	-
27	PTTB 2,5-L/N	PTTB 2,5	PTTB 2,5	PTTB 2,5	-
28	PTTB 2,5-PE/L	PTTB 2,5-PE/L	PTTB 2,5-PE	PTTB 2,5	Typ 2,5/4 D
29	PTTB 2,5-PE/N	PTTB 2,5-PE/L	PTTB 2,5-PE	PTTB 2,5	Typ 2,5/4 D
30	PTTB 2,5-PV	PTTB 2,5	PTTB 2,5-PV	PTTB 2,5	-
31	PTTB 4	PTTB 4	PTTB 4	PTTB 4	-
32	PTTB 4 BU	PTTB 4 BU	PTTB 4	PTTB 4	-
33	PTTB 4-PV	PTTB 4	PTTB 4-PV	PTTB 4	-
34	PTTB 1,5/S-PE	PTTB 1,5/S-PE	PTTB 1,5/S-PE	PTTB 1,5/S	Typ 1,5
35	PTTB 2,5-PE	PTTB 2,5-PE	PTTB 2,5-PE	PTTB 2,5	Typ 2,5/4 D
36	PTTB 4-PE	PTTB 4-PE	PTTB 4-PE	PTTB 4	Typ 2,5/4 D
37	PT 1,5/S-3L	PT 1,5/S-3L	PTTB 1,5/S	PTTB 1,5/S	-
38	PT 1,5/S-3L BU	PT 1,5/S-3L BU	PTTB 1,5/S	PTTB 1,5/S	-
39	PT 1,5/S-3PV	PT 1,5/S-3	PTTB 1,5/S	PTTB 1,5/S	-
40	PT 1,5/S-3PE	PT 1,5/S-3PE	PTTB 1,5/S	PTTB 1,5/S	-
41	PT 1,5/S-3PE/L/N	PT 1,5/S-3PE/L/N	PTTB 1,5/S	PTTB 1,5/S	-
42	PT 1,5/S-3PE/L/L	PT 1,5/S-3PE/L/N	PTTB 1,5/S	PTTB 1,5/S	-
43	PT 2,5-3L	PT 2,5-3L	PTTB 2,5	PTTB 2,5	-
44	PT 2,5-3L BU	PT 2,5-3L BU	PTTB 2,5	PTTB 2,5	-
45	PT 2,5-3PV	PT 2,5-3	PTTB 2,5-PV	PTTB 2,5	-
46	PT 2,5-3PE	PT 2,5-3PE	PTTB 2,5-PV	PTTB 2,5	-
47	PT 2,5-3PE/L/N	PT 2,5-3PE/L/N	PTTB 2,5	PTTB 2,5	-
48	PT 2,5-3PE/L/L	PT 2,5-3PE/L/N	PTTB 2,5	PTTB 2,5	-
49	PTTB 1,5/S/2P	PTTB 1,5/S/2P	PTTB 1,5/S/2P	PTTB 1,5/S/2P	-

50	PTTB 1,5/S/2P BU	PTTB 1,5/S/2P BU	PTTB 1,5/S/2P	PTTB 1,5/S/2P	-
51	PTTB 1,5/S/2P-PV	PTTB 1,5/S/2P	PTTB 1,5/S/2P	PTTB 1,5/S/2P	-
52	PTTB 2,5/2P	PTTB 2,5/2P	PTTB 2,5/2P	PTTB 2,5/2P	-
53	PTTB 2,5/2P BU	PTTB 2,5/2P BU	PTTB 2,5/2P	PTTB 2,5/2P	-
54	PTTB 2,5/2P-PV	PTTB 2,5/2P	PTTB 2,5/2P-PV	PTTB 2,5/2P	-
55	PTTB 1,5/S/2P-PE	PTTB 1,5/S/2P-PE	PTTB 1,5/S/2P-PE	PTTB 1,5/S/2P-PE	Typ 1,5
56	PTTB 2,5/2P-PE	PTTB 2,5/2P-PE	PTTB 2,5/2P-PE	PTTB 2,5/2P-PE	Typ 2,5/4 D

Tabelle 40 – Variantenübersicht Reihenklemme (Teil 2)

	Name	Feder, Anzahl	Feder, Typ	Pusher Anzahl	Pusher, Typ	PV-Metall PT 1,5	PV-Metall PT 2,5/4	Klemmstellen-markierung
1	PT 1,5/S	2	Typ 1,5	2	Typ 1,5	-	-	-
2	PT 1,5/S BU	2	Typ 1,5	2	Typ 1,5	-	-	-
3	PT 1,5/S-PE	2	Typ 1,5	2	Typ 1,5	-	-	-
4	PT 4	2	Typ 4	2	Typ 2,5/4	-	-	-
5	PT 4 BU	2	Typ 4	2	Typ 2,5/4	-	-	-
6	PT 4-PE	2	Typ 4	2	Typ 2,5/4	-	-	-
7	PT 1,5/S-TWIN	3	Typ 1,5	3	Typ 1,5	-	-	-
8	PT 1,5/S-TWIN BU	3	Typ 1,5	3	Typ 1,5	-	-	-
9	PT 1,5/S-TWIN-PE	3	Typ 1,5	3	Typ 1,5	-	-	-
10	PT 4-TWIN	3	Typ 4	3	Typ 2,5/4	-	-	-
11	PT 4-TWIN BU	3	Typ 4	3	Typ 2,5/4	-	-	-
12	PT 4-TWIN-PE	3	Typ 4	3	Typ 2,5/4	-	-	-
13	PT 1,5/S-QUATTRO	4	Typ 1,5	4	Typ 1,5	-	-	-
14	PT 1,5/S- QUATTRO BU	4	Typ 1,5	4	Typ 1,5	-	-	-
15	PT 1,5/S- QUATTRO-PE	4	Typ 1,5	4	Typ 1,5	-	-	-
16	PT 4- QUATTRO	4	Typ 4	4	Typ 2,5/4	-	-	-
17	PT 4- QUATTRO BU	4	Typ 4	4	Typ 2,5/4	-	-	-
18	PT 4- QUATTRO-PE	4	Typ 4	4	Typ 2,5/4	-	-	-
19	PTTB 1,5/S	4	Typ 1,5	4	Typ 1,5	-	-	-
20	PTTB 1,5/S BU	4	Typ 1,5	4	Typ 1,5	-	-	-
21	PTTB 1,5/S-L/N	4	Typ 1,5	4	Typ 1,5	-	-	BU
22	PTTB 1,5/S-PE/L	4	Typ 1,5	4	Typ 1,5	-	-	-
23	PTTB 1,5/S-PE/N	4	Typ 1,5	4	Typ 1,5	-	-	BU
24	PTTB 1,5/S-PV	4	Typ 1,5	4	Typ 1,5	Ja	-	BK

25	PTTB 2,5	4	Typ 2,5	4	Typ 2,5/4	-	-	-
26	PTTB 2,5 BU	4	Typ 2,5	4	Typ 2,5/4	-	-	-
27	PTTB 2,5-L/N	4	Typ 2,5	4	Typ 2,5/4	-	-	BU
28	PTTB 2,5-PE/L	4	Typ 2,5	4	Typ 2,5/4	-	-	-
29	PTTB 2,5-PE/N	4	Typ 2,5	4	Typ 2,5/4	-	-	BU
30	PTTB 2,5-PV	4	Typ 2,5	4	Typ 2,5/4	-	Typ 2,5	BK
31	PTTB 4	4	Typ 4	4	Typ 2,5/4	-	-	-
32	PTTB 4 BU	4	Typ 4	4	Typ 2,5/4	-	-	-
33	PTTB 4-PV	4	Typ 4	4	Typ 2,5/4	-	Typ 4	BK
34	PTTB 1,5/S-PE	4	Typ 1,5	4	Typ 1,5	Ja	-	-
35	PTTB 2,5-PE	4	Typ 2,5	4	Typ 2,5/4	-	Typ 2,5	-
36	PTTB 4-PE	4	Typ 4	4	Typ 2,5/4	-	Typ 4	-
37	PT 1,5/S-3L	4	Typ 1,5	4	Typ 1,5	-	-	-
38	PT 1,5/S-3L BU	4	Typ 1,5	4	Typ 1,5	-	-	-
39	PT 1,5/S-3PV	4	Typ 1,5	4	Typ 1,5	Ja	-	BK
40	PT 1,5/S-3PE	4	Typ 1,5	4	Typ 1,5	Ja	-	-
41	PT 1,5/S-3PE/L/N	4	Typ 1,5	4	Typ 1,5	-	-	YE/GN; BU
42	PT 1,5/S-3PE/L/L	4	Typ 1,5	4	Typ 1,5	-	-	YE/GN
43	PT 2,5-3L	4	Typ 2,5	4	Typ 2,5/4	-	-	-
44	PT 2,5-3L BU	4	Typ 2,5	4	Typ 2,5/4	-	-	-
45	PT 2,5-3PV	4	Typ 2,5	4	Typ 2,5/4	-	Typ 2,5	BK
46	PT 2,5-3PE	4	Typ 2,5	4	Typ 2,5/4	-	Typ 2,5	-
47	PT 2,5-3PE/L/N	4	Typ 2,5	4	Typ 2,5/4	-	-	YE/GN; BU
48	PT 2,5-3PE/L/L	4	Typ 2,5	4	Typ 2,5/4	-	-	YE/GN
49	PTTB 1,5/S/2P	2	Typ 1,5	2	Typ 1,5	-	-	-
50	PTTB 1,5/S/2P BU	2	Typ 1,5	2	Typ 1,5	-	-	-
51	PTTB 1,5/S/2P-PV	2	Typ 1,5	2	Typ 1,5	Ja	-	-
52	PTTB 2,5/2P	2	Typ 2,5	2	Typ 2,5/4	-	-	-
53	PTTB 2,5/2P BU	2	Typ 2,5	2	Typ 2,5/4	-	-	-
54	PTTB 2,5/2P-PV	2	Typ 2,5	2	Typ 2,5/4	-	Typ 2,5	-
55	PTTB 1,5/S/2P-PE	2	Typ 1,5	2	Typ 1,5	Ja	-	-
56	PTTB 2,5/2P-PE	2	Typ 2,5	2	Typ 2,5/4	-	Typ 2,5	-

Tabelle 41 – Variable Merkmale Gehäuse

	Merkmal	Klasse[1]	Ausprägung	Anzahl
1	COMBI-Variante	G	Ja, nein	2
2	Bauhöhe	G	Einzel-, Doppel-, Dreifachstock	3
3	Anzahl Anschlüsse	G	2 (Durchgang), 3 (Twin), 4 (Quattro)	3
4	Leiterquerschnitt	G	1,5 mm²; 2,5 mm²; 4 mm²	3
5	PE-Anschluss	G	Ja, nein	2
6	Farbe	W	grau, blau, grün-gelb	3

Tabelle 42 – Variantenübersicht Gehäuse

	Name	COMBI-Variante	Bauhöhe	Anzahl Anschlüsse	Leiterquerschnitt	PE-Anschluss	Farbe
1	PT 1,5/S	nein	Einzelstock	2	1,5 mm²	nein	Grau
2	PT 1,5/S BU	nein	Einzelstock	2	1,5 mm²	nein	Blau
3	PT 1,5/S-PE	nein	Einzelstock	2	1,5 mm²	ja	Grün-gelb
4	PT 4	nein	Einzelstock	2	4 mm²	nein	Grau
5	PT 4 BU	nein	Einzelstock	2	4 mm²	nein	Blau
6	PT 4-PE	nein	Einzelstock	2	4 mm²	ja	Grün-gelb
7	PT 1,5/S-TWIN	nein	Einzelstock	3	1,5 mm²	nein	Grau
8	PT 1,5/S-TWIN BU	nein	Einzelstock	3	1,5 mm²	nein	Blau
9	PT 1,5/S-TWIN-PE	nein	Einzelstock	3	1,5 mm²	ja	Grün-gelb
10	PT 4-TWIN	nein	Einzelstock	3	4 mm²	nein	Grau
11	PT 4-TWIN BU	nein	Einzelstock	3	4 mm²	nein	Blau
12	PT 4-TWIN-PE	nein	Einzelstock	3	4 mm²	ja	Grün-gelb
13	PT 1,5/S-QUATTRO	nein	Einzelstock	4	1,5 mm²	nein	Grau
14	PT 1,5/S- QUATTRO BU	nein	Einzelstock	4	1,5 mm²	nein	Blau
15	PT 1,5/S- QUATTRO-PE	nein	Einzelstock	4	1,5 mm²	ja	Grün-gelb
16	PT 4- QUATTRO	nein	Einzelstock	4	4 mm²	nein	Grau
17	PT 4- QUATTRO BU	nein	Einzelstock	4	4 mm²	nein	Blau
18	PT 4- QUATTRO-PE	nein	Einzelstock	4	4 mm²	ja	Grün-gelb
19	PTTB 1,5/S	nein	Doppelstock	4	1,5 mm²	nein	Grau
20	PTTB 1,5/S BU	nein	Doppelstock	4	1,5 mm²	nein	Blau
21	PTTB 1,5/S-PE/L	nein	Doppelstock	4	1,5 mm²	ja	Grau
22	PTTB 2,5	nein	Doppelstock	4	2,5 mm²	nein	Grau

[1] Erläuterung der Abkürzungen siehe Abbildung 23 – Klassifizierung variabler Merkmale

23	PTTB 2,5 BU	nein	Doppelstock	4	2,5 mm²	nein	Blau
24	PTTB 2,5-PE/L	nein	Doppelstock	4	2,5 mm²	ja	Grau
25	PTTB 4	nein	Doppelstock	4	4 mm²	nein	Grau
26	PTTB 4 BU	nein	Doppelstock	4	4 mm²	nein	Blau
27	PTTB 1,5/S-PE	nein	Doppelstock	4	1,5 mm²	ja	Grün-gelb
28	PTTB 2,5-PE	nein	Doppelstock	4	2,5 mm²	ja	Grün-gelb
29	PTTB 4-PE	nein	Doppelstock	4	4 mm²	ja	Grün-gelb
30	PT 1,5/S-3L	nein	Dreifach	6	1,5 mm²	nein	Grau
31	PT 1,5/S-3L BU	nein	Dreifach	6	1,5 mm²	nein	Blau
32	PT 1,5/S-3PE	nein	Dreifach	6	1,5 mm²	ja	Grün-gelb
33	PT 1,5/S-3PE/L/N	nein	Dreifach	6	1,5 mm²	ja	Grau
34	PT 2,5-3L	nein	Dreifach	6	2,5 mm²	nein	Grau
35	PT 2,5-3L BU	nein	Dreifach	6	2,5 mm²	nein	Blau
36	PT 2,5-3PE	nein	Dreifach	6	2,5 mm²	ja	Grün-gelb
37	PT 2,5-3PE/L/N	nein	Dreifach	6	2,5 mm²	ja	Grau
38	PTTB 1,5/S/2P	ja	Doppelstock	4	1,5 mm²	nein	Grau
39	PTTB 1,5/S/2P BU	ja	Doppelstock	4	1,5 mm²	nein	Blau
40	PTTB 2,5/2P	ja	Doppelstock	4	2,5 mm²	nein	Grau
41	PTTB 2,5/2P BU	ja	Doppelstock	4	2,5 mm²	nein	Blau
42	PTTB 1,5/S/2P-PE	ja	Doppelstock	4	1,5 mm²	ja	Grün-gelb
43	PTTB 2,5/2P-PE	ja	Doppelstock	4	2,5 mm²	ja	Grün-gelb

Tabelle 43 – Variable Merkmale unterer Strombalken

	Merkmal	Klasse	Ausprägung	Anzahl
1	COMBI-Variante	G	Ja, nein	2
2	Abstand Anschlüsse	G	Einzelstock, Doppelstock	2
3	Anzahl Anschlüsse	G	2 (Durchgang), 3 (Twin), 4 (Quattro)	3
4	Leiterquerschnitt	G	1,5 mm²; 2,5 mm²; 4 mm²	3
5	PE-Tasche	G	Ja, nein	2
6	PV-Variante	G	Ja, nein	2

Tabelle 44 – Variantenübersicht unterer Strombalken

	Name	COMBI-Variante	Abstand Anschlüsse	Anzahl Anschlüsse	Leiterquerschnitt	PE-Tasche	PV-Variante
1	PT 1,5/S	nein	1	2	1,5 mm²	nein	nein
2	PT 1,5/S-PE	nein	1	2	1,5 mm²	ja	nein
3	PT 4	nein	1	2	4 mm²	nein	nein
4	PT 4-PE	nein	1	2	4 mm²	ja	nein

5	PT 1,5/S-TWIN	nein	1	3	1,5 mm²	nein	nein
6	PT 1,5/S-TWIN-PE	nein	1	3	1,5 mm²	ja	nein
7	PT 4-TWIN	nein	1	3	4 mm²	nein	nein
8	PT 4-TWIN-PE	nein	1	3	4 mm²	ja	nein
9	PT 1,5/S-QUATTRO	nein	1	4	1,5 mm²	nein	nein
10	PT 1,5/S-QUATTRO-PE	nein	1	4	1,5 mm²	ja	nein
11	PT 4-QUATTRO	nein	1	4	4 mm²	nein	nein
12	PT 4-QUATTRO-PE	nein	1	4	4 mm²	ja	nein
13	PTTB 1,5/S	nein	2	2	1,5 mm²	nein	nein
14	PTTB 2,5	nein	2	2	2,5 mm²	nein	nein
15	PTTB 2,5-PV	nein	2	2	2,5 mm²	nein	ja
16	PTTB 4	nein	2	2	4 mm²	nein	nein
17	PTTB 4-PV	nein	2	2	4 mm²	nein	ja
18	PTTB 1,5/S-PE	nein	2	2	1,5 mm²	ja	ja
19	PTTB 2,5-PE	nein	2	2	2,5 mm²	ja	ja
20	PTTB 4-PE	nein	2	2	4 mm²	ja	ja
21	PTTB 1,5/S/2P	nein	2	2	1,5 mm²	nein	ja
22	PTTB 2,5/2P	ja	2	2	2,5 mm²	nein	nein
23	PTTB 2,5/2P-PV	ja	2	2	2,5 mm²	nein	ja
24	PTTB 1,5/S/2P-PE	ja	2	2	1,5 mm²	ja	ja
25	PTTB 2,5/2P-PE	ja	2	2	2,5 mm²	ja	ja

Tabelle 45 – Variable Merkmale oberer/mittlerer Strombalken

	Merkmal	Klasse	Ausprägung	Anzahl
1	COMBI-Variante	G	Nein, Normal, PE	3
2	Leiterquerschnitt	G	1,5 mm²; 2,5 mm²; 4 mm²	3

Tabelle 46 – Variantenübersicht oberer/mittlerer Strombalken

	Name	COMBI-Variante	Leiterquerschnitt
1	PTTB 1,5/S	Nein	1,5 mm²
2	PTTB 2,5	Nein	2,5 mm²
3	PTTB 4	Nein	4 mm²
4	PTTB 1,5/S/2P	Normal	1,5 mm²
5	PTTB 2,5/2P	Normal	2,5 mm²
6	PTTB 1,5/S/2P-PE	PE	1,5 mm²
7	PTTB 2,5/2P-PE	PE	2,5 mm²

Tabelle 47 – Variable Merkmale PE-Fuß

	Merkmal	Klasse	Ausprägung	Anzahl
1	Größe	G	1,5 mm²; 2,5/4mm²	2
2	Aussparung für PV-Metall	G	Ja, nein	2

Tabelle 48 – Variantenübersicht PE-Fuß

	Name	Größe	Aussparung für PV-Metall
1	Typ 1,5	1,5 mm²	Nein
2	Typ 2,5/4 E	2,5/4 mm²	Nein
3	Typ 2,5/4 D	2,5/4 mm²	Ja

Tabelle 49 – Variable Merkmale Feder

	Merkmal	Klasse	Ausprägung	Anzahl
1	Größe	G	1,5 mm²; 2,5 mm²; 4 mm²	3

Tabelle 50 – Variantenübersicht Feder

	Name	Größe
1	Typ 1,5	1,5 mm²
2	Typ 2,5	2,5 mm²
3	Typ 4	4 mm²

Tabelle 51 – Variable Merkmale Pusher

	Merkmal	Klasse	Ausprägung	Anzahl
1	Größe	G	1,5 mm²; 2,5/4 mm²	2

Tabelle 52 – Variantenübersicht Pusher

	Name	Größe
1	Typ 1,5	1,5 mm²
2	Typ 2,5/4	2,5/4 mm²

Tabelle 53 – Variable Merkmale PV-Metall 2,5/4

	Merkmal	Klasse	Ausprägung	Anzahl
1	Form (Gabelmaß/Erkennungsloch)	G	2,5 mm²; 4 mm²	2

Tabelle 54 – Variantenübersicht PV-Metall 2,5/4

	Name	Form
1	Typ 2,5	2,5 mm²
2	Typ 4	4 mm²

Tabelle 55 – Variable Merkmale Klemmstellenmarkierung

	Merkmal	Klasse	Ausprägung	Anzahl
1	Farbe	W	Gelb-grün; schwarz; blau	3

Tabelle 56 – Variantenübersicht Klemmstellenmarkierung

	Name	Farbe
1	YE/GN	Gelb-grün
2	BK	Schwarz
3	BU	Blau

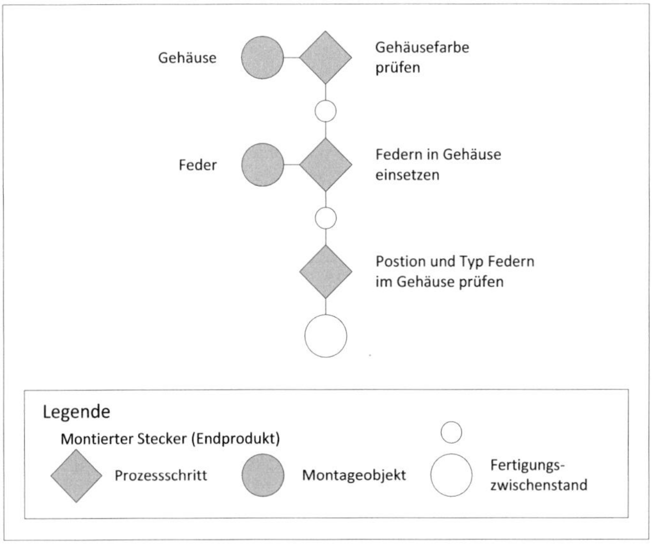

Abbildung 65 – Produktionsgraph Reihenklemmenmontage, Teil 1

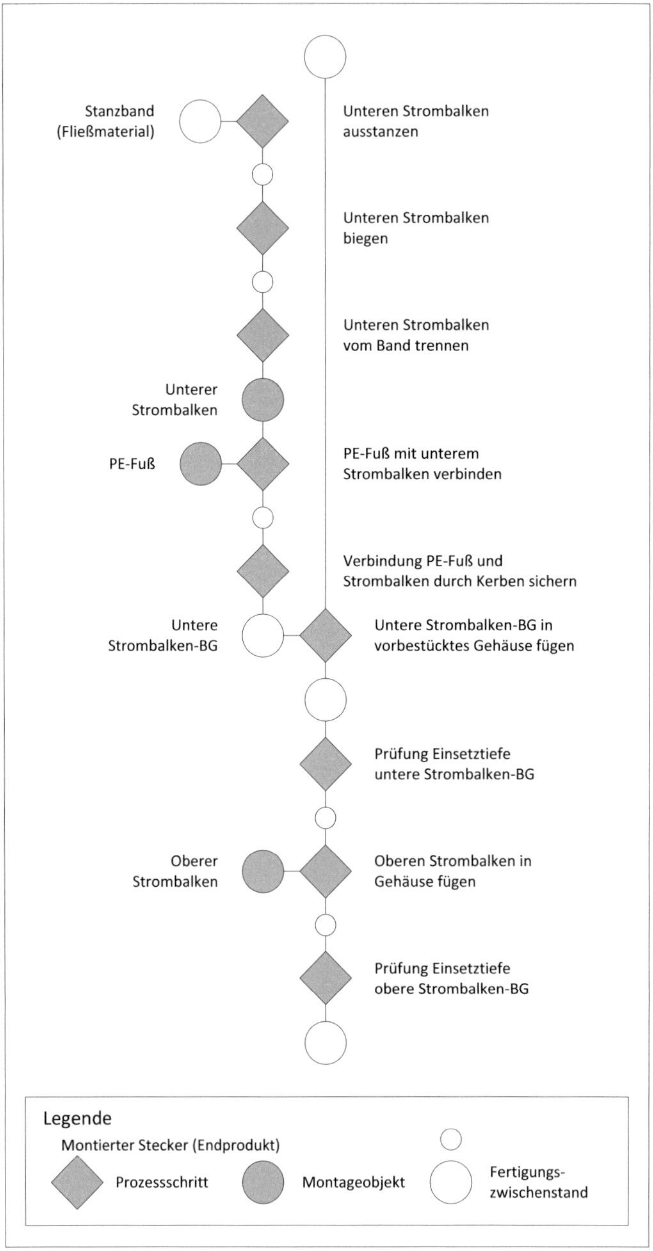

Abbildung 66 – Produktionsgraph Reihenklemmenmontage, Teil 2

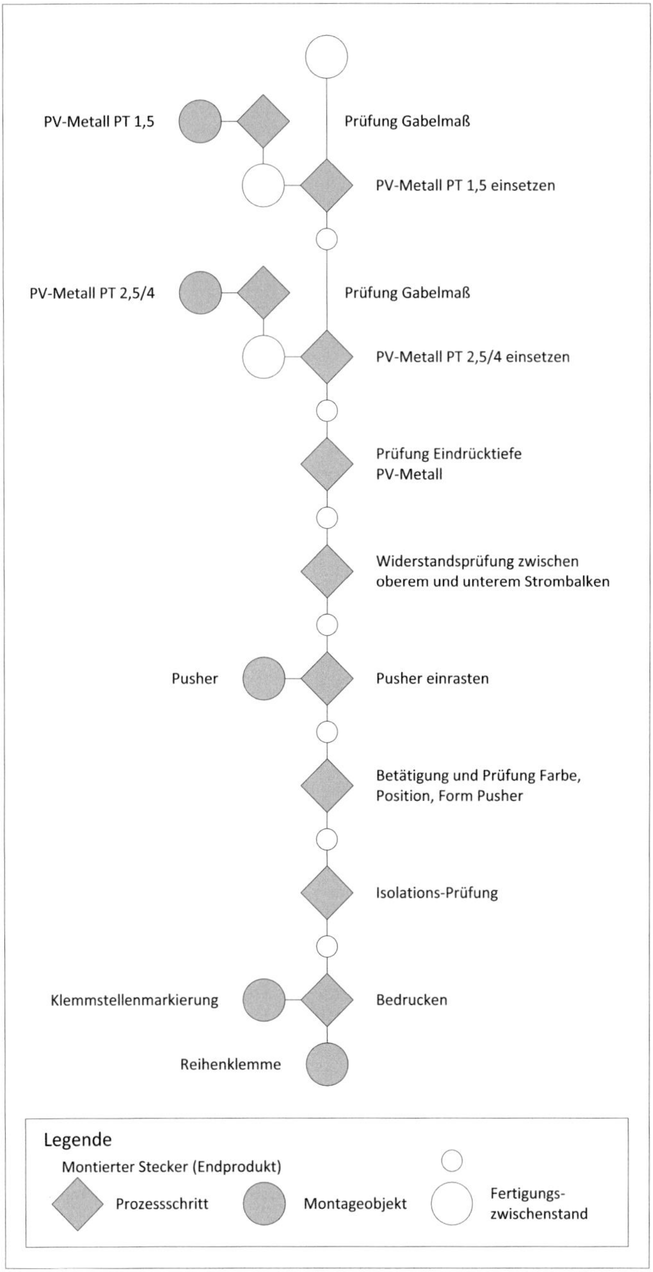

Abbildung 67 – Produktionsgraph Reihenklemmenmontage, Teil 3

Tabelle 57 – Flexibilitätsanforderungen für *PE-Fuß mit unterem Strombalken verbinden*

	Montageobjekt		Eingang/Ausgang		
		Merkmal	Klasse	Ausprägung	Anzahl
1	Unterer Strombalken		Eingang		
	1.1	COMBI-Variante	G	Ja, nein	2
	1.2	Abstand Anschlüsse	G	Einzelstock, Doppelstock	2
	1.3	Anzahl Anschlüsse	G	2 (Durchgang), 3 (Twin), 4 (Quattro)	3
	1.4	Leiterquerschnitt	G	1,5 mm²; 2,5 mm²; 4 mm²	3
	1.5	PE-Tasche	G	Ja, nein	2
	1.6	PV-Variante	G	Ja, nein	2
2	PE-Fuß		Eingang		
	2.1	Größe	G	1,5 mm²; 2,5/4mm²	2
	2.2	Aussparung für PV-Metall	G	Ja, nein	2
3	Untere Strombalken-Baugruppe		Ausgang		
	3.1	Unterer Strombalken	ST	Typen 1 - 6	6
	3.2	PE-Fuß	ST	Typen 1 – 4	4

Anhang B.2 Produkt- und Prozessklassifizierung

In einem zweiten Schritt wurde die Klassifizierbarkeit der Prozessschritte und Montageobjekte entsprechend der Regeln in Anhang F mit positivem Ergebnis überprüft und tabellarisch dokumentiert.

Tabelle 58 – Prozessschrittklassifizierung (Montage Reihenklemme)

Nr.	Prozessschritt	Produktionsverfahren
1	Unteren Strombalken ausstanzen	Fertigung, Trennen, Zerteilen, Scherschneiden/Stanzen
2	Unteren Strombalken biegen	Fertigung, Umformen, Biegen
3	Unteren Strombalken vom Band trennen	Fertigung, Trennen, Zerteilen, Scherschneiden/Stanzen
4	PE-Fuß mit unterem Strombalken verbinden	Fertigung, Fügen, Mechanisches Fügen, Zusammensetzen
5	Verbindung PE-Fuß und Strombalken durch Kerben sichern	Fertigung, Umformen
6	Nietverbindung überprüfen	Inspektion, Geometrische Größe, Baugruppenstruktur
7	Farbe Gehäuse prüfen	Inspektion, Sonstige Größe, Farbe
8	Federn in Gehäuse einsetzen	Fertigung, Fügen, Mechanisches Fügen, Zusammensetzen
9	Lage und Typ Federn im Gehäuse prüfen	Inspektion, Geometrische Größe, Baugruppenstruktur
10	Untere Strombalken-BG in Gehäuse fügen	Fertigung, Fügen, Mechanisches Fügen, Einpressen
11	Prüfung Einsetztiefe untere Strombalken-BG	Inspektion, Geometrische Größe, Baugruppenstruktur
12	Oberen Strombalken in Gehäuse fügen	Fertigung, Fügen, Mechanisches Fügen, Einpressen
13	Prüfung Einsetztiefe Strombalken	Inspektion, Geometrische Größe, Baugruppenstruktur
14	Prüfung Gabelmaß PV-Metall	Inspektion, Geometrische Größe, Körperform
15	PV-Metall einsetzen	Fertigung, Fügen, Mechanisches Fügen, Einpressen
16	Prüfung Eindrücktiefe PV-Metall	Inspektion, Geometrische Größe, Baugruppenstruktur
17	Widerstandsprüfung zwischen oberem und unterem Strombalken	Inspektion, Elektrische Größe, Widerstandswert
18	Pusher einsetzen	Fertigung, Fügen, Mechanisches Fügen, Einrasten
19	Betätigung und Prüfung Pusher Farbe Pusher Position Pusher Form Pusher	Inspektion, Sonstige Größe, Farbe Inspektion, Geometrische Größe, Baugruppenstruktur Inspektion, Geometrische Größe, Körperform
20	Isolations-Prüfung	Inspektion, Elektrische Größe, Isolationsprüfung
21	Bedrucken	Kennzeichnen, Bedrucken

Tabelle 59 – Montageobjektklassifizierung (Reihenklemme)

Nr.	Montageobjekt	Eigenschaft
0	Reihenklemme	Art der Ein- und Ausgabe: Manuell, Gepuffert, Auf Förderband
1	Gehäuse	Art der Ein- und Ausgabe: Schüttgut Werkstoff: Kunststoff
2	Unterer/mittlerer Strombalken	Art der Ein- und Ausgabe: Spule, Stanzband Werkstoff: Metall, Kupfer
3	Oberer Strombalken	Art der Ein- und Ausgabe: Schüttgut Werkstoff: Metall, Kupfer
4	PE-Fuß	Art der Ein- und Ausgabe: Schüttgut Werkstoff: Metall, Kupfer
5	Feder	Art der Ein- und Ausgabe: Schüttgut Werkstoff: Metall, Kupfer
6	Pusher	Art der Ein- und Ausgabe: Schüttgut Werkstoff: Kunststoff
7	PV-Metall PT 1,5	Art der Ein- und Ausgabe: Schüttgut Werkstoff: Metall, Kupfer Werkstoff: Kunststoff
8	PV-Metall PT 2,5/4	Art der Ein- und Ausgabe: Schüttgut Werkstoff: Metall, Kupfer
9	Klemmstellenmarkierung	Art der Ein- und Ausgabe: Behälter, Kartusche Stoff: Formloser Stoff, Flüssig/Pastös, Farbmittel, Druckfarbe

Anhang C Einordnung zusätzlicher Unternehmensprozesse

- Projektierung:
    - Präzisierung Aufgabenstellung
        - **Varianten- und Flexibilitätsanalyse**
    - **Prüfung vorhandenen Wissens**
    - Erstellung Lösungskonzept
        - **Erstellung Flexibilitätskonzept**
- Lösungskonzipierung:
    - **Dokumentation von Anforderungen**
        - **Klassifizierung von Anforderungen**
    - Präzisierung Aufgabenstellung
    - **Prüfung vorhandenen Wissens**
    - Erstellung Lösungskonzept
        - **Überarbeitung Flexibilitätskonzept**
- Mechanische Konstruktion:
    - **Prüfung vorhandenen Wissens**
    - Baugruppen- und Gesamtanlagengestaltung
    - Erstellung Realisierungsunterlagen
    - **Dokumentation der Entwicklungsergebnisse**
        - **Klassifizierung der Entwicklungsergebnisse**
    - Erstellung der technischen Dokumentation
- Elektroprojektierung:
    - **Prüfung vorhandenen Wissens**
    - Auswahl und Auslegung von elektrischen Betriebsmitteln
    - Erstellung von Verdrahtungsunterlagen und Stücklisten
    - **Dokumentation der Entwicklungsergebnisse**
        - **Klassifizierung der Entwicklungsergebnisse**
    - Ergänzung der technischen Dokumentation
- (Beschaffung)
- Softwareentwicklung:
    - **Prüfung vorhandenen Wissens**
    - Erstellung des Softwarekonzeptes
    - Implementierung von Softwarebausteinen und der Gesamtsoftware
    - **Dokumentation der Entwicklungsergebnisse**
        - **Klassifizierung der Entwicklungsergebnisse**
    - Ergänzung der technischen Dokumentation
- (Montage)
- Inbetriebnahme:
    - Parametrierung und Test der Montageanlage
    - Herstellung von Anforderungskonformität
    - Überarbeitung der Entwicklungsunterlagen
    - **Überarbeitung der Dokumentation des Entwicklungsergebnisses**
    - Überarbeitung der technischen Dokumentation

Anhang D Technologieübersichten

Anhang D.1 Auszug Webseite XENON Automatisierungstechnik GmbH

Prozess Know-How

XENON verfügt über einen umfangreichen Erfahrungsschatz bei der Anwendung einer Vielzahl von **Prozesstechnologien**. Durch die langjährige Zusammenarbeit mit den Lieferanten des Prozessequipments konnten bewährte Lösungskonzepte für viele Technologien weiterentwickelt und eigene XENON-Standards geschaffen werden, die mehrfach erprobt sind und weltweit erfolgreich in der Produktion angewendet werden.

Durch die intensive Auswertung der Erkenntnisse aus der laufenden Projektarbeit und insbesondere durch das Feedback aus unserem Service-Center entwickeln die Ingenieure und Techniker von XENON ihre Kompetenzen mit Hilfe moderner Wissensmanagement-Methoden und in Form von Spezialisierungen stetig weiter.

Technologieübersicht
Aushärten, Ausrichten, Bestücken, Befüllen, Biegen, Bohren, Bonden, Bördeln, Dosieren, Einpressen, Entpacken, Fetten, Fluxen, Fügen, Heizen, Identifizieren, Kennzeichnen, Kleben, Kühlen, Löten, Magazinieren, Messen, Nieten, Ölen, Prägen, Prüfen, Puffern, Reinigen, Schrauben, Schweißen, Sortieren, Stapeln, Transportieren, Trennen, Trocknen, Umformen, Umspritzen, Vergießen, Verpacken, Wägen, Zuführen

Abbildung 68 – Auszug Webseite XENON Automatisierungstechnik GmbH [aus /XEN-12/]

Anhang D.2 Spezialisierungen im Referenzunternehmen

Tabelle 60 – Liste der Spezialisierungen im Referenzunternehmen [aus /XEN-11a/]

Fertigungsverfahren		
Schraubtechnik	Löten (+ Schweißen, nicht Laser)	Spritzgussautomation
Schnitt- und Umformwerkzeuge		
Messtechnik		
mechanische Messsysteme	Kamerasysteme	Wägetechnik
elektrische Prüfungen		
Kennzeichnen		
Laseranwendungen	Kennzeichnungssysteme (nicht Laser)	
Verpackungstechnik		
Blistergurtmodule	Palettierer	
Verarbeitung spezieller Produkte		
Dosiertechnik	Bestückungsmodule	Membranschweiß- und prüftechnik
Handhabungsfunktionen		
Transportbänder	Zuführtechnik	Mehrachssysteme
Transfersysteme	Haspeln	Roboter
RST-Maschinen	Handlingbaukasten	
(sonstige) Anlagenkomponenten		
Antriebstechnik (elektrische)	Sensorik	Netzwerktechnik, Schnittstellen
Pneumatik	Schleppketten	Verdrahtung
SPS	PC-Technik	Leitrechner- und BDE-Software
Bedienoberflächen	Fernwartung	Kurvensteuerungen
Gestaltungsgesichtspunkte		
kostengünstige Konstruktion	ESD	Material und Oberflächen
Maschinensicherheit		
Unternehmensprozesse		
Konstruktionsmethodik	KE-Pflichtenheft	KK-Pflichtenheft
Dokumentation KK/KE	Entwicklungsdokumentation	Katalogablage
Artikelverwaltung AFPS		
Methoden/Werkzeuge		
FEM-Rechnungen, CAD-Simulation	Maschinenwaage	High-Speed-Kamera
AFPS	ModelManager	Kraftmeßplatz
CAD	Sensorversuchsstand	Zeitschriften und Bücher
CAD-Laptops	Inbetriebnahmehardware	Eplanlizenzen
Programmiersoftwarelizenzen		

Anhang E Wissensgliederungen im Referenzunternehmen

Tabelle 61 – Bedeutung der Schriftstile der Gliederungspunkte

Schriftstil	Bedeutung
Fett	Gliederungspunkt ist vollständig durch Unterpunkte abgebildet, Elemente dürfen ihm nicht zugeordnet werden.
Normal	Elemente dürfen dem Punkt durch das Projektteam zugeordnet werden. Sie sollen dem präzisesten, nicht kursiven Punkt zugeordnet werden.
Kursiv	Elemente werden durch Spezialisten diesen Punkten zugeordnet.

Anhang E.1 Produktionsverfahren

1. Fertigung
- 1.1. Urformen
- 1.2. Umformen
  - 1.2.1. Biegen
- **1.3. Trennen**
  - 1.3.1. Zerteilen
    - 1.3.1.1. Scherschneiden/Stanzen
  - 1.3.2. Spanen
    - 1.3.2.1. Bohren
    - 1.3.2.2. Sägen
  - 1.3.3. Abtragen
  - 1.3.4. Zerlegen
    - 1.3.4.1. Lösen von Klebeverbindungen
  - 1.3.5. Reinigen
    - 1.3.5.1. Bürsten
    - 1.3.5.2. Abblasen
    - 1.3.5.3. Absaugen
- **1.4. Fügen**
  - 1.4.1. Mechanisches Fügen
    - 1.4.1.1. Zusammensetzen
    - 1.4.1.2. Einrasten
    - 1.4.1.3. Schrauben
    - 1.4.1.4. Einpressen
      - 1.4.1.4.1. Kontakte
      - 1.4.1.4.2. Dichtungen
    - 1.4.1.5. Nieten
  - 1.4.2. Fügen mit formlosem Stoff
    - 1.4.2.1. Ausgießen
    - 1.4.2.2. Umspritzen
    - 1.4.2.3. Füllen
  - **1.4.3. Thermisches Fügen**

        1.4.3.1. Kunststoff-Schweißen
        1.4.3.2. Metall-Schweißen
        1.4.3.3. Löten
    1.4.4. Kleben
  1.5. Beschichten
  1.6. Stoffeigenschaft Ändern
  1.7. Information Ändern

2. Inspektion

  2.1. Geometrische Größe
    2.1.1. Baugruppenstruktur
        2.1.1.1. Taumelkreis
        2.1.1.2. Einsetztiefe
    2.1.2. Flächenmerkmal
    2.1.3. Körperform
    2.1.4. Unbekannt (Kundenverantwortung)
  2.2. Mechanische Größe
    2.2.1. Kraft/Drehmoment
        2.2.1.1. Kraftüberwachtes Fügen
        2.2.1.2. Kraft-Weg-(Schaltpunkt)-Messung
    2.2.2. Masse
    2.2.3. Druck
    2.2.4. Durchfluss
    2.2.5. Unbekannt (Kundenverantwortung)
  2.3. Elektrische Größe
    2.3.1. Widerstandswert
    2.3.2. Isolationsprüfung
    2.3.3. Durchgangsprüfung
    2.3.4. Unbekannt (Kundenverantwortung)
  2.4. Sonstige Größe
    2.4.1. Farbe
    2.4.2. Temperatur

3. Kennzeichnen
  3.1. Bedrucken
  3.2. Etikettieren
  3.3. Gravieren
  3.4. Prägen
    3.4.1. Punkt
    3.4.2. Fläche
  3.5. Laserbeschriften

4. Identifizieren
  4.1. Barcode
  4.2. DMC
  4.3. Elektronisch

Anhang E.2 Produkteigenschaften

1. Art der Ein- und Ausgabe
    1.1. Manuell
        1.1.1. Direkt
        1.1.2. Gepuffert
            1.1.2.1. Auf Förderband
            1.1.2.2. Als Stapel
            1.1.2.3. In Flächenmagazin
    1.2. Schnittstelle
    1.3. Schüttgut
    1.4. Verpackung
        1.4.1. Palette
            1.4.1.1. Kunststoff-Tiefzieh-Tray
        1.4.2. Spule
            1.4.2.1. Stanzband
            1.4.2.2. Bauelementegurt
            1.4.2.3. Blistergurt
            1.4.2.4. Etikettenträgerband
            1.4.2.5. Draht
        1.4.3. Kiste
            1.4.3.1. Geordnet
            1.4.3.2. Ungeordnet
        1.4.4. Tube
        1.4.5. Beutel
        1.4.6. Magazin (keine Palette)
        1.4.7. Verbund (Leadframe, Leiterplattennutzen, etc.)
    1.5. Behälter
        1.5.1. Kartusche
        1.5.2. Tank
2. Werkstoff
    2.1. Kunststoff
    2.2. Metall
        2.2.1. Aluminium
        2.2.2. Eisen/Stahl
        2.2.3. Kupfer
    2.3. Anorganischer Werkstoff
        2.3.1. Glas
        2.3.2. Keramik
            2.3.2.1. Ferrit
    2.4. Organischer Werkstoff
        2.4.1. Holz
        2.4.2. Papier/Pappe
    2.5. Verbundwerkstoff
3. Funktion
    3.1. Dichtung

        3.1.1. O-Ring
    3.2. Kabel
    3.3. Kontakt
        3.3.1. Feder-/Formkontakt
        3.3.2. Flachkontakt
            3.3.2.1. Kontaktbrücke
        3.3.3. Rundkontakt
        3.3.4. Vierkantkontakt
    3.4. Membran
    3.5. Schraubenfeder
    3.6. Sensor
    3.7. Elektronisches Bauelement
4. Formloser Stoff
    4.1. Flüssig/Pastös
        4.1.1. Flussmittel
        4.1.2. Kleber
            4.1.2.1. Leitkleber
        4.1.3. Farbmittel
            4.1.3.1. Lack
            4.1.3.2. Druckfarbe
        4.1.4. Lotpaste
        4.1.5. Tinte
        4.1.6. Verguss-/Dichtmasse
        4.1.7. Öl/Fett
    4.2. Gasförmig
    4.3. Pulver/Granulat

Anhang E.3 Anlagenkomponenten

1. Stationsverkettung
    1.1. Grundprinzip
        1.1.1. Rundschalttisch
            1.1.1.1. Fest taktend
            1.1.1.2. Flexibel (NC)
        1.1.2. Lineartransfer
            1.1.2.1. Doppelgurtband
            1.1.2.2. Gliederkette
            1.1.2.3. Fest taktend
            1.1.2.4. Selbstfahrlafetten
            1.1.2.5. Rollenbasiert
        1.1.3. Zentralhandling
            1.1.3.1. Sequentiell arbeitend
            1.1.3.2. Parallel arbeitend
        1.1.4. Fließguttransport
        1.1.5. Frei (ohne Fixierung)
            1.1.5.1. Mit Band

- *1.1.5.2. Rutschen*
- *1.2. Werkstückträger*
  - *1.2.1. Mehrfach*
    - *1.2.1.1. Für unterschiedliche Teile*
    - *1.2.1.2. Für unterschiedliche Orientierung*
  - *1.2.2. Beweglich*
    - *1.2.2.1. Aktiv*
    - *1.2.2.2. Passiv*
  - *1.2.3. Flexibel*
    - *1.2.3.1. Austauschbar*
    - *1.2.3.2. Umbaubar*
  - *1.2.4. Identifikation*
    - *1.2.4.1. Werkstückträger*
    - *1.2.4.2. Produkt*
    - *1.2.4.3. Ohne/Virtuell*
- *1.3. Rückführung*
  - *1.3.1. Ohne*
  - *1.3.2. Davor*
  - *1.3.3. Dahinter*
  - *1.3.4. Darunter*
  - *1.3.5. Darüber*

2. Handhabungstechnik

- 2.1. Handlings (ohne Roboter)
  - *2.1.1. Rein pneumatisch*
  - *2.1.2. Eine elektrische Achse*
  - *2.1.3. Zwei elektrische Achsen*
    - *2.1.3.1. XY-Portal*
    - *2.1.3.2. XZ-Portal*
  - *2.1.4. Drei elektrische Achsen*
    - *2.1.4.1. XYZ-Portal*
  - *2.1.5. Mehr als drei elektrische Achsen*
  - *2.1.6. Mit Orientierungsänderung*
    - *2.1.6.1. Drehen*
    - *2.1.6.2. Schwenken*
- 2.2. Industrieroboter
  - 2.2.1. Scara
  - 2.2.2. Sechsachs
  - 2.2.3. Kartesisch (interpolierte Bewegungen oder Koordinatentransformationen)
  - 2.2.4. Parallelkinematik
- 2.3. Greiftechnik
  - 2.3.1. Sauggreifer
  - 2.3.2. Fingergreifer
    - *2.3.2.1. Fingeranzahl*
      - *2.3.2.1.1. Eins*
      - *2.3.2.1.2. Zwei*
      - *2.3.2.1.3. Drei*

2.3.2.1.4. Mehr
2.3.2.2. Greifbewegung
2.3.2.2.1. Parallelgreifer
2.3.2.2.2. Zangengreifer
2.3.2.3. Schlussart
2.3.2.3.1. Kraftschluss
2.3.2.3.2. Formschluss
2.3.3. Kraftgeregelt
2.4. Schüttgutzuführung
2.4.1. Vibrationsförderer
2.4.1.1. Wendelförderer
2.4.1.2. Linearförderer
2.4.1.3. Bunker
2.4.2. Steilförderer
2.4.3. Vereinzelung
2.4.3.1. Schieben
2.4.3.2. Drehen
2.5. Handhabung von Bändern
2.5.1. Vorschub
2.5.1.1. Klinke
2.5.1.1.1. Passiv öffnend
2.5.1.1.2. Aktiv öffnend
2.5.1.2. Zangenvorschub getaktet
2.5.1.3. Stachelrad
2.5.1.4. Reibrad
2.5.2. Auf- und Abspulen
2.5.2.1. Horizontal
2.5.2.2. Vertikal
2.6. Ortsfeste Aufnahmen
2.6.1. Mit Orientierungsänderung
2.7. Adaptive Positionierung (Messen und Sollposition korrigieren)
2.7.1. Für Übernahme
2.7.2. Für Übergabe
2.8. Stapeln
2.9. Mechanisch interpolierte Bewegungen (Kulissen, Kurvenscheiben, etc.)
2.10. Förderband (kein Transfer)
2.11. Schiebebahnen
2.12. Bewegung durch Schwerkraft (Rutschen/Fallen)
2.13. Bewegung durch Luftströmung
3. Elektrische Antriebstechnik
3.1. Motortyp
3.1.1. Asynchron-Motor
3.1.2. Synchron-Motor
3.1.3. Schrittmotor
3.1.4. Gleichstrommotor
3.1.5. Linearmotor

3.1.6. Piezoantrieb

3.2. Antriebsleistung (in Watt)

3.2.1. Bis 20

3.2.2. 20 – 50

3.2.3. 50 – 100

3.2.4. 100 – 200

3.2.5. 200 – 500

3.2.6. 500 – 1000

3.2.7. 1000 – 2000

3.2.8. Über 2000

4. Pneumatik

4.1. Servopneumatik

4.2. Zentrale Vakuumerzeugung

4.3. Druckspeicher

4.4. Druckverstärker

5. Kabel- und Schlauchverlegung

5.1. Schleppkette

5.1.1. 3D-Kette

5.2. Funktechnologie

5.3. Schleifringeinsatz

6. Temperatur ändern

6.1. Heizen

6.1.1. Infrarotstrahlung

6.1.2. Heizwendel

6.2. Kühlen

6.2.1. Luftkonvektion

7. Dosiertechnik

7.1. Dosierventil

7.1.1. Druck-Zeit-Gesteuert

7.1.2. Volumetrisch

7.1.2.1. Schnecke

7.1.2.2. Schieberprinzip

8. Kontaktieren (Produkt)

8.1. Elektrisch

8.1.1. Spitze

8.1.2. Strukturierte Oberfläche

8.1.3. Drehend

8.1.4. Mehrfach

8.2. Fluidisch

8.2.1. Flüssigkeit

8.2.2. Gas

9. Kraft erzeugen (hohe)

9.1. Hydraulisch

9.2. Hydropneumatik

9.3. Pneumatisch (direkt)

9.4. Servoelektrisch (direkt)

9.5. Kniehebel
9.6. Exzenterprinzip
9.7. Kurven-/Kulissenprinzip
10. Energieeintrag (außer Temperatur)
10.1. UV-Strahlung
10.2. Ultraschall
10.3. Laser
11. Hydraulik
12. Kameratechnik
12.1. Beleuchtung
12.1.1. Durchlicht
12.1.2. Auflicht
12.1.3. Farbig
12.2. Kamera
12.2.1. Auflösung
12.2.1.1. Bis 0,3 MPixel
12.2.1.2. Bis 1 MPixel
12.2.1.3. Bis 4 MPixel
12.2.1.4. Über 4 MPixel
12.2.2. Farbraum
12.2.2.1. Farbe
12.2.2.2. Grauwerte
12.3. Objektiv
12.3.1. Telezentrisch
12.3.2. Zoom
13. Sensorik
13.1. 3D-Vermessung
13.2. Zeilenkamera
13.3. Temperaturmessung
14. Manuelle Tätigkeiten
14.1. Manuelle Handhabung
14.1.1. Eingabe
14.1.2. Ausgabe
14.2. Manuelle Fertigung
14.3. Manuelle Prüfung
15. Gestellaufbau
15.1. Grundtyp
15.1.1. Schweißgestell Standard
15.1.2. Aluprofilgestell Standard
15.1.3. Sondergestell
15.2. Maßnahmen zur Schwingungsdämpfung
15.2.1. Vergossenes Schweißgestell
15.2.2. Granitaufbau
15.2.3. Dämpfungselemente
15.3. Umhausung
15.3.1. Hubtüren

15.3.2. Schiebetüren
15.3.3. Klappen
15.3.4. Sonderformen
15.3.5. Sichtschutz
15.3.6. Fremdlichtschutz

16. Steuerungskomponenten

16.1. Schnittstellen
16.1.1. TCP/IP-Kommunikation
16.1.2. XML
16.1.3. Webservices
16.1.4. Profinet
16.1.5. Ethercat
16.1.6. Datenbank/SQL
16.1.7. Sercos III
16.1.8. CAN

16.2. Analogsensorik

16.3. Regelung (außer elektrische Antriebe)
16.3.1. Temperatur
16.3.2. Druck (Proportionalventil)

16.4. Bedienung
16.4.1. Mobiles Bediengerät
16.4.1.1. Drahtlos
16.4.2. Mehrfachbediengeräte

16.5. Schaltschrank
16.5.1. Zusatzschaltkasten
16.5.2. Sonderanordnung
16.5.3. Sondergröße
16.5.4. Externer Schaltschrank
16.5.5. Aktive Kühlung

16.6. PC-Einsatz
16.6.1. Messtechnik
16.6.2. Bedienung
16.6.3. Steuerung
16.6.4. Datenmanagement und Schnittstelle

16.7. Steuerungsanforderungen
16.7.1. Konfigurierbare Abläufe

Anhang E.4 Gestaltungsgesichtspunkte

1. Sicherheitstechnik

1.1. Gefahren
1.1.1. Hitze
1.1.2. Laserstrahlung
1.1.3. UV-Strahlung
1.1.4. Mechanische Verletzungen (Quetschen, Schneiden, Scheren, Einziehen, etc.)
1.1.4.1. Aktiv

1.1.4.2. Passiv (Herunterfallen)

1.2. Schutzkonzepte

1.2.1. Schutztüren

1.2.1.1. Verschachtelte Schutztürkreise

1.2.1.2. Passiv verriegelte Türen

1.2.2. Lichtgitter

1.2.2.1. Mit Muting

1.2.3. Sicher reduzierte Geschwindigkeit

1.2.4. Sicher überwachte Position

1.2.5. Zustimmtaster

1.2.6. Schutz vor Laser- und UV-Strahlung

1.2.7. Passiver Zugriffsschutz

1.2.7.1. Abstand

1.2.7.2. Öffnungsmaße

1.3. Integration Fremdkomponenten

2. Flexibilität

2.1. Passive Flexibilität

2.2. Aktive Flexibilität

2.3. Mehrfacheinheiten

2.4. Wechseleinheiten

2.4.1. Automatisch

2.4.2. Manuell

2.4.2.1. Identifizierbar

2.4.2.2. Nicht Identifizierbar

2.5. Manuelle Tätigkeiten

3. Anlagenwandlung

3.1. Wandlungsreserve gefordert

3.1.1. Stückzahlskalierung

3.1.2. Produktvarianten

3.2. Wandlung vorgenommen

3.2.1. Anforderung

3.2.1.1. Stückzahlskalierung

3.2.1.2. Produktvarianten

3.2.1.3. Qualitätserhöhung

3.2.2. Lösungsprinzip

3.2.2.1. Neues Wechselteil

3.2.2.2. Stationsumbau

3.2.2.3. Neue Station

4. ...

Anhang F Vorgehensweise zur Projektklassifizierung

Nr.	Schritt	Termin	Wer
1	Klassifizierung Anforderungen	Bis SB[1]	V[2]
	1. Liste der Montageobjekte aufstellen 2. Jedes Objekt bezüglich Art der Ein- und Ausgabe klassifizieren - Mehrfachangabe nur erlaubt, wenn Produkt sowohl ein- als auch ausgegeben wird (Prüfanlagen) oder mehrere alternative Ein- und Ausgaben existieren (Bsp.: TBV2, DVG, ULS) - Ungeklärte Spezialfälle an Wissensredaktion melden 3. Jedes Objekt bezüglich Werkstoff klassifizieren - Mehrfachangabe nur bei Baugruppen erlaubt - Ungeklärte Spezialfälle an Wissensredaktion melden 4. Jeden formlosen Stoff bezüglich Funktion klassifizieren - Mehrfachangaben nicht erlaubt - Kunststoffgranulat beim Spritzgießen weglassen - Ungeklärte Spezialfälle an Wissensredaktion melden 5. Liste der Prozessschritte aufstellen 6. Jeden Schritt bezüglich Produktionsverfahren klassifizieren - Mehrfachangaben nicht erlaubt - Klassifizierung als Kennzeichnung hat Vorrang vor Fertigung - Klassifizierung als Identifikation hat Vorrang vor Inspektion - Einzelprozessschritte des Verpackens nicht mit aufnehmen (z.B. Kunststoffschweißen bei Blistergurten und Schlauchbeuteln) - Einzelprozessschritte des Zuführens mit aufnehmen (z.B. von Band ablösen, aus Nutzen trennen, etc.) außer *„Zerlegen von Verbindungen, die durch Zusammensetzen entstanden sind"* (Teile aus Palette oder Gurt entnehmen) - Vor- oder Nachbereitungen von Fertigungsschritten (z.B. Kleber auftragen vor dem Fügen, Kontakte Nachdrücken nach dem Einsetzen, Schraube einsetzen vor dem verschrauben, etc.) erhalten (wenn sie in der Liste nicht weggelassen werden können) keine Klassifizierung. - Vor- oder Nachbereitungen von Inspektionsschritten wie *Produkt erwärmen* (Bsp.: EIL, DSF) oder *Vorbetätigen* (Bsp.: ATL, POS3) erhalten (wenn sie in der Liste nicht weggelassen werden können) keine Klassifizierung. - Auch Prozessschritte mit aufnehmen, die durch Beistellung, Fremdmaschine, Kooperationspartner oder manuelle Tätigkeit realisiert werden (z.B. Spritzgussmaschine, Bonder, Prüfstation, manuelles Aufkleben eines Etiketts) - Ungeklärte Spezialfälle an Wissensredaktion melden		

[1] Startberatung

[2] Vertriebsmitarbeiter, Projektteam

2	Ergänzung Anforderungsklassifizierung	In SB	L[1]
	1. Auflösung ungeklärter Spezialfälle und ggf. Korrektur bestehender Klassifizierungen (Prozessschritte und Montageobjekte) 2. Identifikation von Vorgängen, die sich nicht auf das Produkt beziehen, aber Wissen zu den Prozessschritt- und Montageobjektgliederungen beitragen - Bsp.: Inspektion: Prozessüberwachungen - Bsp.: Reinigen: Werkzeug- und Werkstückträgerreinigung 3. Montageobjekte nach Funktion klassifizieren 4. Identifikation spezieller Anforderungen und Klassifizierung nach Gliederung *Gestaltungsgesichtspunkte* 5. Identifikation (bereits feststehender) interessanter Anlagenkomponenten und Klassifizierung nach entsprechender Gliederung		
3	Klassifizierung Entwicklungsergebnis	In KV[2]	L
	1. Korrektur der Anforderungsklassifizierung 2. Identifikation interessanter Lösungen und Klassifizierung nach Gliederung *Gestaltungsgesichtspunkte* 3. Identifikation interessanter Anlagenkomponenten und Klassifizierung nach entsprechender Gliederung		

[1] Entwicklungsleiter, Redaktion Wissensmanagement

[2] Verteidigung Konstruktion, bzw. Steuerungskonzept

Anhang G Screenshots Wiki-Seiten

Fügen

neue Sub-Seite **Seite hinzufügen**

Fertigungsverfahren » Fügen

Das auf Dauer angelegte Verbinden oder sonstige Zusammenbringen von zwei oder mehr Werkstücken geometrisch bestimmter Form oder von ebensolchen Werkstücken mit formlosem Stoff. Dabei wird jeweils der Zusammenhalt örtlich geschaffen und im Ganzen vermehrt. Hierzu gehört auch das Fügen verschiedener Stellen eines und desselben Körpers, z.B. eines Ringes. Dagegen zählt das Aufbringen von Schichten aus formlosem Stoff auf Werkstücke zum Beschichten.
In Anlehnung an DIN 8593 lässt sich für feinwerktechnische Produkte folgende Unterteilung bilden:

1. Mechanisches Fügen

Fügeverfahren die kraft- und formschlüssige Verbindungen erzeugen. Die Kategorie fasst die Gruppen *Zusammensetzen*, *An- und Einpressen*, sowie *Fügen durch Umformen* der DIN zusammen.

Untergliederung

1	Zusammensetzen	Erzeugen von formschlüssigen Verbindungen. Dabei ist ein Körper dem anderen *im Weg*. Ev. wirkende Reibkräfte, z.B. durch Feder- und Schwerkraft wirken nicht der primären Belastung entgegen, sondern dienen zur Sicherung des Formschlusses. Entspricht der Untergruppe *Ein- und Aufsetzen* der DIN Verbindung muss typischerweise durch weitere Teile oder Maßnahmen gesichert werden. Reine Handhabung, keine Fügekräfte.
2	Einrasten	Erzeugen von Rast- und Schnappverbindungen. Aufbringen einer Kraft, um temporär eins der Fügeteile zu verformen. Entspricht den Untergruppen *Einrenken* und *Federnd Einspreizen* der DIN.
3	Einpressen	Herstellung einer kraftschlüssigen Verbindung durch Eindrücken. Kraftschluss bedeutet, dass durch Einwirkung einer Normalkraft auf zwei Flächen zwischen diesen Haftreibung erzeugt wird, die eine Relativbewegung dieser Körper zueinander (in einer bestimmten Richtung) verhindert. Die Kraft wird durch die (geringe) elastische Verformung der zwei Fügeobjekte erzeugt. Sie wirkt kontinuierlich und dauerhaft. Je nach Perspektive teilweise auch *Aufpressen*. Entspricht der Untergruppe *Fügen durch Pressverbindung* der DIN.
4	Schrauben	Verwendung von Fügeteilen mit Gewinde. Entspricht der Untergruppe *Schrauben* der DIN.
5	Nieten	Verwendung von Nieten. Entspricht der Untergruppe Nieten der DIN. Andere umformende Fügeverfahren, werden durch zwei getrennte Prozessschritte (Fügen + Umformen) dargestellt.

Abbildung 69 – Screenshot Wiki-Seite *Fügen* (Teil 1)

2. Fügen mit formlosem Stoff

Das Verbinden geometrisch bestimmter Körper mit formlosem Stoff. Die Kategorie fasst die Gruppen *Füllen* (Stoff bleibt formlos) und *Fügen durch Urformen* (Stoff nimmt geometrisch bestimmte Form an) der DIN zusammen.

Untergliederung		
1	Vergießen	Einfüllen von formlosem Stoff in Vertiefungen, der dann aushärtet.
2	Umspritzen	Spritzgussverfahren, bei dem Teile in das Werkzeug eingebracht werden und nach dem Erstarren der Masse mit dem Spritzling verbunden sind.
3	Füllen	Stoff bleibt formlos. Beispiele: Fetten, Ölen.

3. Thermisches Fügen

Erzeugen einer Stoffschlüssigen Verbindung durch lokales Schmelzen der Körper oder eines Lotes.

Untergliederung		
1	Kunststoff-Schweißen	Verbinden von Kunststoff-Bauteilen unter Anwendung von Wärme oder Druck, mit oder ohne Schweißzusatzwerkstoffe, wobei die Schmelztemperatur der Werkstücke lokal überschritten wird.
2	Metall-Schweißen	Verbinden von Metall-Bauteilen unter Anwendung von Wärme oder Druck, mit oder ohne Schweißzusatzwerkstoffe, wobei die Schmelztemperatur der Werkstücke lokal überschritten wird.
3	Löten	Verbinden von Werkstücken, wobei eine flüssige Phase durch Schmelzen eines Lotes entsteht und die Schmelztemperatur der Werkstücke nicht erreicht wird.

4. Kleben

Fügen unter Verwendung eines Klebstoffes, d.h. eines nichtmetallischen Werkstoffes, der Fügeteile durch Flächenhaftung und innere Festigkeit (Adhäsion und Kohäsion) verbinden kann. Weitere Unterteilung:

1. Physikalisch abbindend
2. Chemisch abbindend
3. Haftkleber

Beispiele

Für Fügeverfahren im Allgemeien werden keine Beispiele aufgeführt. Prozessschritte dürfen der Kategorie *Fügen* nicht direkt zugeordnet werden, da sie durch Unterkategorien vollständig abgedeckt ist. Es kann also keine Beispiele geben, die nur hier auftauchen und in keiner Unterkategorie. Außerdem würde sich durch die Häufigkeit eine lange und unübersichtliche Liste mit geringem Nutzen ergeben.

Seite zuletzt geändert am 12. April 2012

Abbildung 70 – Screenshot Wiki-Seite *Fügen* (Teil 2)